图解FANUC 数控系统维修一学就会

FANUC 系统数控维修笔记

主　编　赵智智　马　胜
副主编　李　松　叶继军　杨　俊　刘兴瑞
参　编　杨军团　曹子昆　陈卫卫　陈辉平　李　文　周朋涛　胡一初　徐丕兵
　　　　邢亚斌　马合彬　宋晓林　车建军　茹秋生　韦自威　丁玉朋　王　勇
　　　　程鹏飞　蔡　嵘　郭修东　袁　帅　丁　鹏　刘居康　王黎洲　朱雪峰
　　　　姚家凡　史　博　冯　凯　陈　军　义　锐　胡定国　白　斌　孙常君
　　　　王　欢　石　磊　赵　林　陈永军　蒋宏阳

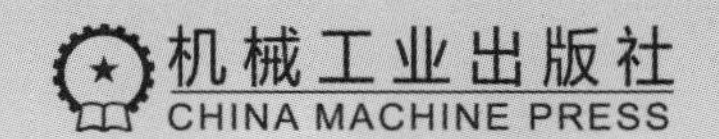
机械工业出版社
CHINA MACHINE PRESS

本书帮您快速从数控系统维修小白进阶为高手，以实际应用为主导，从数控系统、伺服系统、PMC、机床系统升级与改造、综合故障诊断与机床保养五个方面，归纳整理了78个优秀FANUC数控系统维修案例。阅读本书，会让读者感到如同经历了长期的维修实践；读者可以在处理故障时进行查阅，如同得到了同行的帮助和指点。本书知识全面，图文并茂，可读性强。

本书适合制造业从事维修工作的工程师等技术人员工作时查阅，也适合需要提升自己维修技术的人员进阶为维修高手使用。

图书在版编目（CIP）数据

FANUC 系统数控维修笔记 / 赵智智，马胜主编. 北京 ：机械工业出版社，2024. 11（2025.3 重印）. -- (图解 FANUC 数控系统维修一学就会). -- ISBN 978-7-111-76902-6

I. TG659.027-64

中国国家版本馆 CIP 数据核字第 2024YL4365 号

机械工业出版社（北京市百万庄大街22号　邮政编码100037）

策划编辑：李万宇　　责任编辑：李万宇　李含杨

责任校对：潘　蕊　张　征　　封面设计：马精明

责任印制：张　博

北京雁林吉兆印刷有限公司印刷

2025年3月第1版第2次印刷

169mm × 239mm · 15.5印张 · 283千字

标准书号：ISBN 978-7-111-76902-6

定价：66.00 元

电话服务　　网络服务

客服电话：010-88361066　　机　工　官　网：www.cmpbook.com

010-88379833　　机　工　官　博：weibo.com/cmp1952

010-68326294　　金　　书　　网：www.golden-book.com

封底无防伪标均为盗版　　机工教育服务网：www.cmpedu.com

序

快速从数控系统维修菜鸟进阶成高手，相信是每一个从事这个行业人员的梦想和追求。在这个过程中，很多人付出了努力，但却步履艰辛、收效缓慢。究其原因，很重要的一点是没有找到合适的方法和规律。任何事物都有其内在的规律，掌握一门技能也一定是需要合适的方法的。

要想快速成为数控系统维修高手，有两点是必需的。首先是对数控系统整体的理解，也可以说是基础知识，包括整个系统的组成部分、每个部分的作用和功能、各部分之间的相互联系，以及数控系统与数控机床其他部件的相互作用和关系等。这些是一个合格的维修工程师应具备的基础知识，相信读者应该在课堂学习和基础的实践中对其已经有了基本的了解。

第二点往往是突破瓶颈和难点，即经验的积累。优秀的维修工程师都是经历了无数次的现场磨炼和捶打后逐步成长起来的。机床的故障现象千差万别，机床的规格型号多种多样，只有经历了很多次的故障排除实践，才能从失败的教训和成功的经验中不断地提高和成长，逐步成为一个优秀的维修工程师。但是，许多人面临的一个现实问题是，没有那么多的实践条件，平时设备无故障时不能练习维修，一旦设备出现故障则必须尽快修复。

本书从解决第二个问题点出发，收集、整理了优秀设备维修人员的维修实例，分门别类进行了归纳、整理和总结。本书一方面能使读者如同经历了长期的维修实践，另一方面读者也可以在处理故障时进行查阅，如同得到了同行的帮助和指点。期望本书能够为维修人员提供有效的帮助和参考。

本书从数控系统、伺服系统、PMC、机床系统升级与改造、综合故障诊断与机床保养五个方面，归纳了78个优秀FANUC数控系统维修案例，并进行了详细的介绍，相信对您提高维修技能会有很好的帮助。当然，提高维修能力永无止境，也希望读者能够在此基础上，积累更多的经验，早日进阶为维修高手。

中国机电装备维修与改造协会副理事长　专家委员会主任

北京蓝拓机电设备有限公司　董事长

赵晓明

前 言

制造业是我国经济的支柱产业，工业强则国强。数控机床作为工业母机的核心，是工业企业的根本所在。为保障工业企业设备的正常运行，数控行业需要大量的高级维修技工。日本FANUC系统作为主流的高档数控系统，市场占有量庞大，因此需要更多的技能人才，针对FANUC系统的机床进行维修和维护。

编者2018年出版过《全程图解FANUC 0i-D数控系统维修一学就会》一书，该书以理论为主，图文并茂，有部分维修案例讲解，但由于篇幅有限，案例数量不足。应广大读者要求，在总结近8年设备维修经验的基础上，作者团队专门编辑了这本以FANUC系统数控维修案例为主的图书。

本书分为五章，分别为系统维修与使用、伺服维修与调试、PMC及机床外围控制、机床系统升级与改造、综合故障诊断与机床保养。每章的内容由单独的一个案例或一个知识点为一小节组成，独立成篇。

维修是一个对综合能力的考验过程，编者能力有限，所以集合了维修行业多个企业和院校43位优秀的一线维修工程师，每位工程师拿出了自己最有心得体会的维修经验，与各位同行分享。由于作者人数较多，如有不足之处，欢迎读者提出批评建议，大家一起学习，一起分享。

在本书的编写过程中，得到了中国机电装备与维修改造协会李燕霞理事长等领导的关怀，并提出了宝贵的修改意见，特此致谢。

为了方便学习，本书依托苏州屹高自控设备有限公司FANUC技术服务部，向读者开通了技术咨询平台。读者在学习、维修和改造等方便有任何问题，均可以通过微信公众号、QQ群、电话或邮件等进行咨询。由于作者水平有限，书中不足和疏漏之处在所难免，敬请广大读者不吝赐教。

联系方式：电话：0512-68052881，QQ：108065319，E-mail：zhaozhizhi@163.com，千人技术讨论QQ群：40823584，抖音号：fanuc.yigao，故障查询微信公众号：屹高CNC。

中国机电装备维修与改造技术协会教培基地　主任

苏州屹高自控设备有限公司　总经理

赵智智

目 录

FANUC

第 1 章

系统维修与使用

1.1　0i-F Plus 新增功能介绍

作者：赵智智　单位：苏州屹高自控设备有限公司

FANUC 0i-F Plus 系列将原来的一些收费功能改成了标准配置功能，不再另行收费。下面以 MF 数控系统为例进行说明。图 1.1-1 所示为 0i-F[㊀] Plus 产品界面。

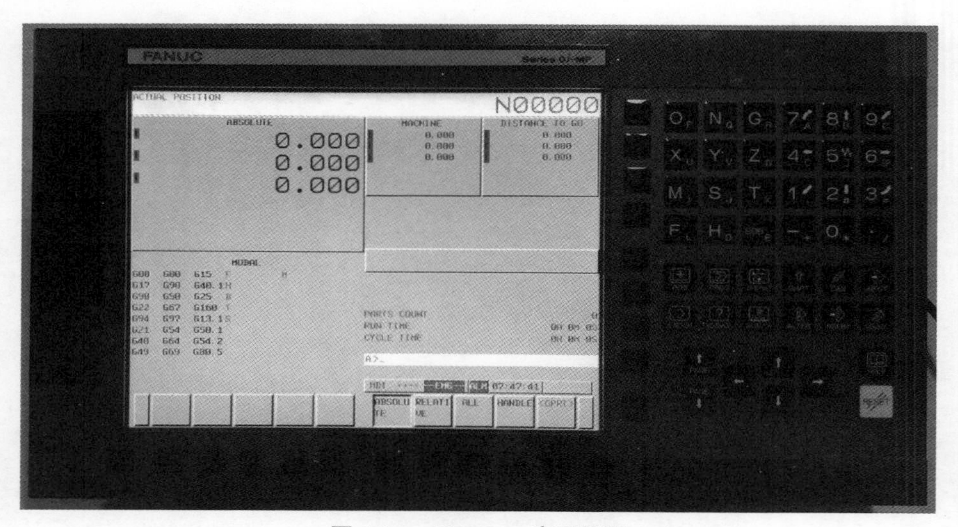

图 1.1-1　0i-F Plus 产品界面

1. FANUC PICTURE 软件

FANUC PICTURE 软件：运行于微软 Windows 系统的一款系统界面开发设计软件，可方便快捷地进行 FANUC 系统 HMI 界面的二次开发。该软件具有所有现代 HMI 软件工具的功能和特点，支持对象、动画、数据、多语言，并具有一种宏语言来运行例程以执行任务。

FANUC PICTURE 软件功能：在 CNC 中提供了一种简单的方法，用来运行由 FANUC PICTURE for Windows 创建的 HMI 项目。

㊀ 在数控系统操作面板中，FANUC 系列显示为“Oi”，本书统采用“0i”。

PICTURE 界面设计如图 1.1-2 所示，功能介绍参照本书第 4.11 节。

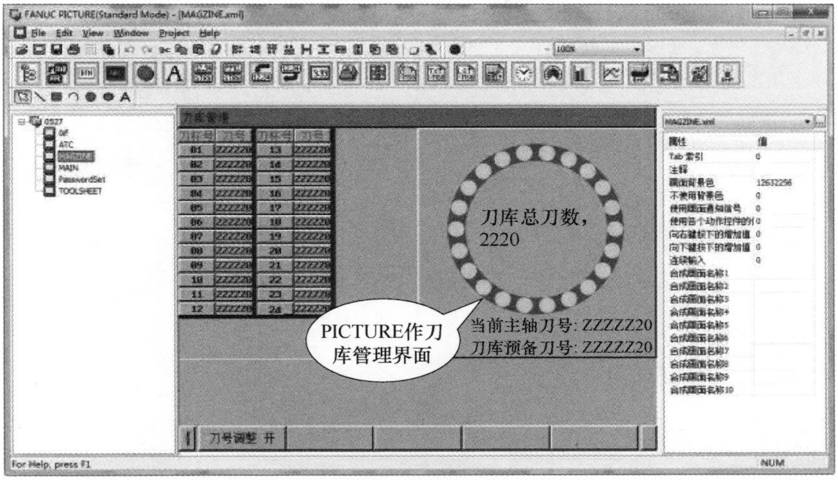

图 1.1-2　PICTURE 界面设计

2. 宏执行器

机床厂家制作的程序可以写入 FROM 中，执行速度快。FROM 中的程序，最终用户不可见，不可修改，保密性好。可为不同机床制作专用的个性化界面，宏执行器界面如图 1.1-3 所示。

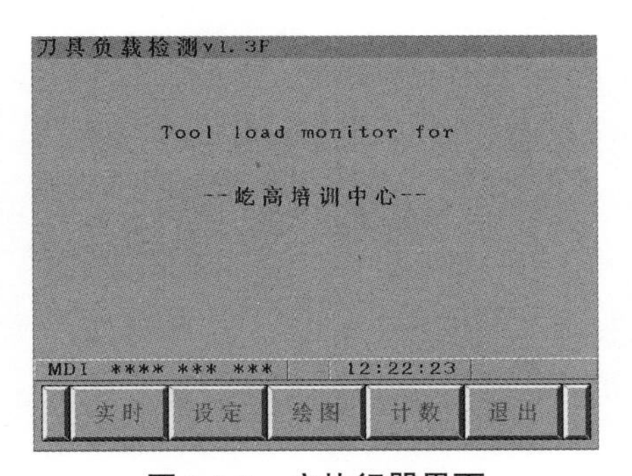

图 1.1-3　宏执行器界面

3. 自定义软件容量

自定义软件容量为 6M，无论是 PICTURE 还是宏执行器，都需要占用存储，一般是需要扩容的。对于用户自定义程序，如 PICTURE、宏执行器、C 语言执行器，都需要定义用户变量。自定义软件容量就是其最大可定义容量。

4. C 语言执行器

C 语言执行器功能：用于自定义屏幕显示，并实现与宏执行器函数一样的用户特定的操作机制；可以使用通用的 C 编程语言创建用于显示和操作的应用程序。

宏执行器、C 语言执行器、FANUC PICTURE 三者的区别见表 1.1-1。

表 1.1-1 宏执行器、C 语言执行器、FANUC PICTURE 三者的区别

项目	宏执行器	C 语言执行器	FANUC PICTURE
适用系统	0i Mate-D 0i-D 30i/31i/32i-A	0i-D 30i/31i/32i-A	0i-D① 30i/31i/32i-A
开发环境	类似用户宏程序 纯文本编辑器	C 语言	类似 Visual Basic
编译软件	FANUC 宏编译器	WindRiver Compiler v4.4b 或 v5.6	FANUC PICTURE
界面显示功能	基本绘图基本文字接口	较多的绘图、文字显示基本的图形显示	较强的图形显示具有贴图功能
集成 NC 加工程序	可②	无	无
CNC 控制功能	一般	强	一般
计算功能	一般	强	弱③
开发周期	较长	长	短
稳定性	高	一般	高

① 不支持 0i Mate 系列，支持触摸屏或非触摸屏，可用于 8.4in（1in=0.0254m）标配显示器。
② 加工程序可以作为可执行宏程序嵌入 CNC。
③ 2.2 版之后加入脚本功能，可实现简单运算。还可搭配 PMC 或 C 语言执行器实现复杂计算功能。

5. 程序数量

程序数量得到提升，存储容量也进一步扩大，标配程序容量 400，扩容功能支持容量 1000。程序目录界面如图 1.1-4 所示。

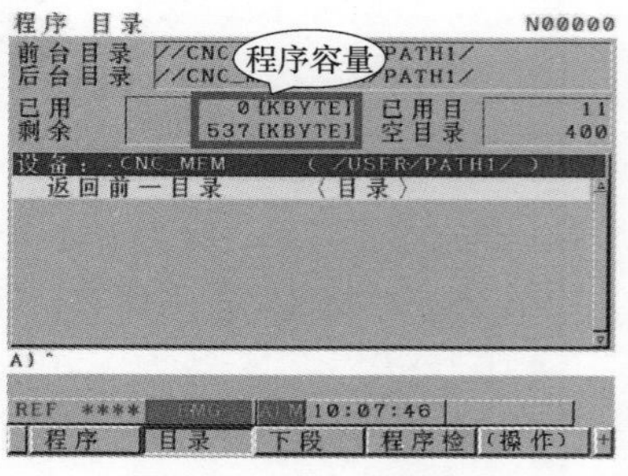

图 1.1-4 程序目录界面

6. 程序容量

程序容量是数控操作员或用户可用于存储数控零件程序的总容量。对于 0i-D 和 0i-F 系统，标准配置容量是 512KB，最大可以开通 2MB；对于 0i-F Plus 系统，标准配置就是 2MB。

7. PMC 容量扩展

PMC 支持梯形图语言，而梯形图的容量是通过 STEP（步数）定义的。对于 FANUC 系统，不同系列的型号对应不同的最大步数，如 0i-D、0i-F 系统标配 24000 步，可通过 PMC 容量扩展，实现梯形图步数扩容至 32000 步、

64000 步或 100000 步。

8. PMC 24000 步（标准 0i-F 5 包，是 5000 步）

对于 0i-F 5 包系统，PMC 梯形图容量标配 5000 步，可通过扩容实现梯形图步数扩容至 8000 步或 24000 步。

9. 平滑公差 +

采用平滑公差 + 控制技术可提高具有自由曲面零件的表面质量和精度，通常用于模具加工中。

自由曲面通常由一系列多个小线段组成，这会导致不良后果，即在工件表面上的线性块之间的连接过渡。平滑公差 + 有一套复杂的算法，可以将这一系列的多个小块自动转换为在给定公差范围内近似该序列的平滑曲线。该功能可实现工件表面更光滑的加工效果。

10. AI 轮廓控制（高速高精度功能）

AI 轮廓控制：在最佳加工速度下实现高精度加工。该功能抑制了由于加减速延迟、伺服定位延迟，以及机械和机电动机械性能限制而造成的路径误差。如果没有此功能，加工轮廓误差将随着编程路径进给率成比例增加。在实践中，当切割涉及刀具方向突然变化的复杂零件形状时，该功能非常有用，如在模具加工中。

11. 分中功能

分中功能：通过移动刀具或分中棒到工件的轴向两侧进行测量，对获取的两个坐标值进行自动计算，所计算的数值就是工件在当前轴的中心坐标。

12. 加工条件选择功能

加工条件选择功能是一种可编程的方法，为操作员设置 1~10 的精度水平，通过选择速度和精度优先等级，可简单实现加工优化。

13. 手轮回退功能

手轮回退功能可以实现在自动操作期间，操作员通过简单和直观地操作手动脉冲发生器（MPG）来调试执行零件程序。使用正向和反向，操作员可以隔离问题区域并观察刀具路径，并且以适合精确观察的速度完成。

14. 动态图形显示功能

动态图形显示功能界面如图 1.1-5 所示。功能创建的程序可以通过使用图形数据显示来进行可视化检查。

图形数据可以在以下两种绘图模式下显示：

- 刀具路径绘图模式：刀具路径用线绘制。
- 动画绘制模式：可以用三维模拟方式绘制随刀具移动而变化的工件轮廓。

动态图形显示的优点：

- 与图形显示功能相比，绘图功能更快。
- 易于验证刀具路径。
- 最小化碰撞和报废零件。
- 缩短设置 / 验证时间。
- 提高操作员对运行零件程序的信心。
- 易于验证 XY、YZ、ZX 这 3 个平面内的程序。

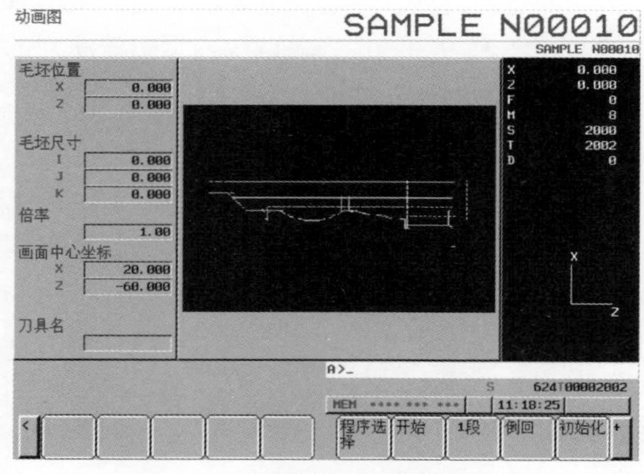

图 1.1-5 动态图形显示功能界面

15. 多步跳过功能

多步跳过功能通过在 G31 之后指定 P1 到 P4 的块中激活，再跳过信号（打开时），将坐标存储在自定义宏变量中。在 G04 之后指定 Q1 到 Q4 的块中，当输入跳过信号时，可以跳过停留。通过来自固定尺寸测量仪器等设备的跳过信号可以跳过正在执行的程序。例如，在冲模中，每次粗加工、半精加工、精加工或火花加工完成时，通过应用跳过信号，可以自动执行从粗加工到火花加工的一系列操作。

16. 快捷宏程序调用功能

快捷宏程序调用功能通过按下安装在机械上的开关，执行以下 3 个动作：

- 向 MEM 模式变更。
- 登录在存储器中的宏程序执行。

● 返回到执行前的模式，自动选择执行前所选的程序。

该功能只有在复位状态（非复位中）时有效，即无法在自动运行中（也包括自动运行休止中、自动运行停止中）、复位中或紧急停止中使用。

具体详情，请参照 FANUC 官方正式文件。

1.2　各种 FANUC 系统程序容量查询表

作者：赵智智　单位：苏州屹高自控设备有限公司

FANUC 系统的存储器包括 FROM、SRAM 和 DRAM。

1）FROM（Flash ROM）是快速只读存储器，系统软件（CNC 控制软件、数字伺服软件、PMC 控制软件）和机床厂家编写的 PMC 顺序程序及 P-CODE 程序就存放在 FROM 中。

2）SRAM（Static RAM）是静态 RAM，加工程序、CNC 参数、刀具参数、PMC 参数、宏变量等数据就存放在 SRAM 中。

3）DRAM（Dynamic RAM）是动态随机存储器，在控制系统中起缓存作用，断电后该存储器中的内容全部消失。

为满足更高的需求和实现更复杂的功能，不但手机要扩容，现在越来越多的 FANUC NC 也需要扩容。在扩容之前，首先要知道如何查看 FANUC 系统程序容量。按 PROGPRO 按键，弹出如图 1.2-1 所示程序目录。

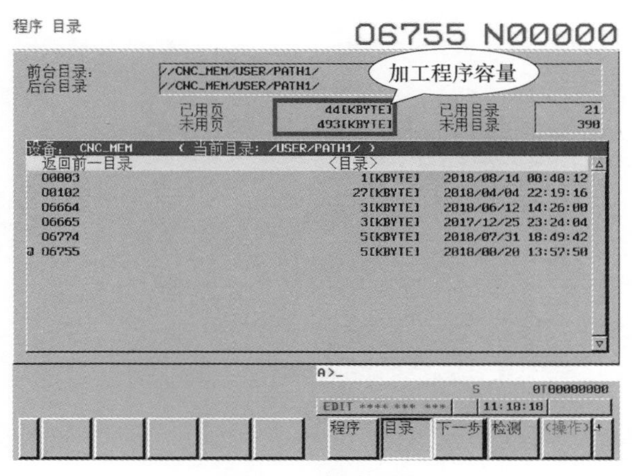

图 1.2-1　程序目录

FANUC 系统出厂的容量都很小，最新的 0i-MF Plus 为 2MB（手机拍一张照片的大小为 2~4MB）。FANUC 常用系统容量见表 1.2-1。

表 1.2-1 FANUC 常用系统容量

序号	系统	标准容量 /KB	最大容量 /MB	程序数量 / 个	最大数量 / 个
1	0i-MB/TB 软件包 A	256	不可	400	
2	0i-MB/TB 软件包 B	128	不可	400	
3	0i Mate-MB/TB	256	不可	400	
4	0i-MC/TC 软件包 A	256	不可	400	
5	0i-MC/TC 软件包 B	128	不可	400	
6	0i-PC 软件包 A	256	不可	400	
7	0i Mate-MC/TC	256	不可	400	
8	0i-MD 软件包 1	512	2	400	
9	0i-TD 软件包 1	512	1	400	800
10	0i Mate-MD 3 包	320MB	2	400	
11	0i Mate-TD 3 包	320MB	1	400	800
12	0i Mate-/TD 5 包	512	不可	400	
13	0i-MF 软件包 1	512/1MB	2	400	800
14	0i-TF 软件包 1	512	2	400	800
15	0i-MF/TF 3 包、5 包	512	2	400	
16	0i-F plus 1 包、3 包、5 包	2MB	不可	1000	
17	31i-MB/TB31i-MA/TA	64	8	63	1000

虽然 FANUC 系统出厂容量一般较小，但可通过开通功能增加容量，有的则需要更换记忆卡来实现扩容。FANUC 记忆卡外形如图 1.2-2 所示。

图 1.2-2 FANUC 记忆卡外形

部分记忆卡订货号见表 1.2-2。

表 1.2-2　部分记忆卡订货号

FROM/SRAM 模块容量	订货号
FROM/SRAM module （FROM 16MB，SRAM 1MB）	A20B-3900-0160 A20B-3900-0220
FROM/SRAM module （FROM 16MB，SRAM 2MB）	A20B-3900-0161 A20B-3900-0221
FROM/SRAM module （FROM 32MB，SRAM 1MB）	A20B-3900-0163 A20B-3900-0223
FROM/SRAM module （FROM 32MB，SRAM 2MB）	A20B-3900-0164 A20B-3900-0224
FROM/SRAM module （FROM 64MB，SRAM 1MB）	A20B-3900-0166 A20B-3900-0226
FROM/SRAM module （FROM 64MB，SRAM 2MB）	A20B-3900-0167 A20B-3900-0227
FROM/SRAM module （FROM 16MB，SRAM 256KB）	A20B-3900-0180 A20B-3900-0230
FROM/SRAM module （FROM 16MB，SRAM 512KB）	A20B-3900-0181 A20B-3900-0231
FROM/SRAM module （FROM 32MB，SRAM 256KB）	A20B-3900-0182 A20B-3900-0232
FROM/SRAM module （FROM 32MB，SRAM 512KB）	A20B-3900-0183 A20B-3900-0233

注意：

1）FANUC 程序容量只是整个 RAM 容量的一小部分。

2）早期 FANUC 可以通过修改参数 9921 来实现扩容。

3）早期 FANUC 容量单位是 m，320m=128KB；640m=256KB。

4）以上资料查询，请参照 FANUC 各个系统的规格说明书。

1.3　一键备份所有 FANUC 文件

作者：杨军团　单位：宝鸡机床集团有限公司

随着 FANUC 系统功能不断增强，机床开发的软件越来越多，导致系统中需要备份文件的种类也越来越多，很多时候在现场不能把所有的数据同时都备份出来，可能会忽略某个文件的备份。为了防止遗漏备份系统中所必需的文件，FANUC 在 0i-D（含 0i Mate-D）以后的系统中开发了 NC data output function（NC 数据输出功能），可以方便地把数据一次性备份到 CF 卡或 U 盘中。

1. 数据种类

数据一般可分为以下 3 类：

1）SRAM 数据。

2）用户文件（用户自己编写的文件，如二次开发文件和 PMC）。

3）TXT 文件（参数、程序等）。

备份前需要对参数进行设置，见表 1.3-1。

表 1.3-1　备份前的参数设置

参数号	符号	设定值	含义
20	I/O CHANNEL	4 或 17	4 表示 CF 卡，17 表示 U 盘
313#0	BOP	1	1 为使用 NC 数据输出功能，不使用设为 0
138#0	MDP	1	当系统为多通道时，设为 1，自动区分多个通道的文件

2. 操作

1）使系统处于 EDIT 方式。

2）按下 MDI 键盘上的 SYSTEM 键，再按下如图 1.3-1 所示的软键扩展键►数次。

图 1.3-1　显示器底部的软键区

出现【所有 I/O】，按该键，在该界面下继续按扩展键►，出现【全数据】，按【操作】键，出现【F 输出】，按该键，出现图 1.3-2 所示的备份界面。该操作需要切断电源，因为这种备份先是在系统正常界面进行备份，随后断电在启动的过程中备份 BOOT 中的数据，故需要在本操作结束

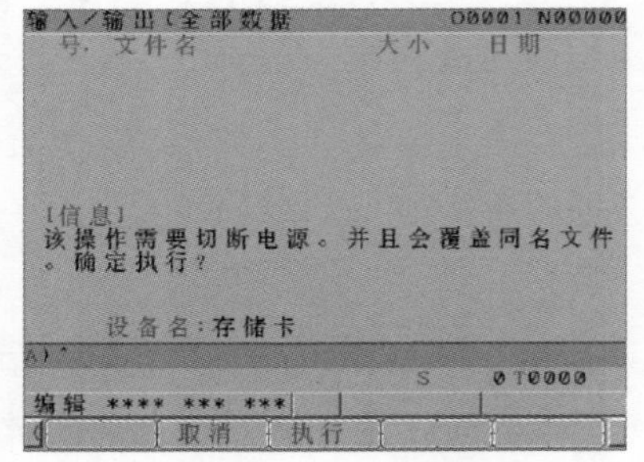

图 1.3-2　备份界面

后进行断电再通电操作。执行本操作按【执行】键。

如图 1.3-3 所示，系统执行备份时，可以看到备份文件的内容和备份的进度。

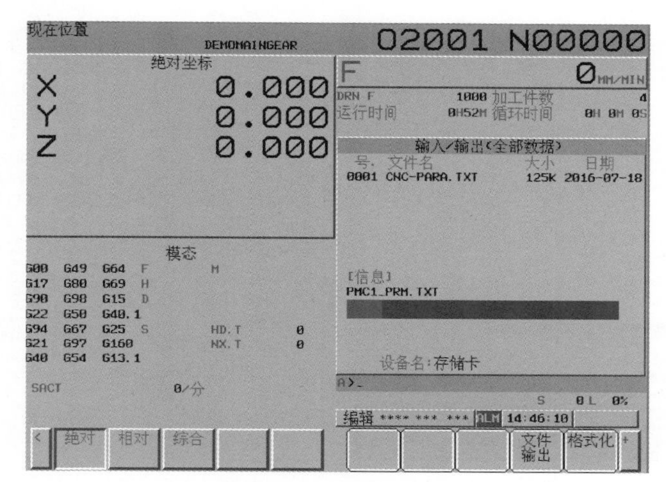

图 1.3-3　备份过程

如图 1.3-4 所示，当在本界面备份结束后，可以看到备份到存储卡中的文件名称，此时系统提示断电再通电，在通电的过程中进行 SRAM 中数据的备份。

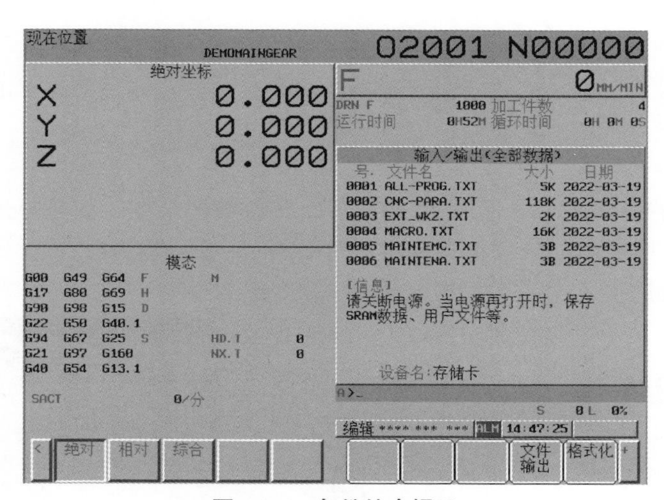

图 1.3-4　备份结束提示

将系统断电再通电，在系统自检结束后，开始进行 SRAM 数据和用户文件的备份，如图 1.3-5 所示。

系统执行完备份操作之后，进入正常界面，就可以进行正常操作了。备份文件及说明如图 1.3-6 所示。

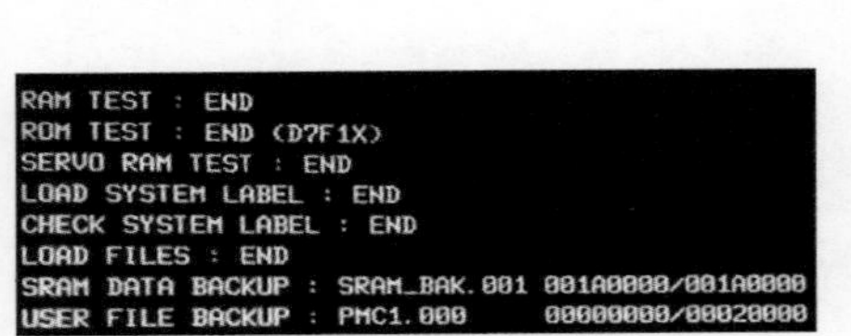

图 1.3-5 SRAM 和用户文件备份

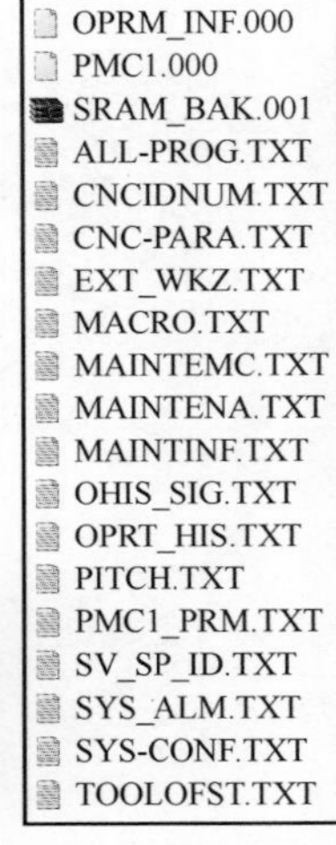

如图所示，文件列表通过数据输出功能导出文件，其中包含的内容非常全面，包括系统OPRM文件、PMC文件、SRAM打包文件、ID信息、操作履历、维护信息、系统配置、程序、PMC参数、刀偏等各种数据，也包括厂家自己开发的文件（图例为在0i MATE-D下用CF卡进行备份，若系统带有U盘，也可以使用U盘进行本次操作。本例中，由于系统功能单一，显示备份的数据类型有限，当系统功能复杂时，显示出备份的数据类型也就更多）。

图 1.3-6 备份文件及说明

1.4 FANUC 系统自动备份数据

作者：曹子昆 单位：中核建中核燃料元件有限公司

最新的 FANUC 0i-F 系统增加了自动备份数据功能，而且是通电时自动备份数据，把数据从依靠电池保存的 SRAM 备份到 ROM，这样即使电池没电，机床数据也不会丢失。其操作过程如下所述。

1. 修改参数

修改参数如图 1.4-1 所示。

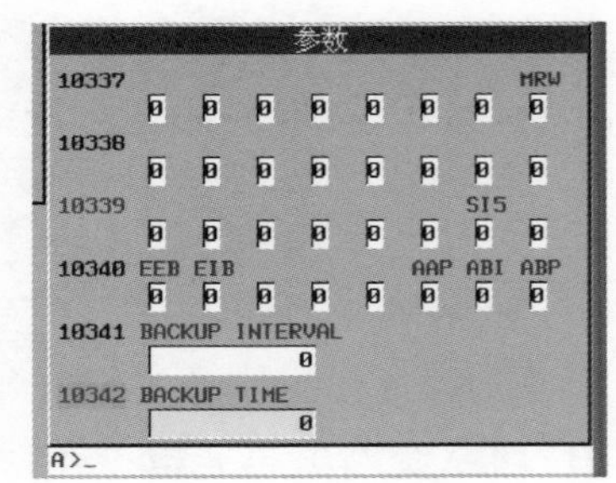

图 1.4-1 修改参数

参数含义：

1）10340.0（ABP）=1：通电时自动备份数据功能打开。

2）10340.2（AAP）=1：FROM 的 NC

程序和目录信息备份有效。

3）10341 BACKUP INTERVAL=10：10 天备份一次数据。

4）10342 BACKUP TIME =3：备份数据个数为 3 个。

5）10340.1（ABI）=1：禁止覆盖备份的数据。

2. 进入 BOOT 界面

开机按住如图 1.4-2 所示软键，即最右侧的两个键，进入 BOOT 界面。

图 1.4-2　软键盘对应按键

BOOT 界面如图 1.4-3 所示。

3. 进入 SRAM 选项界面

选择【T.SRAM DATA UTILITY】，进入 ARAM 选项界面，如图 1.4-4 所示。

SYSTEM MONITOR MAIN MENU　60W3 - 05
1. END　结束
2. USER DATA LOADING　用户数据下载
3. SYSTEM DATA LOADING　系统数据下载
4. SYSTEM DATA CHECK　系统数据检测
5. SYSTEM DATA DELETE　系统数据删除
6. SYSTEM DATA SAVE　系统数据备份
7. SRAM DATA UTILITY　SRAM数据包
8. MEMORY CARD FORMAT　CF卡格式化
光标
*** MESSAGE ***
SELECT MENU AND HIT SELECT KEY.
选择 菜单 并且 单击 选择 键
[SELECT] [YES] [NO] [UP] [DOWN]
选择 是 否 上 下

图 1.4-3　BOOT 界面

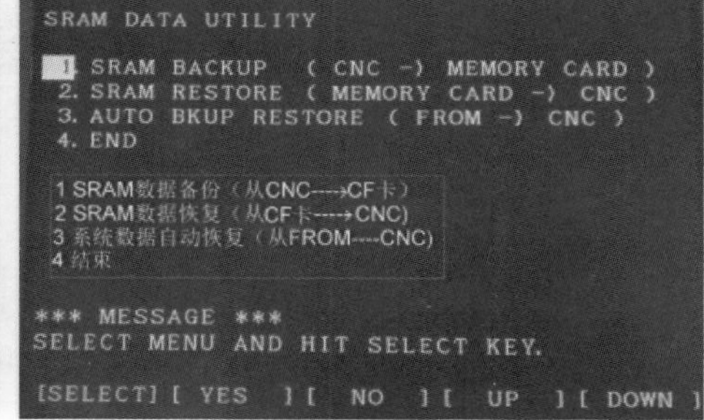

图 1.4-4　SRAM 选项界面

4. 自动恢复数据

选择【3，AUTO BKUP RESTORE】（自动恢复数据，从 FROM 到 CNC 的 RAM 中）。

根据备份的时间点（见图 1.4-5），选择需要恢复的数据，单击后直接可以恢复。

图 1.4-5　备份选择

1.5　数据丢失的解决办法

作者：陈卫卫　单位：浙江万丰摩轮有限公司

机床长时间停机后再开机，系统屏幕上出现 SYS_ALM500 报警，如图 1.5-1 所示。客户发现机床参数已经丢失，如何解决这个问题呢？

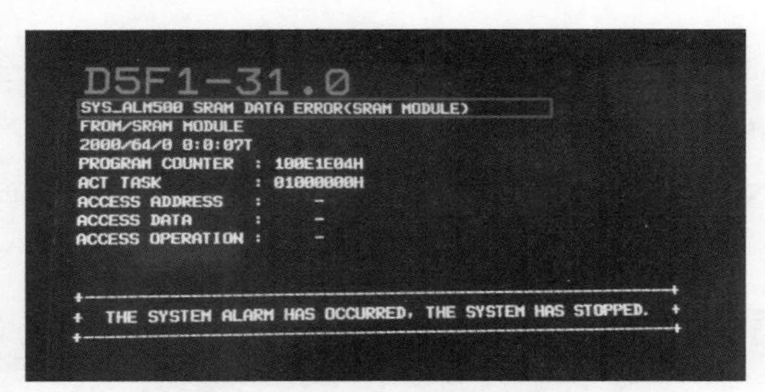

图 1.5-1　ALM500 黑屏报警界面

1. 数据的分类

一般丢失的数据都是 SRAM 存储区的数据，包括加工程序、CNC 参数、刀具参数、PMC 参数、宏变量等。图 1.5-1 所示的报警界面（SYS_ALM500 SARM DATA ERROR）说明 SRAM 中的文件丢失，需要重新导入。

FANUC 系统数据的分类与传输可以扫码观看以下视频。

视频 :FANUC 系统数据的分类与传输

2. 数据丢失的原因

SRAM 中的文件存储在 SARM 芯片里，这种芯片需要时刻通电，如果断电，数据就会丢失。在 FANUC 系统上，采用图 1.5-2 所示的 3V 电池作为机床的备用电源。这种电池可以在关机状态下持续供电 3 个月。

FANUC 系统数据丢失的原因可以扫码观看以下视频。

视频 :FANUC 系统数据丢失的原因

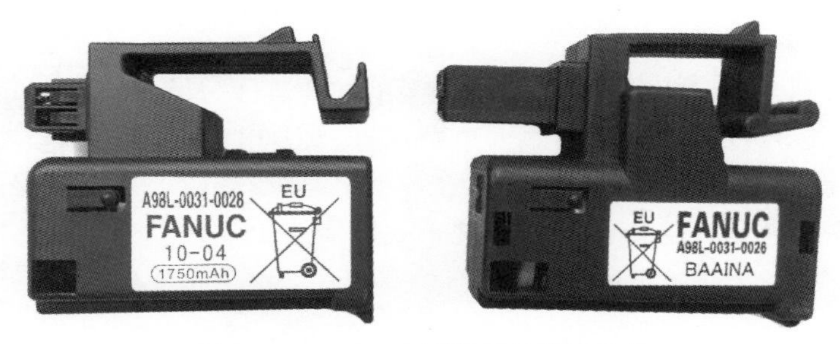

图 1.5-2　FANUC 两种系统电池实物

3. 数据丢失的解决办法

（1）查看有没有备份的数据

因为电池没电而导致丢失的数据，都是 SRAM 芯片里的数据，梯形图由于存储在 FROM 中，一般不会丢失。SRAM 备份出来的数据，有的是一个文件（文件名有的是 SRAM0_5A.FDB），有的是两个文件（SRAM1_0A.FDB，SRAM1_0B.FDB），有的是 3 个或更多（受 FROM 卡的容量大小不同而异），但文件名都是 SRAM 开头的文件。产生这样文件名的都是开机时在 BOOT 界面备份出来的文件。也可以通过 RS232 接口或 CF 卡，在机床进入数控系统后一个一个地备份文件，这样的文件可以用计算机的记事本直接打开查看。

（2）恢复备份数据

因为备份数据时机床的 XYZ 轴、主轴、刀库所处的位置和恢复数据时不一样，这样可能产生以下几个问题：

1）工作时或回零时，机床软超程报警，请修改 1320、1321 参数。

2）刀库乱刀或刀库卡刀，可重新设置刀库刀号，一般是 D 参数。对主轴定位导致的卡刀，请修改 4133 号参数，调整定位角度。

3）机床精度问题。因为机床的螺距误差补偿数据在 SRAM 芯片中，备份时的螺距误差补偿和现在机床实际的螺距误差补偿由于零点位置的变更会发生变化，需要重新打激光（指用激光干涉仪校准机床的定位精度）。

4）经验之谈的其他故障。人们很难制造出完全相同的两台机床，从而导致其数据或电路有可能都不一样。

（3）没有数据备份的处理方案

1）从一样的设备上复制，FANUC 数据备份与恢复可以扫码观看以下视频。但是，立式加工中心的换刀原点、第二参考点和刀库当前的信息数据（如当前主轴刀号、当前刀库位置、当前刀库中的刀号信息）一定要根据实际情况进行重新调整。

2）向机床厂家索要出厂的原始数据，然后恢复（切记，定位角度和第二参考点要重新设置，刀库当前的信息数据要重新设置）。

3）手工调整，这样做比较麻烦，一般需要1~2天的时间。

视频：FANUC数据备份与恢复

1.6 恢复参数后，机床还要做哪些调整

作者：陈辉平 单位：赛峰起落架系统（苏州）有限公司

FANUC系统参数丢失后，经常要用CF卡进入SRAM数据操作界面恢复参数，如图1.6-1所示。

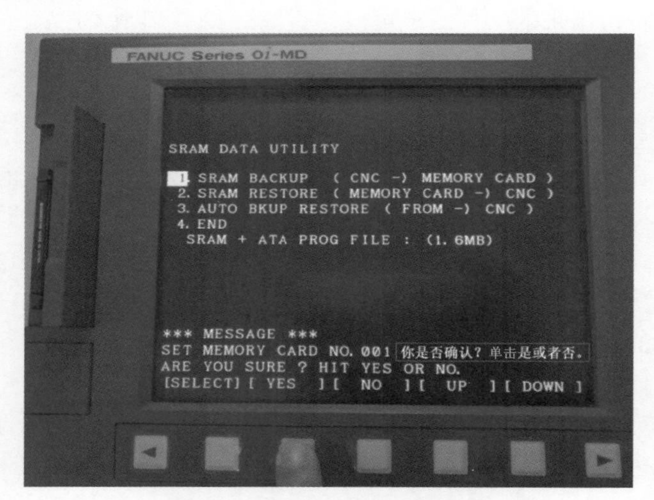

图1.6-1 SRAM数据操作界面

参数恢复完成后，机床很有可能不能立即投入使用，需要调整参数解决以下几个问题。

1. 机床超程报警

因为备份参数时，机床中的数据是很早以前机床的状态，当时的XYZ

轴机床坐标和当前的坐标值不符，容易出现超程报警，如图 1.6-2 所示。这时要修改 1320、1321 正负软限位参数，使机床能够在有效行程内移动，方便重新设置新的零点。在设置完零点后，重新根据实际情况恢复软限位的设定，以保护机床！

2. 主轴定位角度参数 4077

FANUC 主轴电动机编码器如图 1.6-3 所示。它的定位角度有可能在维修后有更换或变动过，每次更换编码器后都需要调整角度位置，所以维修后建议采用 M19 指令试运行，查看主轴定位角度是否正确。

图 1.6-2　超程报警

图 1.6-3　FANUC 主轴电动机编码器

3. 刀库刀号错乱

因为当初备份的刀号和现在的刀号位置不一样，有的刀库有刀号归零功能，归零后就可以；如果没有刀号归零功能，需要在图 1.6-4 所示的 PMC 的 D 参数和 C 计数器参数中进行修改（如主轴上刀具号、刀库当前位置、刀库中的放刀信息）。

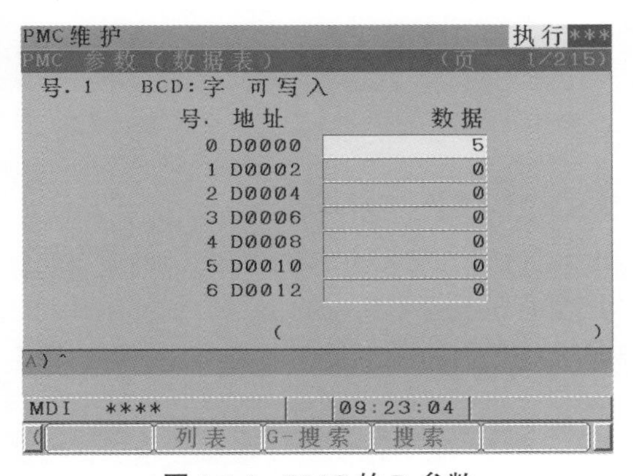

图 1.6-4　PMC 的 D 参数

1.7 无法修改参数的解决方法

作者：赵智智　单位：苏州屹高自控设备有限公司

1. PWE=1 无法修改

通常情况下，在 SETTING 界面中设置 PWE=1。如图 1.7-1 所示，打开参数修改保护开关。

有时 PWE=0 无法修改，原因是当 3299.0 号参数 PKY 为 0 时，参数保护由 PWE=1 决定；当参数 PKY 为 1 时，参数保护由信号 G46.0 KEYP 决定，如图 1.7-2 所示。

这时，需要分析梯形图，去查询 G46.0 信号的控制，使 G46.0 信号为 1，从而打开参数保护。

注意：0i-C 系统的参数是 3209.7。

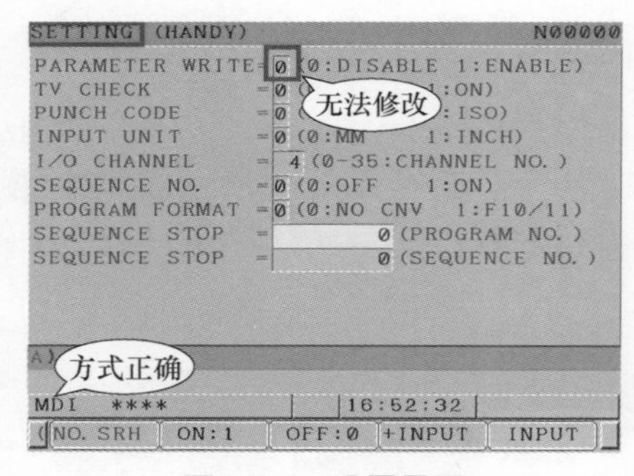

图 1.7-1　设置界面

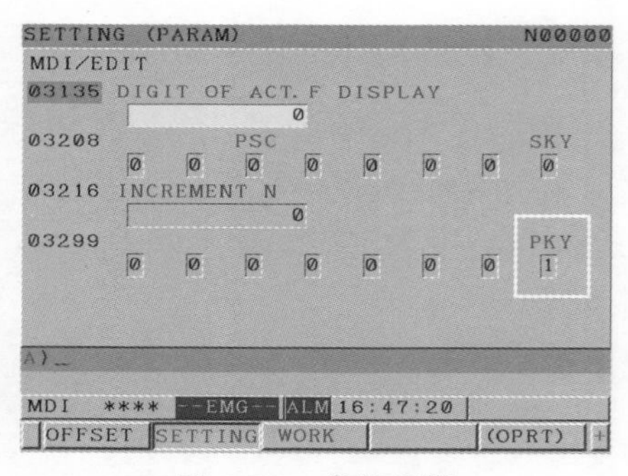

图 1.7-2　参数设置

2. 锁住 FANUC SYSTEM 按键

FANUC 系统键盘如图 1.7-3 所示，可用来控制参数的修改、梯形图修改等。有的机床存在 SYSTEM 键无反应的情况，如何解决呢？

按住图 1.7-3 中的 SET 键，进入 SETTING 界面，首先修改参数保护，如图 1.7-4 所示。

然后按 Page Down 键翻页，找到 3208 参数，设置 3208.0=1 后，SYSTEM 键立即会失效。

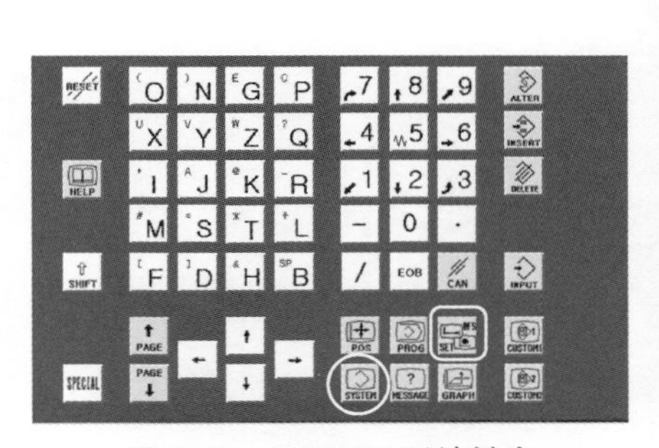

图 1.7-3　FANUC 系统键盘

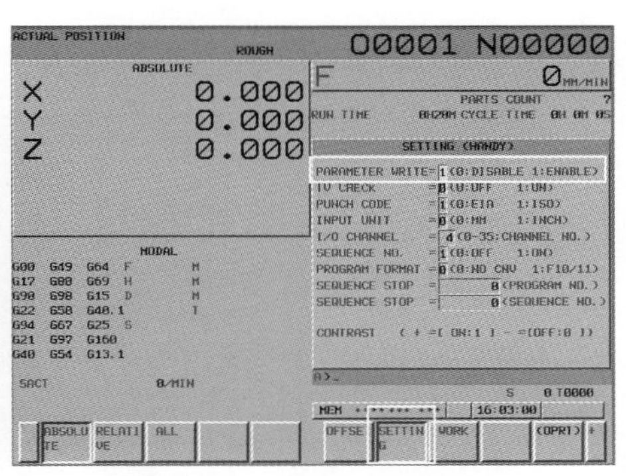

图 1.7-4　修改参数保护

1.8　0i-B、0i-C 如何实现网络传程序

作者：赵智智　单位：苏州屹高自控设备有限公司

在早期的一些 FANUC 系统中，主板上并不配置以太网接口（如 0i/0i Mate-B0i/0i Mate-C、早期的 0i Mate-D、低配版 21iB）。对于这种 FANUC 系统，如果不想费时、费力、高价增加以太网版（Mate 版不具备扩展功能），如何实现以太网程序传输呢？可采用 FANUC NC 数据采集卡（见图 1.8-1），把 CF 卡接口转化成网线接口，如图 1.8-2 所示。

图 1.8-1　数据采集卡

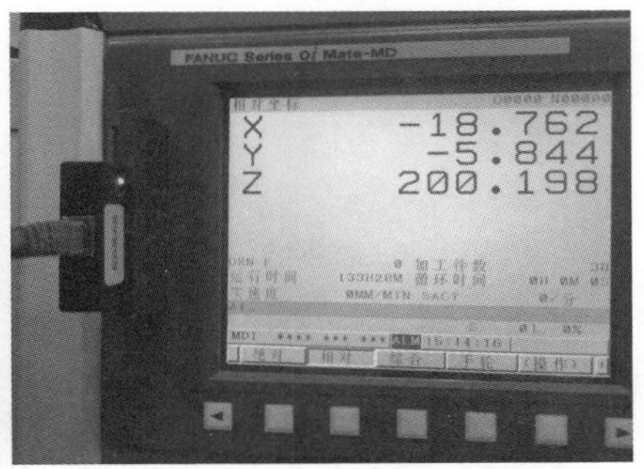

图 1.8-2　采集卡安装位置

使用时在 PC 机上设置 IP 地址，如图 1.8-3 所示。

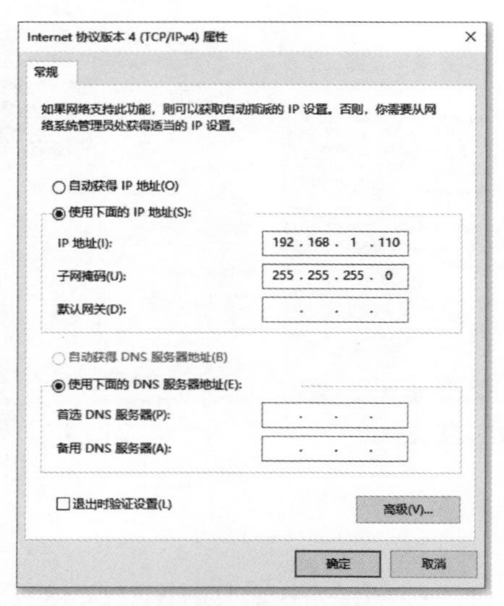

图 1.8-3　PC IP 地址设置

注意：不同系统修改 IP 位置略有不同，需要自行网上查询。

软件的设置如图 1.8-4 和图 1.8-5 所示。需要确认机床名、CNC 类型、控制路径和网络类型。

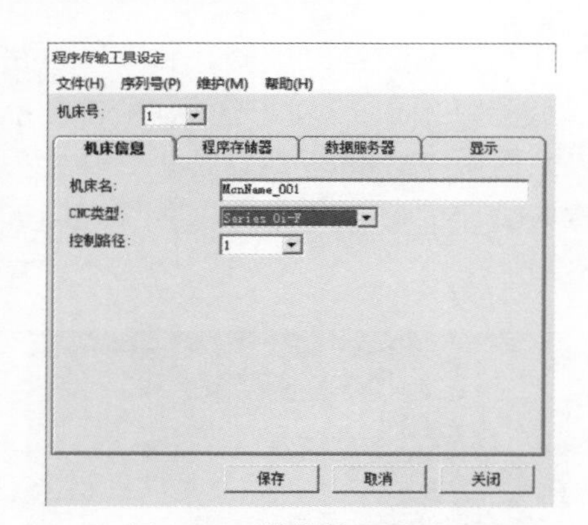

图 1.8-4　软件的设置（1）

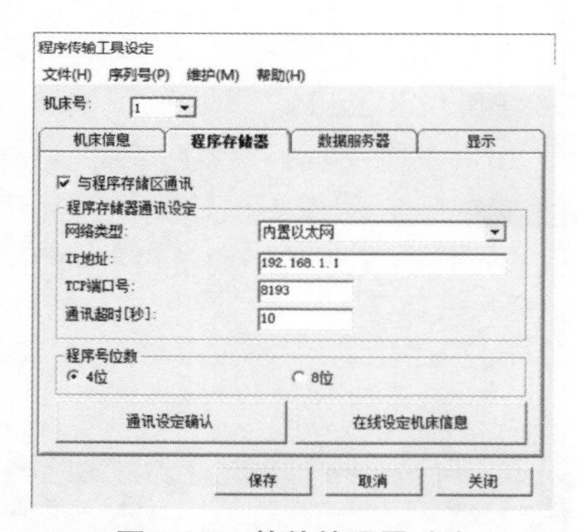

图 1.8-5　软件的设置（2）

在计算机上远程管理加工程序可以扫码观看以下视频。

视频：FTP 远程管理加工程序

1.9　FANUC 数控系统网络通信功能应用

作者：李文　单位：青岛职业技术学院

FANUC 数控系统以太网口通信方式具有传输距离长、投资成本低、实时性好、抗干扰性强等特点，在车间级数控机床数据传输中应用广泛。

1. 上位机通信软件设置

（1）关闭上位机 Windows 防火墙

打开计算机【控制面板】，单击【Windows 防火墙】，选择界面左侧【打开或关闭 Windows 防火墙】，在网络位置中选择【关闭 Windows 防火墙（不推荐）】。

（2）设置上位机 IP 地址

打开计算机【控制面板】，单击【网络和共享中心】，选择界面左侧【更改适配器设置】，双击【本地连接】，选择【Internet 协议版本 4（TCP/IPv4）】，单击【属性】，设置 IP 地址为 IP 地址："192.168.1.2"，子网掩码："255.255.255.0"。

（3）设置 FTP 软件客户端

1）创建存放加工程序、参数文件等的文件夹 E：\123\new。

2）运行 TYPSoft 软件，设置用户端。在工具栏菜单中选择【设定】→【用户】，打开【用户设定】对话框后进行以下设置：【新建用户】为 123，设置【密码】为 123，【根目录】为 E：\123，在【目录数据】中选中根目录（E：\123），设置访问权限（在【文件】选项组中勾选【下载】【上传】【更改文件子目录】【删除】复选框；在【目录】选项组中勾选【创建】、【移去】、【包括补充目录】复选框），依次单击【保存】→【关闭】，如图 1.9-1 所示。

3）设置 FTP 端口。在工具栏中选择【设定】→【设置】，在【FTP 设定】对话框中，设置【FTP 端口】为 21，单击【保存】→【关闭】，如图 1.9-2 所示。

4）设置 IP 限制。在工具栏中选择【设定】→【IP 限制】，选择【允许】选项，输入 IP：192.168.1.*，单击【添加】→【关闭】。

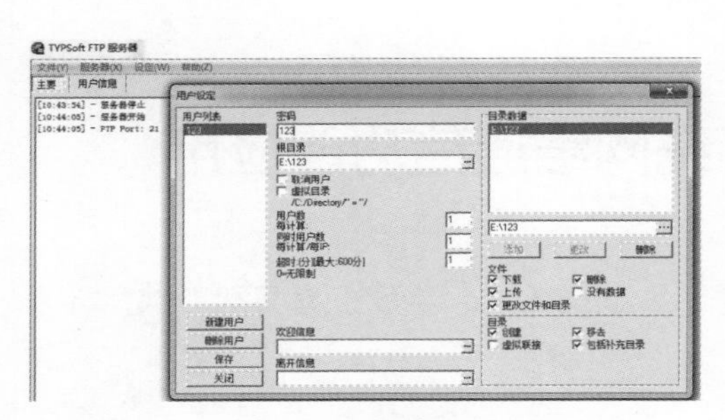

图 1.9-1　用户设定

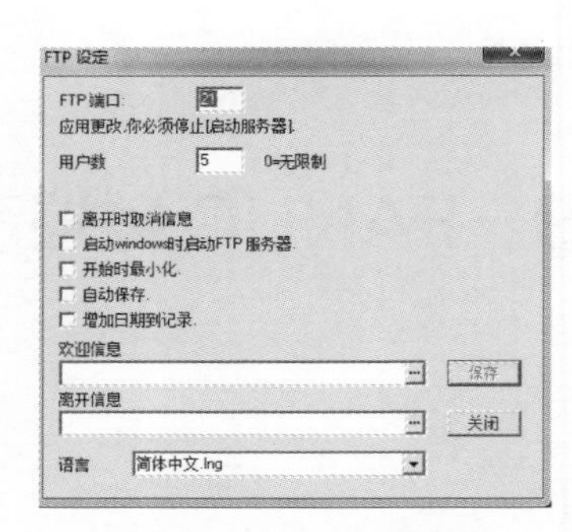

图 1.9-2　FTP 端口设定

（4）设置 LADDER 软件

1）运行梯形图编辑 LADDER 软件，依次选择 Tool → Communication，打开 Communication 对话框。

2）依次选择 Network Address → Add Host，设置 Host 为 192.168.1.1，Port No. 为 8193，Time Out 为 30，单击 OK，如图 1.9-3 所示。

3）选择 Setting，在 Enable device 中选择 192.168.1.1，单击 Add 按钮，在 Use device 中选择 192.168.1.1（8193），如图 1.9-4 所示。单击 Connect 按钮。

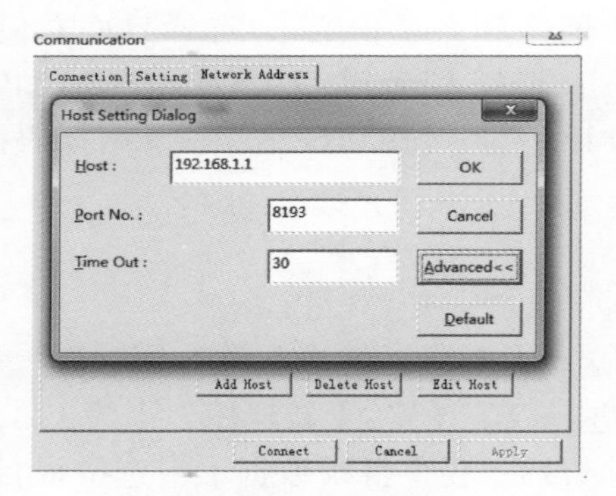

图 1.9-3　主机设定

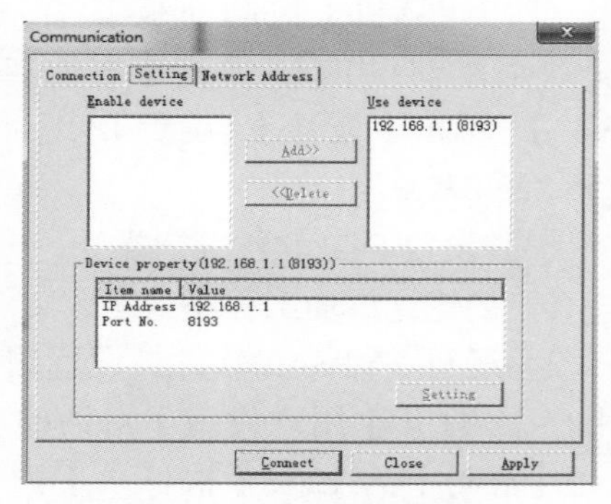

图 1.9-4　IP 地址添加

2. 数控系统参数设置

FANUC 数控系统的以太网功能通过 TCP/IP 协议实现，通信时需要设定 CNC 的 IP、TCP 和 UDP 端口等信息。

（1）设置数控系统 IP 地址

1）CNC 处于手动数据输入（MDI）工作模式，依次按下 SYSTEM 键及扩展键【+】，按下软键【内嵌】。

2）按下软键【公共】，设置 IP 地址为 192.168.1.1，子网掩码为 255.255.255.0，设备有效为内置板（如果使用内嵌以太网，此处必须为内置板，如果使用 PCMCIA 以太网卡，此处必须为 PCMCIA）。

3）按下软键【FOCAS2】，设置 TCP 为 8193，UDP 为 8192，时间间隔为 30s。

4）按下软键【FTP 传】，设置【主机名（IP 地址）】为 192.168.1.2（此地址与上位机 IP 地址相同），【端口号】为 21（此处与 FTP 端口一致），【用户名】为 123，【密码】为 123，登录地址为 new，如图 1.9-5 所示。

（2）设置系统参数

1）单击功能键 OFS/SET，单击软键【设定】，写参数 =1，按组合键 RESET+CAN，消除报警，修改参数 #20=9，14885#1#0=1，0，11630#1=1，14880#1#0=0，0，14882#1=1。

2）按下 SYSTEM 键及扩展键【+】，按下 PMCCNF 键及扩展键【+】，按下软键【在线】，设定：高速接口 = 使用。

3. 上位机与数控系统联机检测

确认上位机与数控系统网络连接是否正常，通常采用 PING 指令。

（1）上位机对 CNC 的联机检测

在上位机计算机侧，通过键盘组合键【WIN+R】调用【运行】功能，并输入指令 ping 192.168.1.1（CNC 侧的 IP 地址），如果运行结果显示【无法访问目标主机】，说明网络没有正常连接，需检测 IP 地址、参数设定是否正确，防火墙是否关闭。

（2）CNC 对上位机的联机检测

在 CNC 侧，按下 SYSTEM 键及扩展键【+】若干次，按下【内嵌】及扩展键【+】，在功能软键区选择 PING →【操作】→【PING 执】，界面显示【收到应答】，计算机与 CNC 网络连接正常，如图 1.9-6 所示。

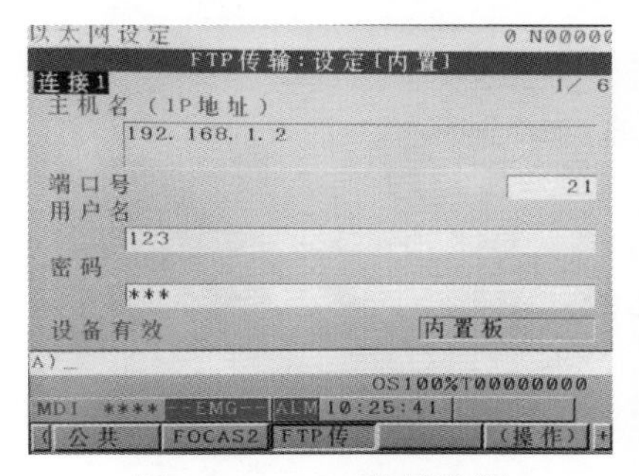

图 1.9-5 FTP 传输设置

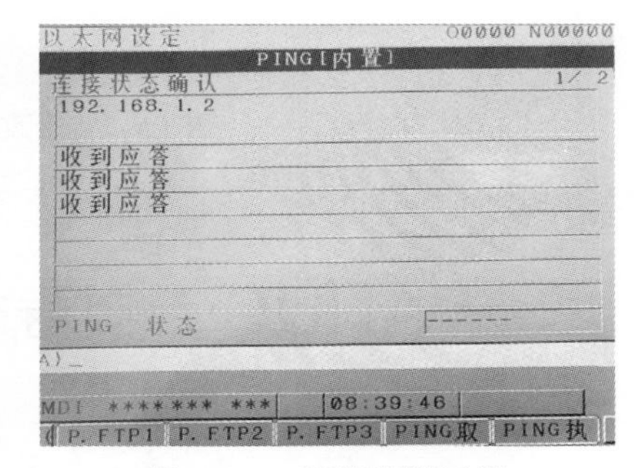

图 1.9-6 网络连接正常

4. 程序在线传输与运行

（1）传输加工程序

CNC 处于编辑模式，程序保护钥匙打开，依次选择 PROG →【目录】→

【操作】→【设备】→【内嵌】，显示上位机上 FTP 文件夹中的程序。单击【文件输入】，将光标移到要选择的加工程序，按下软键 F INPT →【F 取得】→【+】→【执行】，加工程序传输到 CNC 中。

（2）自动运行加工程序

在 PMC 程序中，外部信号（如 X10.0、X10.1）通过 SUB40 二进制赋值功能指令（MUMEB）将程序号（1、2）赋值给信号地址 G9（G9.0-G9.4 程序号检索信号），通过 G9.0 或 G9.1 指定 CNC 执行的程序号（主程序）；外部信号 X10.2（下降沿信号）启动工件号，检索开始信号 G25.7，CNC 将检索到的程序号设定为主程序；外部信号 X10.3（下降沿信号）启动自动运行信号 G7.2，运行由上位机传输到 CNC 的加工程序。修改后的 PMC 程序如图 1.9-7 所示。

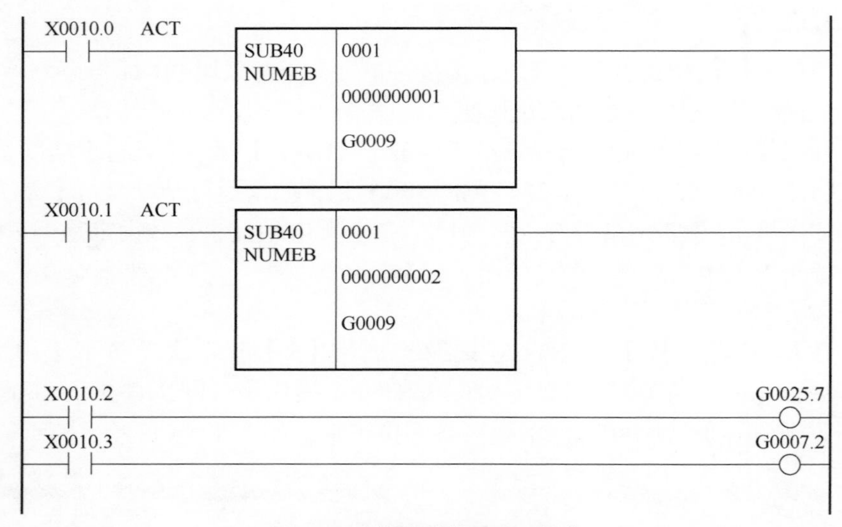

图 1.9-7　修改后的 PMC 程序

1.10　FANUC 刀具寿命管理

作者：赵智智　单位：苏州屹高自控设备有限公司

人工成本在不断升高，数控机床行业发展的趋势是生产网络化和加工机器人化。刀具寿命管理在 FANUC 0i 系列中是标配功能，在 FANUC 31i

及以上系列为选配功能，此功能可有效提升数控设备的自动化水平，在加工过程中保证最优化的使用刀具，最大化地保证加工质量。许多机床用户往往不知道系统有此功能或忽略此功能，充分使用好此功能对实际产品加工过程非常有用。

FANUC 0i Mate-TD/0i-TD 系统中刀具寿命管理参数见表 1.10-1。

表 1.10-1　刀具寿命管理参数

<table>
<tr><th>序号</th><th>参数值</th><th colspan="3">意义</th><th>备注</th></tr>
<tr><td>1</td><td>8132#0=1</td><td colspan="3">开通刀具寿命管理功能</td><td></td></tr>
<tr><td>2</td><td>6813=128</td><td colspan="3">刀具寿命管理的最大组数</td><td></td></tr>
<tr><td rowspan="5">3、4</td><td rowspan="5">6800#0=1
（GS1）
6800#1=1
（GS2）</td><td>GS2</td><td>GS1</td><td>组数</td><td>刀具数量 / 把</td></tr>
<tr><td>0</td><td>0</td><td>1~ 最大组数的 1/8</td><td>1~16</td></tr>
<tr><td>0</td><td>1</td><td>1~ 最大组数的 1/4</td><td>1~8</td></tr>
<tr><td>1</td><td>0</td><td>1~ 最大组数的 1/2</td><td>1~4</td></tr>
<tr><td>1</td><td>1</td><td>1~ 最大组数</td><td>1~2</td></tr>
<tr><td>5</td><td>6800#2=0
（LTM）</td><td colspan="3">刀具寿命类型</td><td>0= 按此次数；1= 按时间</td></tr>
<tr><td>6</td><td>6811</td><td colspan="3">刀具寿命再启动的 M 代码</td><td></td></tr>
<tr><td>7</td><td>6844</td><td colspan="3">刀具的剩余寿命</td><td>刀具的剩余寿命（使用次数）</td></tr>
<tr><td>8</td><td>6845</td><td colspan="3">刀具的剩余寿命</td><td>刀具的剩余寿命（使用时间）</td></tr>
</table>

设定完参数，断电重启，执行以下程序，初始化组数：

G10 L3；　登录时删除所有组
P1L50；　组号 1 和寿命值 50 次
T0101；　1 号刀和偏置号 01
……
P8L100；　组号 8 和寿命值 100 次
T0808；　8 号刀和 8 号刀补
G11；　设定刀具寿命管理数据结束
M30；　程序结束

加工过程中调用刀具程序的格式为：

……

T0199；　调用 1 号组刀具，并且进行寿命计算 +1

……

T0888；　调用 8 号组刀具，取消 8 号刀补，使用 00 刀补，不进行寿命计算 +1

……

T0301；　调用 3 号刀 1 号刀补，不进行寿命计算

……

M30；　程序结束

当此程序运行 50 次之后，1 号刀的寿命到达，则 CNC 侧发出报警，提示用户更换刀具。

CNC 侧刀具寿命值的输入更改：

- 按下 MDI 面板上 OFS SET。
- 按右侧扩展键【+】，再按下【TL 寿命】。
- 依次单击 OFS/SET →右侧扩展键【+】→【TL 寿命】，在该界面下按编辑进入，移动光标，可以更改需要调用的 T 代码和对应刀偏值，以及刀具寿命值，按结束退出。

注：在程序中执行 M02、M30 或复位信号之前，只出现一次 T0199，即没有刀号重复的情况下，可正常进行刀具寿命计数。若在程序中执行 M02、M30 或复位信号之前，程序中出现同一刀号，需在后续相同刀号前加上 M90（需 PLC 处理结束信号）。

注意：

1）在改变6800#0#1参数后，应通过G10 L3（登录时删除所有组的数据）重新设定数据。

2) 刀具寿命到达时，程序会继续执行，直到程序结束，才出现 TOOL LIFE IS PASSED 报警。

1.11 FANUC USB 接口介绍

作者：赵智智　单位：苏州屹高自控设备有限公司

1. USB 接口软硬件简介

为方便用户使用，FANUC 最新出厂的 0i-D/0i Mate-D 系统新增了 USB

接口，接口位置如图 1.11-1 所示。

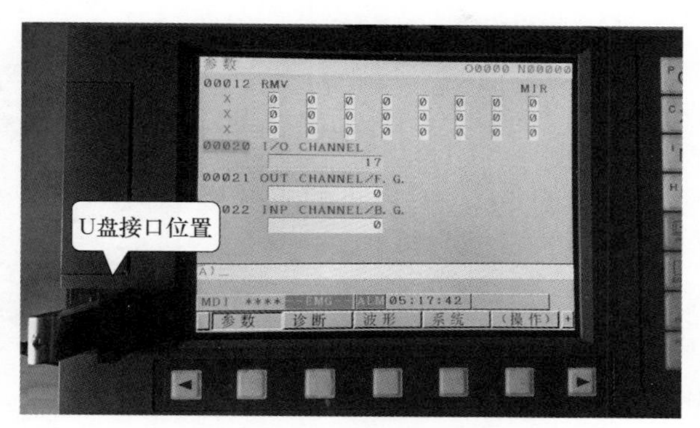

图 1.11-1　USB 接口位置

1）带 USB 接口的系统及主板型号见表 1.11-1。

表 1.11-1　带 USB 接口的系统及主板型号

主板名称	使用系统	主板型号
A0U	0i-D	A20B-8200-0840
A0U	0i-D	A20B-8201-0080
A1U	0i-D	A20B-8200-0841
A1U	0i-D	A20B-8200-0921
A1U	0i-D	A20B-8201-0081
A2U	0i-D	A20B-8200-0842
A2U	0i-D	A20B-8201-0082
A3U	0i-D	A20B-8200-0843
A3U	0i-D	A20B-8200-0923
A3U	0i-D	A20B-8201-0083
A5U	0i-Mate-D	A20B-8200-0848
A5U	0i-Mate-D	A20B-8201-0088

2）软件支持。USB 控制软件为 USBCNTRL.000（BOOT 界面下显示名称）、659A（源文件名），如图 1.11-2 所示。

2. 使用 USB 设备的要求及限制

1）CNC 只支持 USB V1.0 的传输模式，所使用的 USB 设备需先切换到

V1.0 模式。

2）必须先在 PC 上进行常规格式化（不能快速格式化），按 FAT 或 FAT32 格式。

3）USB 设备最大可设置文件夹目录为 6 层，超过的 CNC 无法识别。

4）文件夹名称不能以“FORFANUC”8 个字母开头。

5）每个文件夹下的同级目录中最大可包含的文件或文件夹数量为 512 个。

6）文件和文件夹的名称必须以字母或数字命名，其他字符将无法正确显示。

7）USB 设备不能在 BOOT 界面下进行数据传输。

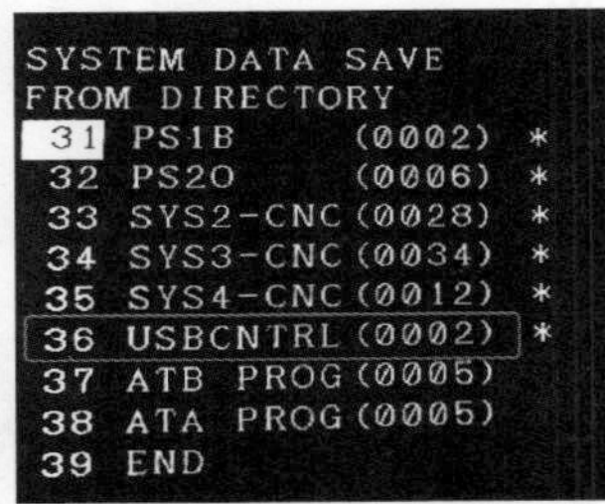

图 1.11-2　BOOT 界面中 USB 驱动文件

3. 相关参数设定

1）20# 参数，【I/O CHANNEL】设为 17，如图 1.11-3 所示。

2）参数 11308#1 COW 如图 1.11-4 所示。

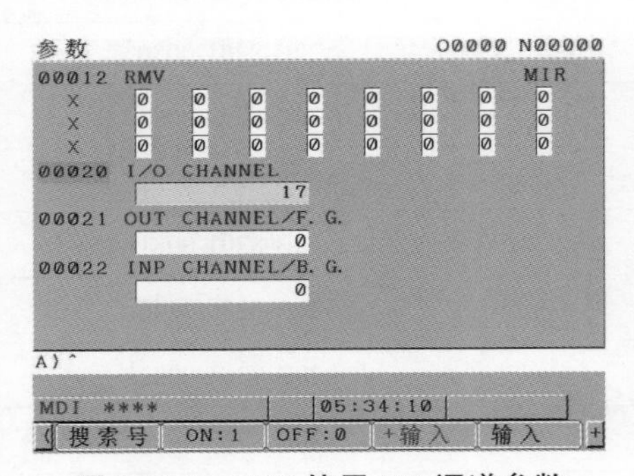

图 1.11-3　USB 使用 I/O 通道参数

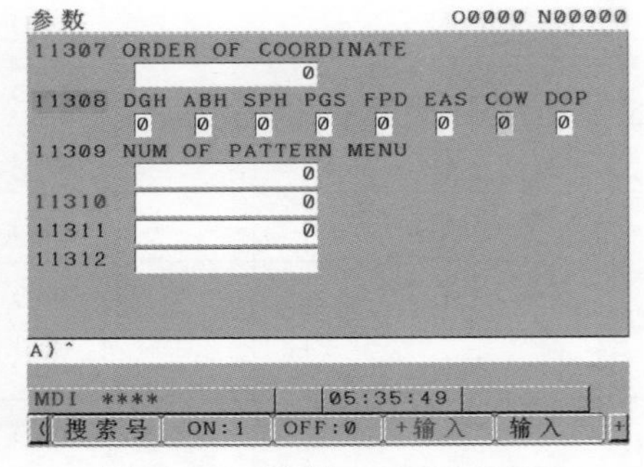

图 1.11-4　参数 11308#1 COW

若向 USB 设备输出文件，当已经存在相同文件名的文件时：

- 0：不覆盖（发出报警 SR1973“文件已经存在”）。
- 1：覆盖（覆盖之前有提示确认信息）。

3）参数 11505#0 ISU 如图 1.11-5 所示。

ISU 作为 I/O 设备选择了 USB 存储器的情况下数据的输入输出：

- 0：通过 ASCII 代码进行。
- 1：通过 ISO 代码进行。

4）参数 11506#0 PCU 如图 1.11-6 所示。

当为 OPEN CNC 开放式系统时，采用 HSSB 连接。使用 CSD 功能时，CNC 上的 USB 接口用于：

- 0：CNC 侧。
- 1：PC 侧。

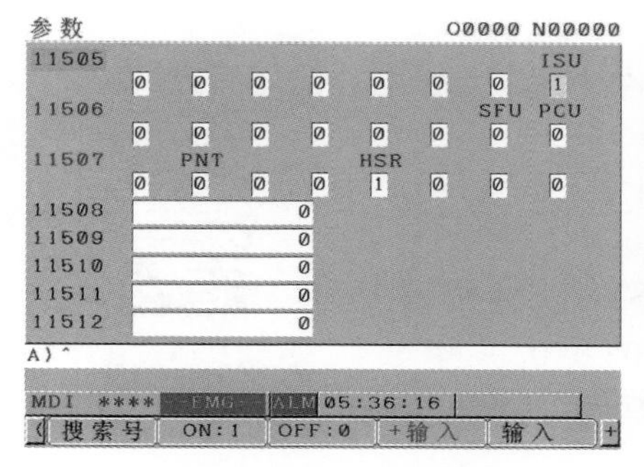

图 1.11-5 参数 11505#0 ISU

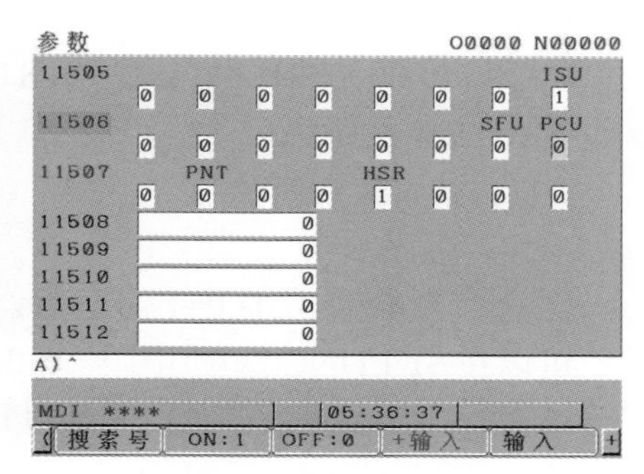

图 1.11-6 参数 11506#0 PCU

1.12 操作员如何编写 3000 号报警

作者：周朋涛 单位：苏州屹高自控设备有限公司

1. 程序修改参数

以往修改机床参数都是通过手动修改，在 MDI 方式下，首先在 SETTING 选项组中修改 PWE=1，然后进入参数界面（见图 1.12-1）修改参数。

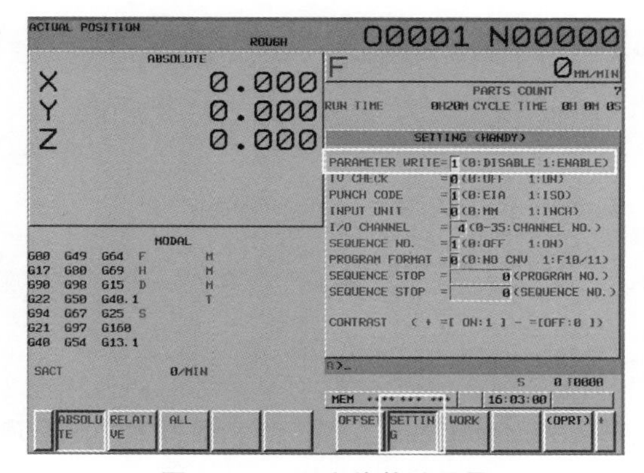

图 1.12-1 可允许修改设置

FANUC 提供了第二种思路，用程序 G10 L52 进行修改，案例如下：

O1256；

G10 L52；启动修改参数

N1420 P3 R30000；把参数 1420 的第 3 轴（本机床的 Z 轴 G0 速度）改成 30000

N3208 R00000001；把参数 3208.0 改成 1，让 MDI 键盘 SYSTEM 按键失效

G11；结束参数修改

M30；程序结束

注意，当参数 3208.0=1 修改后，SYSTEM 按键失效，可以在 SETTING 选项组中修改 3208.0=0。

通过程序修改系统参数的具体过程可以扫码观看以下视频。

视频：通过程序修改系统参数

2. 程序让机床报警

FANUC 报警界面一般有 ALARM 和 MESSAGE 之分。在 ALARM 报警界面显示的是终止当前运行状态的报警，其中一部分为系统自身出现异常状况时发出的报警，另一部分为机床厂家根据机床的故障状态通过 PMC 编写的报警，通常是以 EX 开头的报警。而在 MESSAGE 信息界面出现的内容为操作错误信息提示，该信息提示不中断当前机床的运行状态。作为工艺师和操作员，在进行加工程序的编制时，也可以在程序中编写相应的语句，使机床在加工或运行出现异常时，发出 3000 多号的宏程序报警，通过该报警中断当前机床的运行状态，避免错误的加工，如图 1.12-2 所示。

宏程序报警程序如图 1.12-3 所示。

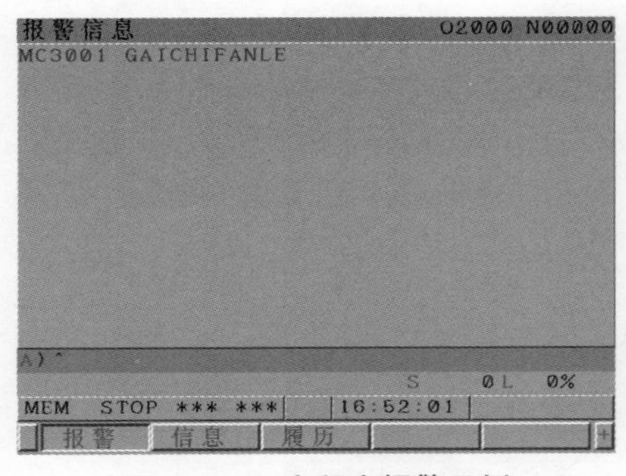

图 1.12-2　宏程序报警示例

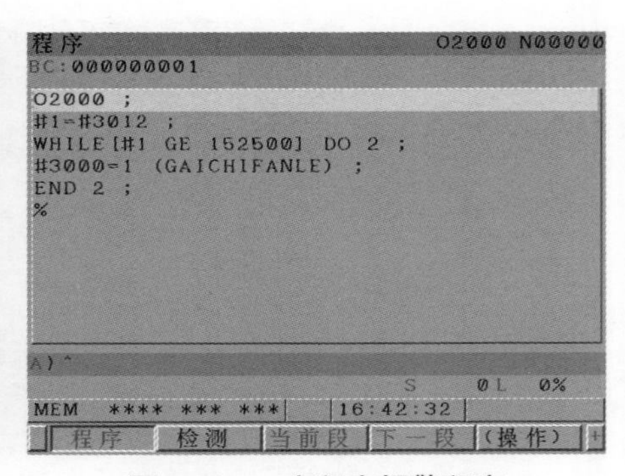

图 1.12-3　宏程序报警程序

操作员就是在原有的加工程序增加了图 1.12-3 所示的程序。

#1=#3012；（把宏变量 3012 的值赋值给 #1，FANUC 系统定义的 #3012 代表的就是机床当前时间）

WHILE［#1 GE 152500］DO 2；（当 #1 里的数值大于等于 152500，即 15:25:00 时，执行下面一行）

#3000=1（GAICHIFANLE）；（出现 3001 gai chi fan leGAICHIFANLE 报警）

否则继续执行后面的加工程序。

上述基础知识需要了解 FANUC 宏程序，宏变量。

1）#3012，将该变量用于读取当前时间（时 / 分 / 秒），如下午 3 时 35 分 36 秒，这时 #3012=153536。

2）#3000，当 #3000 的值为 0~ 200 时，CNC 停止运行，并报警。报警内容由后面小括号内的值定义。例如，执行程序 #3000=1（TOOL NOT FOUND），执行后，系统报警界面显示【3001 TOOL NOT FOUND】。

3）WHILE 是宏程序常用的循环语句。

1.13　FANUC 主轴模拟与串行的区别

作者：赵智智　单位：苏州屹高自控设备有限公司

1. FANUC 主轴控制模式

（1）串行主轴

通过串行总线向 FANUC 主轴驱动器发出控制指令，以达到控制主轴运行的方式称为串行主轴，只要是采用 FANUC 主轴驱动器，就是串行主轴。串行总线从 FANUC 主板 JA41 端口到主轴驱动器的 JA7B（早期的系统上主轴接口为 JA7A，F 系列后系统采用 FSSB 光纤通信）。主板部分接口如图 1.13-1 所示。

（2）模拟主轴

从主板 JA40 接口可以输出 −10~+10V 的模拟电压，可以控制第三方变频器和驱动器，运行原理如图 1.13-2 所示。

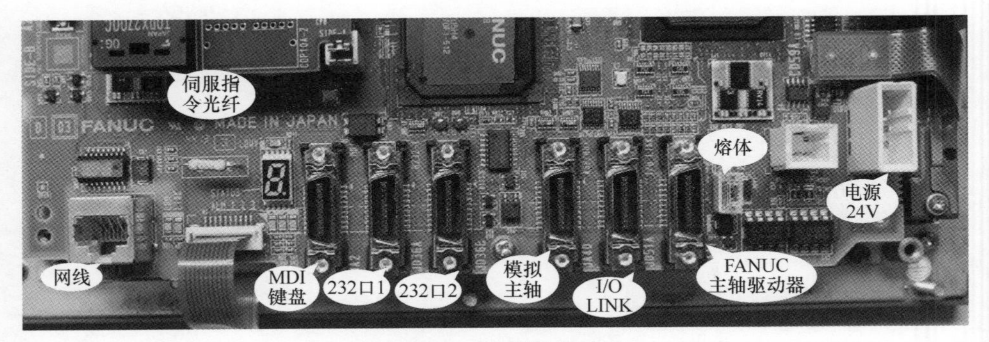

图 1.13-1 主板部分接口

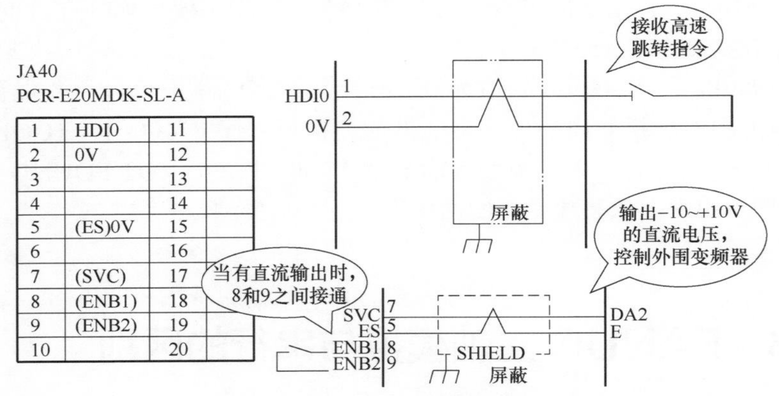

1	HDI0	11	
2	0V	12	
3		13	
4		14	
5	(ES)0V	15	
6		16	
7	(SVC)	17	
8	(ENB1)	18	
9	(ENB2)	19	
10		20	

图 1.13-2 模拟主轴运行原理

2. 相关参数设定

（1）0i-F 系统

1）988 参数为 –1 时，无主轴驱动器；为 1 时，是 1 个主轴；为 2 时，是 2 个主轴。

2）3716 参数为 0 时，用模拟主轴；为 1 时，用串行主轴。

（2）0i-D、0i-C 系统

1）8133#5 参数，为 0 时，使用串行主轴；为 1 时，不使用串行主轴。

2）3701 参数设置如图 1.13-3 所示。

	#7	#6	#5	#4	#3	#2	#1	#0
3701				SS2			ISI	

#1 ISI

#4 SS2 设定路径内的主轴数。

SS2	ISI	路径内的主轴数
0	1	0
1	1	0
0	0	1
1	0	2

图 1.13-3 3701 参数设置

对 0i-D 系统，如果主轴驱动器报警，可以把 3798#0 ALM、3701#1（ISI）改成 1 来屏蔽主轴报警。

1.14　案例分析——SP1241 模拟输出报警

作者：胡一初　单位：浙江万丰奥威汽轮股份有限公司

FANUC 模拟主轴输出经常存在 SP1241 报警，说明书的注释是模拟主轴用的 D/A 变化器异常。模拟主轴接口在 FANUC 系统主板上，0i-D 系统部分接口如图 1.13-1 所示。其中，接口 JA40 是模拟主轴输出及高速跳转输出接口，如图 1.13-2。SVC 信号是模拟电压输出信号（0~10V），虚线 SHIELD 是屏蔽线，可防止干扰。

1. 案例一

1）故障现象：系统在调试过程中经常出现 SP1241 报警。

2）处理方法：观察电柜，发现在电磁阀吸合时容易出现 SP1241 报警，且三相电源未加灭弧器，怀疑其在工作中产生电磁干扰，导致系统误认为模拟电压异常产生 SP1241 报警。将其（AC 接触器）脱开，使系统运行，机床工作半天后，未出现 SP1241 报警；将三相灭弧器加在 AC 接触器上，系统工作运行，工作半天，也未出现 SP1241 报警。

3）问题关键字：灭弧、干扰。

4）备注：该用户无反映此报警再次出现。

5）原理分析：灭弧器工作原理是在遇到较大电流时能够使其平缓变化，从而起到避免干扰、保护电子元器件等作用，如图 1.14-1 和图 1.14-2 所示。

2. 案例二

1）故障现象：系统在使用过程中偶尔出现 SP1241 报警，主要发生在模拟主轴速度变化过程中。

2）处理方法：对变频器的 PWM 从 15K 调整到 1K 后，该报警消除。

3）问题关键字：PWM（变频器载波频率）。

4）备注：经过电话回访，调整变频器 PWM 参数前该报警出现频率较低：好几天出现一次；经过调整变频器 PWM 参数后，报警现象仍然存在，但频率很低。

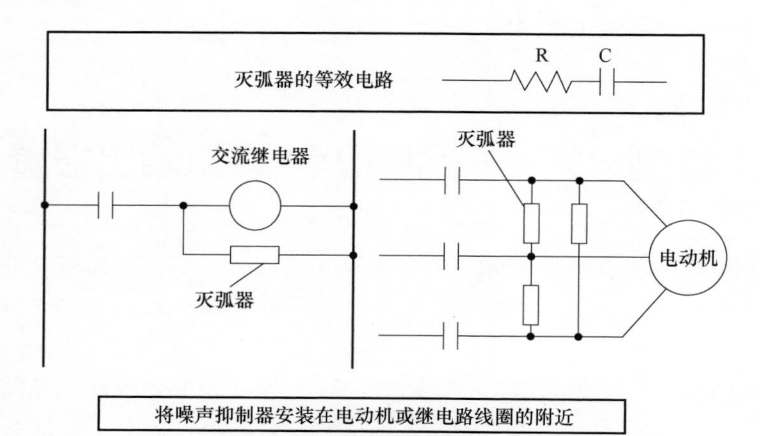

图 1.14-1　灭弧器工作原理（1）

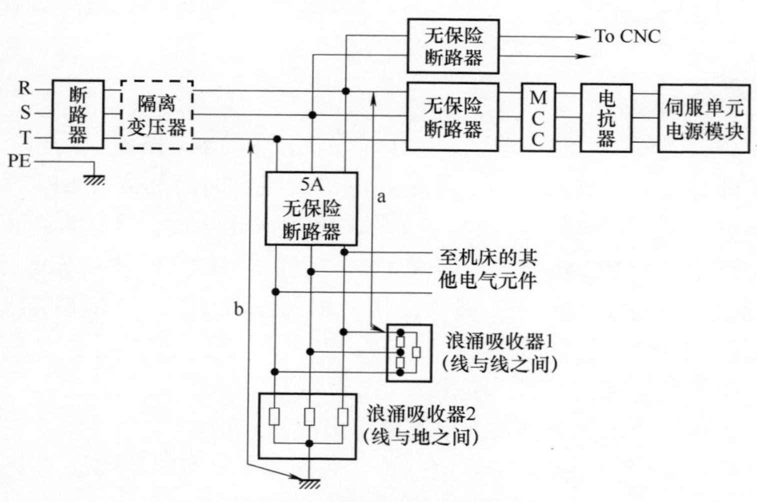

图 1.14-2　灭弧器工作原理（2）

5）原理分析：载波频率越高，产生的干扰源频率也越高，也就越容易受干扰。

3. 案例三

1）故障现象：系统在使用过程中经常出现 SP1241 报警，基本每次开机时都会出现。

2）处理方法：观察电柜发现，模拟电压输出线缆挂在电气柜变压器上，并通过接线端子排接入变频器。

3）解决方法：对 JA40 的 5、7 脚利用屏蔽线直接连接到变频器（不经过端子排），与变压器保持一定距离。

4）问题关键字：变压器、转接端子排、干扰。

5）备注：该用户连续使用近 2 周，未再次出现该报警；

6）原理分析：①变压器是通过线圈感应的方式来进行电压转换的，因此变压器是一个巨大的干扰源，任何线缆靠近变压器都会感应而得电，而 JA40 的 5、7 脚引出的线缆太过靠近变压器会感应得电，从而引起系统报警；②中间端子排会引入许多其他回路的干扰（在济南捷迈厂内处理激光器模拟接口板 JA6 口频繁损坏问题时，利用示波器可以明显发现转接端子排引入很大的干扰），也应予以避免。

4. 案例四

1）故障现象：系统在使用过程中经常出现 SP1241 报警，发生频率不固定。有时每天一次，有时一周一次；发生时间不固定，有时白天、有时晚上，不是在主轴加减速时。

2）处理方法：观察电柜发现，变压器对电气柜整体影响较大。

3）解决方法：①对 JA40 的 5、7 脚利用普通屏蔽线连接（更换为双绞线后干扰加剧导致频繁报警），在变频器三项输入和头架输入处增加 3 项灭弧器；②并将变压器移至远离系统（原位置在系统正下方，新位置距离系统 70cm 左右）。

4）问题关键字：变压器、干扰。

5. 案例五

1）故障现象：系统在使用过程中经常出现 SP1241 报警，发生频率为每天 3~4 次，有时是 8 时或 9 时，有时是 3 时或 4 时；发生报警都是在刀塔换刀过程中或换刀完毕瞬间。

2）处理方法：观察电柜发现，除了刀塔的 220V 单项交流线圈没有加装灭弧器，其余三项、单项接触器在出厂时均已安装灭弧器。

3）解决方法：对刀塔（正反转）对应的 220V 单项交流线圈追加灭弧器。

6. 案例六

1）故障现象：系统在调试过程中一通电就出现 SP1241 报警。

2）处理方法：单独对系统通电，无 SP1241 报警；与三菱伺服驱动器一起通电立刻出现 SP1241 报警；关闭三菱伺服启动器，电气柜其他部分通电，无 SP1241 报警。

3）问题关键字：干扰。

4）备注：3 月 28 日已利用示波器进行确认其波动幅度超过 ±20V。

5）原理分析：与三菱驱动器内部构造有关，由于现场无示波器等专用设备，故无法准确判断干扰程度（后已确认干扰幅度达到 40V 以上），但已确认与三菱伺服驱动器有关。

7. 案例七

1）故障现象：系统在调试过程中一开机就出现 SP1241 报警。

2）处理方法：与维修部联系确认后，对系统进行了检测，属于硬件故障。更换系统主板后，报警消除。

3）问题关键字：硬件故障。

4）备注：系统主板损坏也可能导致该故障发生。

5）总结：FANUC 模拟主轴 SP1241 报警，要么是系统主板损坏，要么是外部干扰引起。

1.15 刚性攻丝的介绍与应用

作者：徐丕兵 单位：青岛技师学院

1. FANUC 刚性攻丝介绍

（1）两种攻丝方式的比较

以前的加工中心一般都是根据所选用的丝锥和工艺要求，在加工程序中编入一个主轴转速和正 / 反转指令，然后再编入 G84/G74 固定循环，在固定循环中给出有关的数据（其中 Z 轴的进给速度是根据 F = 丝锥螺距 × 主轴转速得出），这样才能加工出需要的螺孔。从表面上看，主轴转速与进给速度是根据螺距配合运行的，但主轴的转动角度是不受控的，而且主轴的角度位置与 Z 轴的进给没有任何同步关系，仅仅依靠恒定的主轴转速与进给速度的配合是不够的。主轴的转速在攻丝的过程中需要经历一个停止 →正转 →停止 →反转→ 停止的过程，主轴要加速→制动→加速→制动，再加上切削过程中由于工件材质的不均匀、主轴负载波动都会使主轴转速不可能恒定不变。对于进给 Z 轴，它的进给速度和主轴也是相似的，速度不会恒定，所以两者不可能配合得天衣无缝。因此，当采用这种方式攻丝时，必须配用带有弹簧伸缩装置的夹头，用它来补偿 Z 轴进给与主轴转角运动产生的螺距误差。如果仔细观察上述攻丝过程就会发现，当攻丝到底，Z 轴停止而主轴没有立即停住（惯量）时，攻丝弹簧夹头被压缩一段距离，而当 Z 轴反向进给时，主轴正在加速，弹簧夹头被拉伸，这种补偿弥补了控制方式不足造成的缺陷，完成了攻丝的加工。对于精度要求不高的螺纹孔，采用这种方法加工尚可以满足要求，但对于螺纹精度要求较高、6H 或以上的螺纹，以及工件材质较软（铜或铝）时，螺纹精度将不能得到保证。此外，攻丝时主轴转速越高，Z 轴进给与螺距累积量之间的误差就越大，弹簧夹头的伸缩范围也必须足够大。由于夹头机械结构的限制，采用这种方式攻丝时，主轴转速只能限制在 600r/min 下。

刚性攻丝就是针对上述方式的不足而提出的，它在主轴上加装了位置编码器，把主轴旋转的角度位置反馈给数控系统形成位置闭环，同时与 Z 轴进给建立同步关系，这样就严格保证了主轴旋转角度和 Z 轴进给尺寸的线性比例关系。有了这种同步关系，即使由于惯量、加减速时间常数不同、负载波动而造成的主轴转动的角度或 Z 轴移动的位置变化也不影响加工精度。因为主轴转角与 Z 轴进给是同步的，在攻丝中无论任何一方因干扰而发生变化，则另一方也会相应变化，并永远维持线性比例关系。如果用刚性攻丝加工螺纹孔，可以很清楚地看到，当 Z 轴攻丝到达位置时，主轴转动与 Z 轴进给是同时减速并同时停止的，主轴反转与 Z 轴反向进给同样保持一致。正是有了这种同步关系，丝锥夹头用普通的钻夹头或更简单的专用夹头就可以了，而且刚性攻丝时，只要刀具（丝锥）强度允许，主轴的转速能提高很多（4000r/min 的主轴速度已经不在话下），加工效率提高 5 倍以上，螺纹精度还能得到保证。目前，刚性攻丝已经成为加工中心不可缺少的一项主要功能。

（2）刚性攻丝功能的实现

从电气控制的角度来看，数控系统只要具有主轴角度位置控制和同步功能，机床就能进行刚性攻丝，当然还需在机床上加装反馈主轴角度的位置编码器。要正确地反映主轴的角度位置，最好把编码器与主轴同轴连接，如果限于机械结构必须通过传动链连接时，要确保 1∶1 的传动比；若用带传动，则非同步带不可。还有一种可能，就是机床主轴和主轴电动机直连，可以借用主轴电动机自带的内部编码器进行主轴位置反馈，节省开支。除去安装必要的硬件，主要的工作是梯形图控制程序的设计调试。市场上有多种数控系统，由于厂家不同，习惯各异，对刚性攻丝的信号安排和处理也不尽相同。我们曾经设计和调试过几种常用数控系统的刚性攻丝控制程序，都比较烦琐，调试人员不易理解梯形图控制程序，特别是第一台样机调试周期长，不利于推广和使用。尽管如此，加工中心有了该项功能，可以扩大加工范围，满足用户的多种需求。

（3）不用设计梯形图实现刚性攻丝

在 FANUC 0i 数控系统中，参数 No.5200#0 如果被设定为 0，那么刚性攻丝就需要用 M 代码指定。一般情况下都使用 M29，而在梯形图中也必须设计与之相对应的顺序程序，这对初次尝试者来说还有一定的难度。正常情况下，没有特殊要求时，主轴参数初始化后把参数 No.5200#0 设定为 1，其他有关参数基本不动，也不用增加任何新的控制程序，这样就简单多了。在运行调试中，要根据机床本身的机械特性设置刚性攻丝的参数，见表 1.15-1。

表 1.15-1　刚性攻丝的参数

功　能	参　数
攻丝最高主轴转速	No.5241~No.5244
主轴与攻丝轴的时间常数	No.5261 ~ No.5264
刚性攻丝轴回路增益	No.5280 ~No.5284
刚性攻丝时攻丝轴移动位置偏差量的极限值	No.5310
刚性攻丝时主轴移动位置偏差量的极限值	No.5311
刚性攻丝时攻丝轴停止时的位置偏差量极限值	No.5312
刚性攻丝时主轴停止时的位置偏差量极限值	No.5313

设置完参数后就可以直接使用固定循环 G84/G74 指令编程，其格式举例如下。

1）每分钟进给编程。

右螺纹

G94;　　　　　　Z 轴每分钟进给

M3 Sl1000;　　　主轴正转（1000r/min）

G90 G84 X-300.Y-250.Z-150.R-120.P300 F1000；右螺纹攻丝，螺距 1mm

左螺纹

G94;　　　　　　Z 轴每分钟进给

M4 Sl1000;　　　主轴反转（1000r/min）

G90 G74 X-300.Y-250.Zl50.R-120.P300 F1000;　　左螺纹攻丝，螺距 1mm

2）每转（主轴）进给编程。

右螺纹

G95;　　　　　　　　Z 轴进给 / 主轴每转

M3 S1000;　　　　　　主轴正转（1000r/min）

G90 G84 X-300.Y-250.Z-150.R-120.P300 F1.0;　右螺纹攻丝，螺距 1mm

左右螺纹

G95;　　　　　　　　Z 轴进给 / 主轴每转

M4 S1000;　　　　　　主轴反转（1000r/min）

G90 G74 X-300.Y-250.Z150.R-120.P300 F1.0;　左螺纹攻丝，螺距 1 mm

在以上刚性攻丝编程中，将参数 No.5200#0 设置为 1，固定循环 G84/G74 作为刚性攻丝的指令，所以它的编程格式与原固定循环 G84/G74 普通攻丝是一样的。用户使用结果表明，刚性攻丝性能明显优于普通攻丝。

2. M 代码宏程序调用刚性攻丝

在机械加工时，同样的攻丝动作会重复很多次。为了简化程序，提高效率，可以通过编写 M 代码，调用宏程序来实现。宏程序中使用的 G 代码如图 1.15-1 所示。

刚性攻丝的工作原理如图 1.15-2 所示。

G84 X_Y_Z_R_P_F_K_;
X_Y_　：孔位置数据
Z_　：从R点到孔底的距离以及孔底位置
R_　：从初始平面到R点的距离
P_　：孔底以及返回R点时的暂停时间
F_　：切削进给速度
K_　：重复次数（仅限需要重复时）
G84.2 X_Y_Z_R_P_F_L_;
(FS10/11格式)
L_　：重复次数（仅限需要重复时）

图 1.15-1　宏程序中使用的 G 代码

例如，在 G54 的 X0 Y0 的位置攻一个螺距为 1mm；深度为 50mm 的螺纹孔，不使用宏程序的情况下，编程如下：

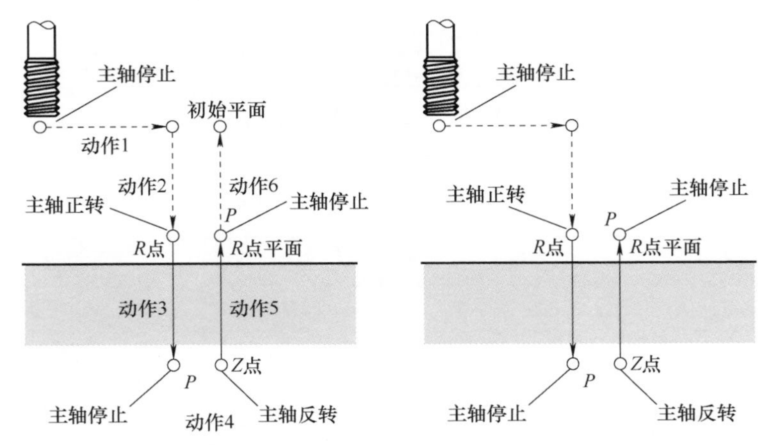

图 1.15-2　刚性攻丝的工作原理

O9028；
G90 G0 G54 X0 Y0 Z0；　　（到指定攻丝位置）
M29 S100；　　（进入刚性攻丝模式，转速为100r/min）
G84 Z-50 R2 F100；　　（刚性攻丝开始，螺距为1mm）
G80；　　（攻丝循环结束）
G90 G54 G0 X0 Y0 Z0；　　（回到起始位置）
M30；　　（程序结束）

现在通过宏程序实现这个过程，并且可以通过宏变量改变相关的工艺参数。

1）参数3202.4（NE9）=0；（打开9000号宏程序保护）

2）参数6088=70；（当执行M70代码时，机床运行O9028加工程序）

然后再选择OFS/SET→【宏变量】界面，定义工艺参数，如图1.15-3和表1.15-2所示。

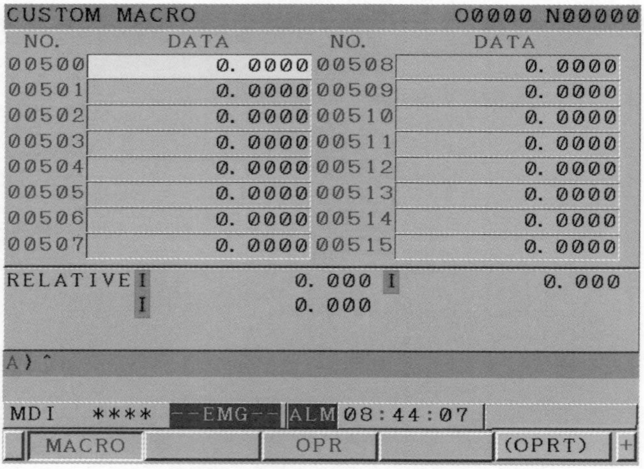

图1.15-3　【宏变量】定义界面

表1.15-2　变量序号及定义

变量序号	变量定义	变量序号	变量定义
500	攻丝 *X* 位置	504	*P*：暂停时间
501	攻丝 *Y* 位置	505	*F*：切削速度
502	*Z*：*R* 点到底孔的位置	506	主轴速度
503	平面到 *R* 点的距离	507	*K*：重复次数

编写的宏程序如下：

O9028；

G90 G0 G54 X#500 Y#501 Z#502；

M29 S#506；

G84 Z#502 R#503 F#505；

G80；

G90 G54 G0 X#500 Y#501 Z#502；

M99；（注意，因为要调用 M70，所以这里用 M99 结尾）

1）案例 1：在 G54 的 X0 Y0 的位置进行刚性攻丝，深度为 30mm，螺距为 1mm，*R*=2mm，切削速度为 200mm/min，则工艺参数见表 1.15-3。

表 1.15-3　案例 1 的工艺参数

变量序号	设定值	变量序号	设定值
500	0	504	忽略
501	0	505	200
502	–30	506	200
503	2	507	忽略

执行 M70 即可。

2）案例 2：在 G54 的 X100 Y100 的位置进行刚性攻丝，深度为 50mm，螺距为 2mm，*R*=2mm，切削速度为 300mm/min ，则工艺参数见表 1.15-4。

表 1.15-4　案例 2 的工艺参数

变量序号	设定值	变量序号	设定值
500	100	504	忽略
501	100	505	300
502	–50	506	150
503	2	507	忽略

执行 M70 即可。

对于更复杂的要求，可按照以上思路添加即可。注意，不要用 500 以前的宏变量，500 以前的宏变量不会保存。

1.16 ABS 手动绝对值开关

作者：赵智智　单位：苏州屹高自控设备有限公司

经常有维修人员不是很熟悉机床操作，因一些简单的操作问题而花费大量的时间。

客户 A：我们这里的机床出现了一个问题，工件坐标显示不对，但返回参考点后就好了；然后加工时不知为什么又不对，差点撞刀。

客户 B：我们这里有一台 0i Mate-TC 的车床，刚才加工时发生撞刀，程序和工件坐标都对，我们一直这样操作，以前都没出现问题。旁边也是某厂家的相同机床，也没问题。

解决：在询问坐标变化和操作后，查 G6#2 信号，发现都是由手动绝对值开 / 关引起的。

有的 ABS 按键，在操作面板上（见图 1.16-1），有的在 OP 操作（软操作面板）中。

图 1.16-1　ABS 按键在操作面板上的位置

1. 手动绝对值开 / 关功能的优缺点

手动绝对值开关是通过手动绝对值按钮的 ON 与 OFF 来选择是否将手动运行（JOG 进给和手轮进给）的移动量加在工件坐标系的当前位置上去，同时输出一个检测信号来表明 CNC 中手动绝对值是 ON 还是 OFF。

在实际加工中，会经常用到手动绝对值开 / 关功能。使用得好，可以使加工操作更简单、便捷；使用得不好，就会引起一些看似怪异的或导致撞刀的严重问题。在调试和维修中也经常会遇到上述类似问题，但手动绝对值开 / 关这个因素常常容易被忽略。

1）正面影响。例如，在粗加工中，有时发现进给量多了或少了，这时可以通过该功能插入手动操作，将手动移动的距离减或加到工件坐标系的当前位置上，省下重新对刀的操作等。

2）负面影响。因为加工中经常要介入人工操作，机床厂家一般不把该功能直接在操作面板上做成按钮，而是用 K 地址或软操作面板的开关来对该功能信号置 0 或 1，所以在不经意间会关闭手动绝对值，导致出现问题。这个因素就往往容易被忽略。例如，不小心或不经意间把手动绝对值关闭了（操作者不清楚，乱按软操作面板导致），在加工过程中要看工件加工情况，或者刀具损坏需要更换，这时介入人工操作，在操作完毕后常会引起“撞刀”事故的发生，或者在复位后继续进行加工，会莫名其妙地出现坐标不对现象。

2. 手动绝对值开 / 关功能

手动绝对值的 NO 和 OFF 通过 *ABSM（G6#2）信号的 0 和 1 来切换，同时可用信号 MABSM（F4#2）来检测手动绝对值信号的状态，见表 1.16-1。

表 1.16-1　手动绝对值信号状态

信　号	状　态	
G6#2（*ABSM）	0	手动绝对值功能有效
	1	手动绝对值功能无效
F4#2（MABSM）	0	手动绝对值信号 *ABSM 为 1 时
	1	手动绝对值信号 *ABSM 为 0 时

注意：*ABSM 信号是低电平有效

（1）手动绝对值 ON 时在自动运行期间被手动操作中断

当开关处于 ON 时，手动运行下的刀具移动量被加到坐标值上。在一个程序段还没走完时，插入手动操作移动一定距离，不管是绝对值还是增量指令，在该程序段中机床的刀具位置都会平移手动运行的移动量。开关处于 ON 时的坐标值如图 1.16-2 所示。

此后的程序段中平移的刀具位置将一直保持不变，直到出现绝对值指令程序段。在进行平移后，如果一直都是增量指令，那么结束点位置将会偏移手动移动量，当前位置显示已包括了这一偏移量。

（2）手动绝对值 OFF 时在自动运行期间被手动操作中断

当开关处于 OFF 时，手动运行下的刀具移动量不会累加到坐标值上。自动运行期间，如果在一个程序段还没走完或已经走完时插入手动运行，则在这一程序段的末尾和随后的程序段结束点，不管是绝对值还是增量值指令，机床的位置都会平移手动移动量。开关处于的坐标值如图 1.16-3 所示。

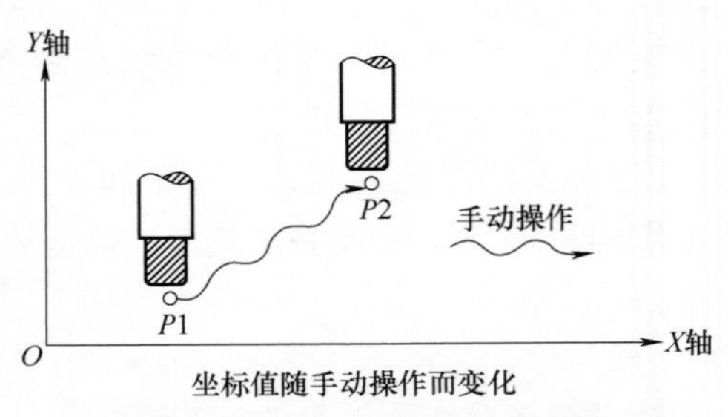

图 1.16-2　开关处于 ON 时的坐标值

运行结束后，当前位置的显示值就是编程的终点值，就跟没有执行手动插入一样，但实际上，刀具位置已经发生了平移。

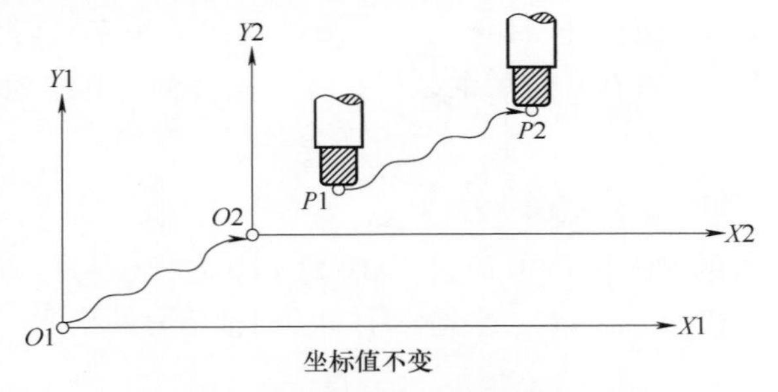

图 1.16-3　开关处于 OFF 时的坐标值

3. 总结

可以看出，在手动绝对值 OFF 状态时，表象容易误导人，非常容易出现撞刀等问题，而且梯形图处理这个功能时，触发 G 信号的条件常常比较隐蔽，较难发现。所以，当处理撞刀和坐标变化等问题时，建议有意识地去考虑手动绝对值这个因素。

1.17　FANUC 软操作面板

作者：赵智智　单位：苏州屹高自控设备有限公司

最近有维修工反映，他们的机床连操作面板都没有，拍照后才确定，这台机床使用的是 FANUC 软操作面板功能。

对于有些专机和特殊机床，因为操作面板上的按钮几乎不怎么经常使用，可以借用 FANUC 系统自带界面的软操作面板，如图 1.17-1 和图 1.17-2 所示。

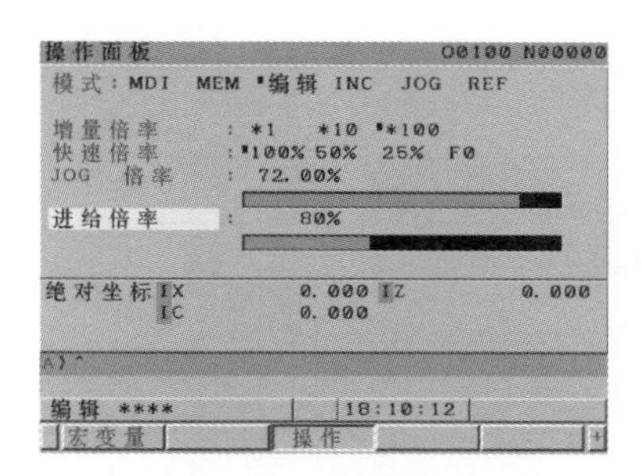

图 1.17-1　软操作面板界面（1）

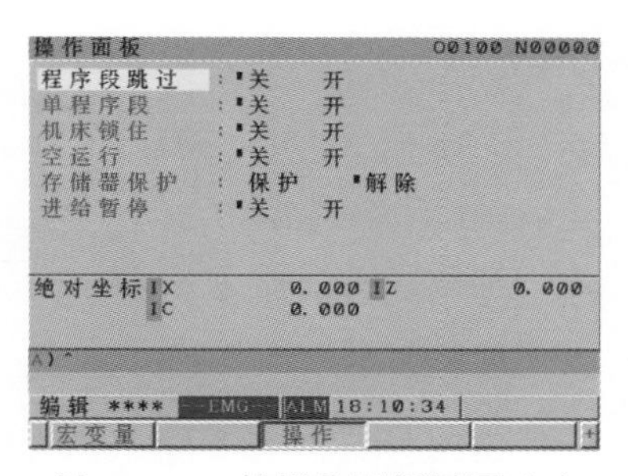

图 1.17-2　软操作面板界面（2）

在【软件操作面板】中，修改参数 7200，如图 1.17-3 所示，参数含义见表 1.17-1。

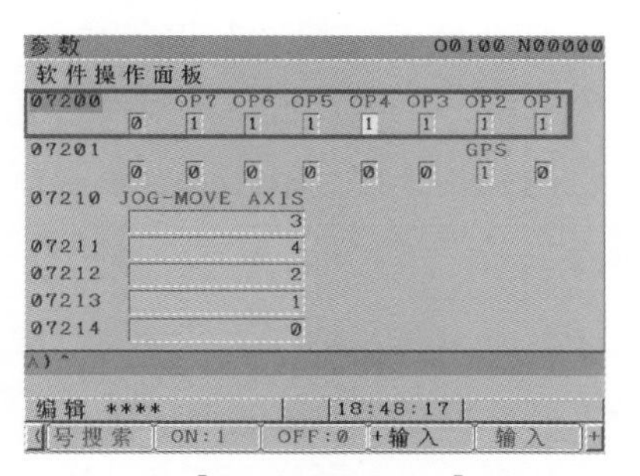

图 1.17-3　在【软件操作面板】中修改参数

表 1.17-1　软件操作面板参数含义

#0	**OP1**	是否在软件操作面板上进行模式选择 0：不进行 1：进行
#1	**OP2**	是否在软件操作面板上进行 JOG 进给轴、手动快速移动的选择 0：不进行 1：进行
#2	**OP3**	是否在软件操作面板上进行手摇脉冲发生器进给轴选择和手动脉冲发生器倍率的选择 0：不进行 1：进行
#4	**OP4**	是否在软件操作面板上进行 JOG 进给倍率、进给倍率、快速倍率的选择 0：不进行 1：进行

（续）

#5	OP5	是否在软件操作面板上进行程序段跳过、单程序段、机床锁住、空运行的选择 0：不进行 1：进行
#6	OP6	是否在软件操作面板上进行存储器保护的操作 0：不进行 1：进行
#7	OP7	是否在软件操作面板上进行进给暂停操作 0：不进行 1：进行

在SET【OFS/SET】按钮界面，进入后翻页到操作，选择【操作】就能看见软操作面板。

下一步就是编写梯形图，不像真实的机床操作面板通过I/O模块，用X信号触发梯形图那样，软操作面板是通过F信号触发梯形图，软操作面板对应的F信号见表1.17-2。

表1.17-2 软操作面板对应的F信号

组	功能	输出信号	相关输入信号
1	模式选择	MD1O <Fn073.0> MD2O <Fn073.1> MD4O <Fn073.2> ZRNO <Fn073.4>	MD1 MD2 MD4 ZRN
2	JOG进给轴选择	+J1O~+J4O –J1O~–J4O <Fn081>	+J1~+J4 –J1~–J4
	手动快速移动	RTO<Fn077.6>	RT
3	手摇脉冲发生器进给轴选择	HS1AO<Fn077.0> HS1BO<Fn077.1> HS1CO<Fn077.2> HS1DO<Fn077.3>	HS1A HS1B HS1C HS1D
	手摇脉冲发生器倍率选择	MP1O<Fn076.0> MP2O<Fn076.1>	MP1 MP2
4	JOG进给倍率	*JV0O~*JV15O <Fn079，Fn080>	*JV0~*JV15
	进给倍率	*FV0O~*FV7O <Fn078>	*FV0~*FV7
	快速倍率	ROV1O<Fn076.4> ROV2O<Fn076.5>	ROV1 ROV2

（续）

组	功能	输出信号	相关输入信号
5	程序段跳过	BDTO<Fn075.2>	BDT
	单程序段	SBKO<Fn075.3>	SBK
	机床锁住	MLKO<Fn075.4>	MLK
	空运行	DRNO<Fn075.5>	DRN
6	存储器保护	KEYO*1<F075.6>	KEY1~KEY4
7	进给暂停	SPO<Fn075.7>	*SP
8	通用开关 1~8	OUT0~OUT7 <Fn072>	
	通用开关 9~16	OUT8~OUT15 <Fn074>	

1.18　系统电池电压低的处理

作者：邢亚斌　单位：柳工柳州传动件有限公司

有客户送修一台 A02B-0309-B522 系统，反映系统 BAT 如图 1.18-1 所示或 935 报警，并且刚更换完电池，两三天后又出现该报警，测量电池电压已下降到 2.5V 以下。电池位置如图 1.18-2 所示。

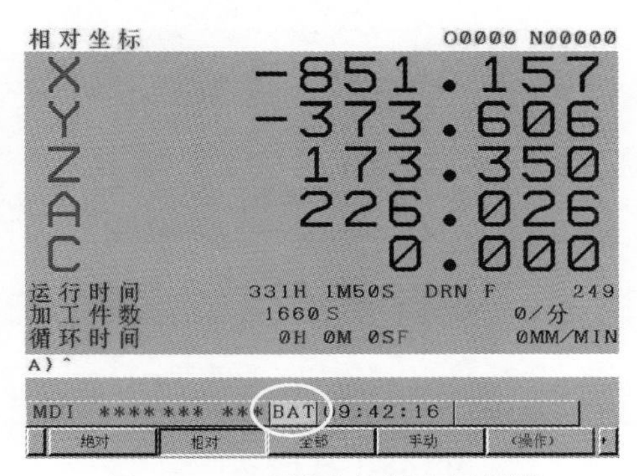

图 1.18-1　系统电池低电压报警

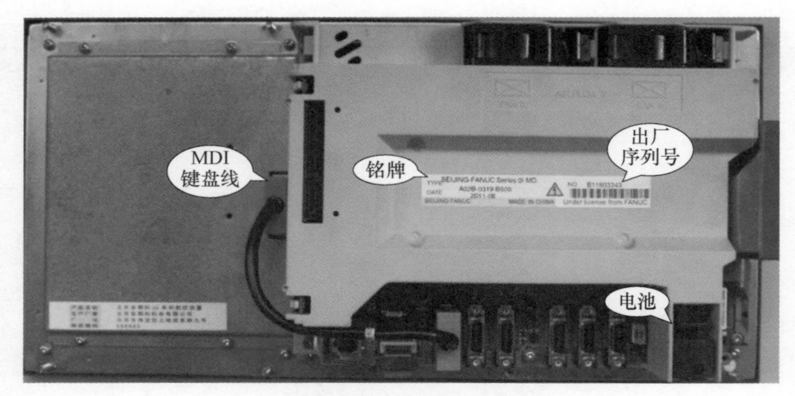

图 1.18-2　电池位置

注：0i-F 及之后系统的电池都在上方风扇旁边。

系统启动后，发生 AL-935 报警，参数全清后能够正常进入系统。测量电池电压为 2.5V，出现电池报警；更换电池后，第二天测量电池电压下降到 2.9V（新电池为 3.2V 左右），更换主板，并更换新电池。到第三天，测量电池电压下降到 2.9V，于是判定为记忆板损坏导致电池放电，出现电池报警；更换记忆板与新电池，如图 1.18-3 和图 1.18-4 所示。一天后，再测量电池电压，正常，不再下降。

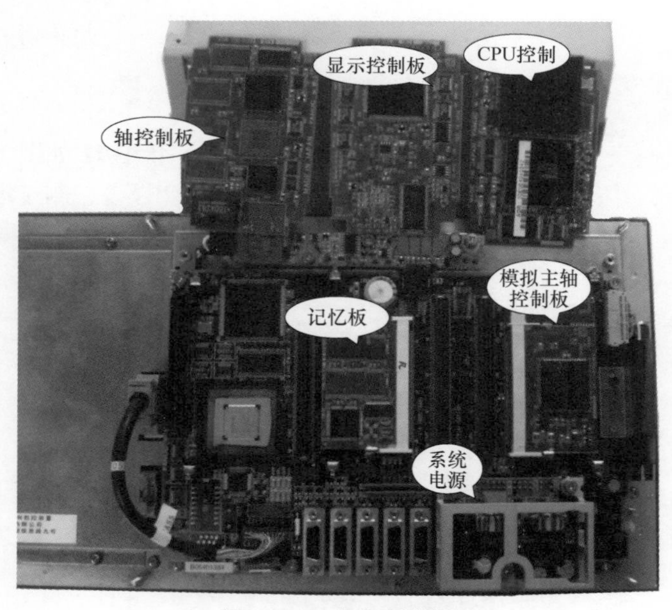

图 1.18-3　记忆板位置

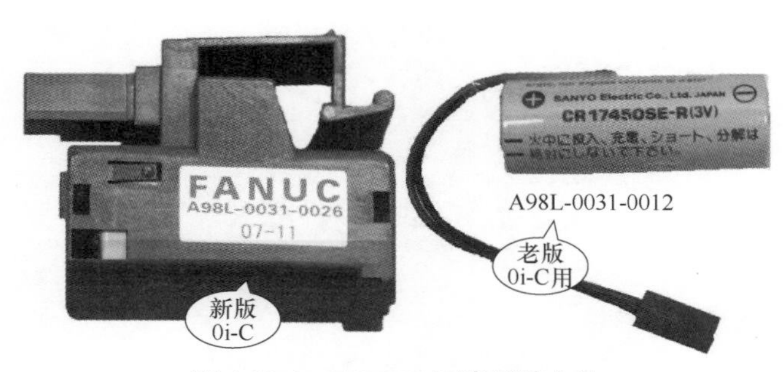

图 1.18-4　FANUC 两类系统电池

通过排除法，可最终找出故障部件，但维修的检测等待时间比较长，并且浪费了两块电池。

在有其他系统报警的情况下，如出现 EMG 报警时，BAT 报警就观察不到，此时可通过诊断 F1#2 的状态判断是否出现电池报警：当 F1#2 为 1 时，就是电池报警，如图 1.18-5 所示。

PMC维护　　执行 ***

PMC 信号状态

地址	7	6	5	4	3	2	1	0	16进
	MA				DEN	BAL	RST	AL	
F0001	1	0	0	1	0	1	1	1	97
	MDRN								
F0002	0	0	0	0	0	0	0	0	00
		MEDT	MMEM	MRMT	MMDI	MJ	MH		
F0003	0	0	0	0	1	0	0	0	08
			MREF		MSBK		MMLK	MBDT1	
F0004	0	0	0	0	0	1	0	0	04
F0005	0	0	0	0	0	0	0	0	00
F0006	0	0	0	0	0	0	0	0	00

F0001.2　:BAL　(　)

A>^

MDI ****　11:40:12

搜索　10进　强制

图 1.18-5　电池报警信号

联想到主板上有维持数据用的电容，通过测量保持电容也可以判断故障部件。在正常情况下，这个电容电压能在系统断电后维持 3.1V 以上一段时间，不会立即下降，所以有些客户在没有电池单独送修主板时，参数并不会丢失。图 1.18-6 所示为维持电压的电容位置，老版本 0i-C 系统的电容位置如图 1.18-7 所示。

图 1.18-6 维持电压的电容位置

图 1.18-7 老版本 0i-C 系统的电容位置

用此方法将客户送修主板单独通电，测量电容电压，下降到 3.1V 左右将保持，如图 1.18-8 所示。

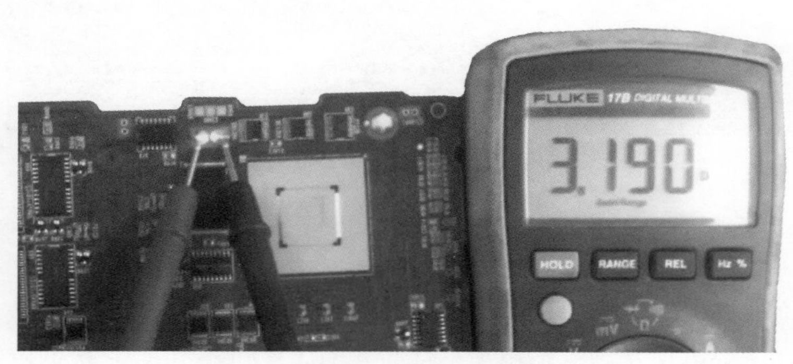

图 1.18-8 电容正常电压

安装正常记忆板时，此电容不会放电，电压维持在 3.1V 左右，如图 1.18-8 所示。当把客户故障记忆板安装后，测量此电容，电压迅速下降，如图 1.18-9 所示，于是判定记忆板内部有部件短路，导致此电容迅速放电。

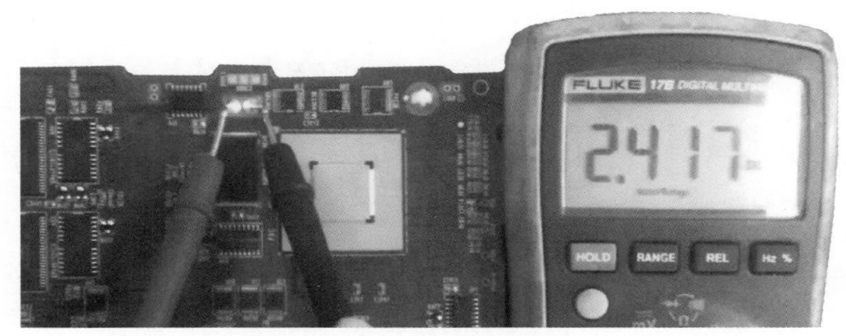

图 1.18-9　电容低电压

当在维修工作中遇到电池报警的故障时，可以对此电容进行测量，以加快故障部件的判断，提高维修效率。

其他电池报警处理：

（1）老版本 0i-C 系统

电池报警与转接板和高压条有关：由于转接板连接着风扇，此处的油污比较多，在转接板腐蚀的情况下就会导致电池报警，维修时注意检查此部件。

（2）16 系统和 18 系统

16 系统和 18 系统的电池没装在主板上，而是装在电源板上，通过背板与主板相连。在使用环境不好的情况下，背板和电源板的腐蚀断线也会导致电池报警。

1.19　隐藏 FANUC 伺服轴显示

作者：马胜　单位：重庆嘉睿捷科技有限公司

在 FANUC 系统上，有时控制的轴数在界面中并不能全部显现出来，此时若想查看这个轴的位置坐标时，就会存在一定的困难，也有许多人会好奇轴去哪儿了。

系统上控制的总轴数可以通过参数 1023 来查看（此处仅指该通道，附加 I/O Link 轴不算），但此处控制的轴数在系统的位置显示界面由于某种原因并不能完全显示出来。以下是在位置界面显示各轴的几种方法。

1. 8.4in 显示器显示多轴

当系统的显示器为 8.4in 时，一般情况下，一个界面只能显示 4 个轴，如图 1.19-1 所示。当要查看其他轴时，按下方的【绝对】【相对】【机械】等键，可以将未显示的轴显现出来。对于 0i-D、0i-F，8.4in 显示器要在同样一个界面显示 5 个轴，可以直接设定参数 11350#4 9DE=1，如图 1.19-1 所示，即可在一个界面显示 5 个轴。

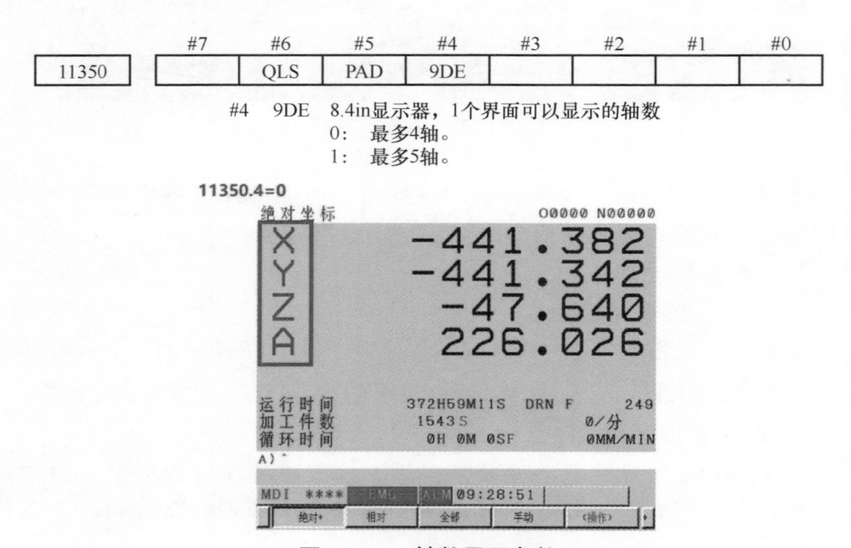

	#7	#6	#5	#4	#3	#2	#1	#0
11350		QLS	PAD	9DE				

#4　9DE　8.4in显示器，1个界面可以显示的轴数
0：　最多4轴。
1：　最多5轴。

图 1.19-1　轴数显示参数

更改参数后，显示五轴参数，如图 1.19-2 所示。

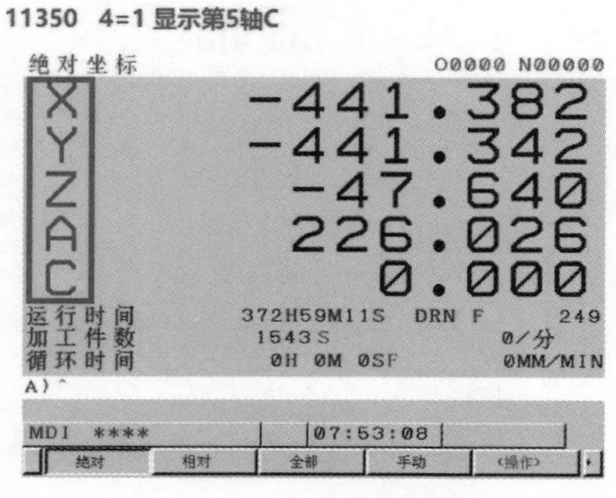

图 1.19-2　五轴显示参数

2. 通过参数在位置界面隐藏轴名

设定参数 3115#0 NDPx 是否进行当前位置显示，如图 1.19-3 所示。

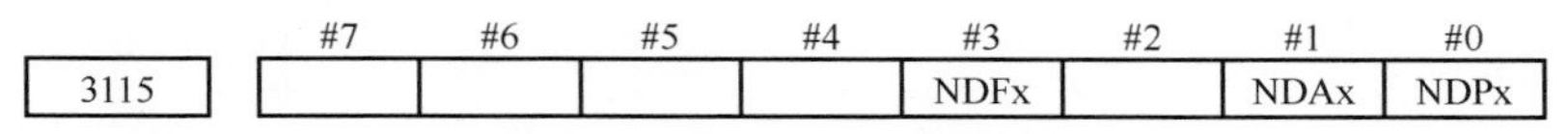

图 1.19-3 设定位置显示参数

NDPx=0 —显示当前位置 NDPx=1—不显示当前位置

正常的 FANUC 坐标显示如图 1.19-4 所示。将 Y 轴 3115#0 改为 1 之后，Y 轴坐标隐藏，如图 1.19-5 所示。

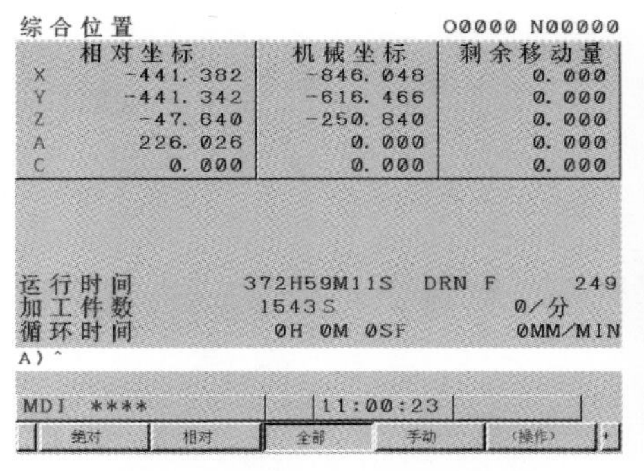

图 1.19-4 正常的 FANUC 坐标显示

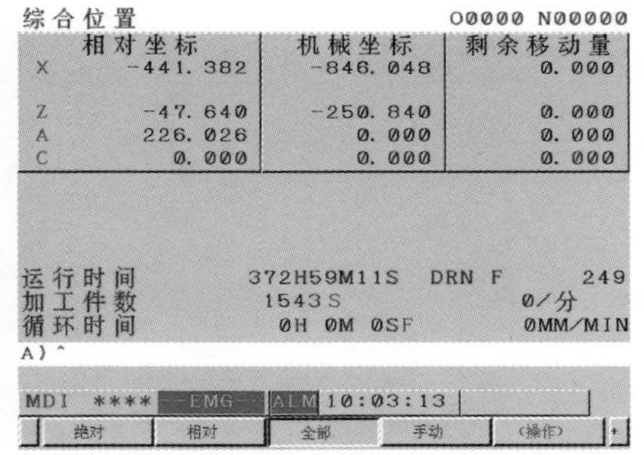

图 1.19-5 隐藏 Y 轴后的坐标显示

3. 由于人为修改轴的显示顺序而造成的轴名不显示

更改轴序参数如图 1.19-6 所示。

3130	当前位置显示界面上显示的顺序

图 1.19-6 更改轴序参数

3130 参数用以调整在位置界面显示轴的顺序，默认值为 0，即按照 1020 设定的正常顺序来显示，如图 1.19-7 所示。

当几个轴的值有非零时，系统默认使用该功能，此时设值为零的轴在坐标界面将不进行显示。

将 3130 参数设置为 C=1、A=2、Z=3、Y=4、X=0，如图 1.19-8 所示。

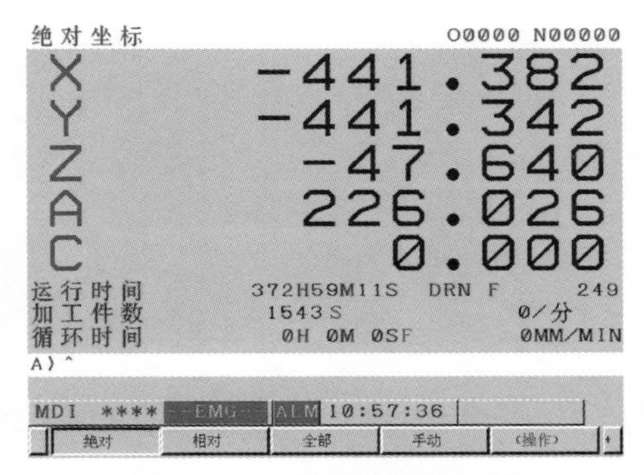

图 1.19-7 轴正常顺序显示

此时轴的顺序就会重新排列，如图 1.19-9 所示。

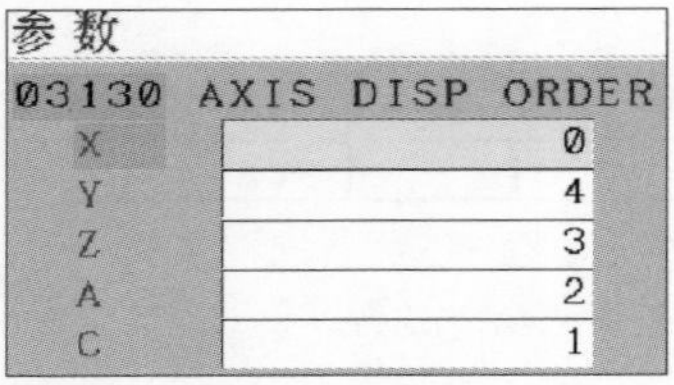

参数

03130 AXIS DISP ORDER

轴	值
X	0
Y	4
Z	3
A	2
C	1

图 1.19-8 参数修改顺序

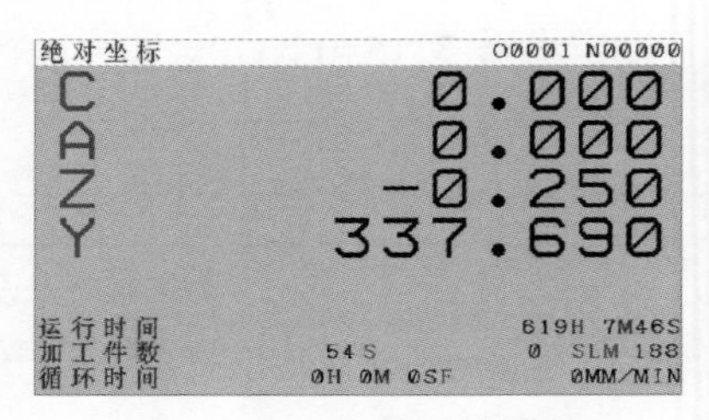

图 1.19-9 修改后的轴序

注意，增加第四轴时，因为 A 轴 3115.0=1，导致不显示第四轴。

FANUC

第 2 章

伺服维修与调试

2.1　机床原点丢失的原因

作者：马合彬　单位：海马汽车有限公司

1. 基础知识

伺服电动机编码器是安装在伺服电动机上用来测量磁极位置及伺服电动机转角和转速的一种传感器，用于反馈伺服电动机的位置，一般安装在伺服电动机尾端，是伺服电动机的重要组成部分。

常见的FANUC伺服电动机编码器如图2.1-1所示，主要有以下几个型号：

图2.1-1　常见的FANUC伺服电动机编码器

- A860-2070-T371 βiA1000，用于FANUC βi伺服电动机（绝对式）（无温度检测），主要用于BiSc-B电动机。
- A860-2070-T321 βiA1000，用于FANUC βi伺服电动机（绝对式），主要用于BiSc电动机。

- A860-2020-T301 βiA128，用于 FANUC βi 伺服电动机（绝对式），主要用于 BiS 电动机。
- A860-2050-T321 αiA4000，用于 FANUC αi 伺服电动机（绝对式）。
- A860-2005-T301 αiI1000，用于 FANUC αi 伺服电动机（增量式）。
- A860-2000-T301 αiA1000，用于 FANUC αi 伺服电动机（绝对式）。
- A860-0365-V501 αI64，用于 FANUC α 伺服电动机（增量式）。
- A860-0360-V501 αA64，用于 FANUC α 伺服电动机（绝对式）。

2. 拓展知识

1）FANUC 绝对式编码器可以代替增量式编码器，但是增量式编码器不能代替绝对式。

2）所有的 βi 伺服电动机的编码器都是绝对式。

3）使用绝对式编码器可以通过参数 1815 设定机床原点，如图 2.1-2 所示。

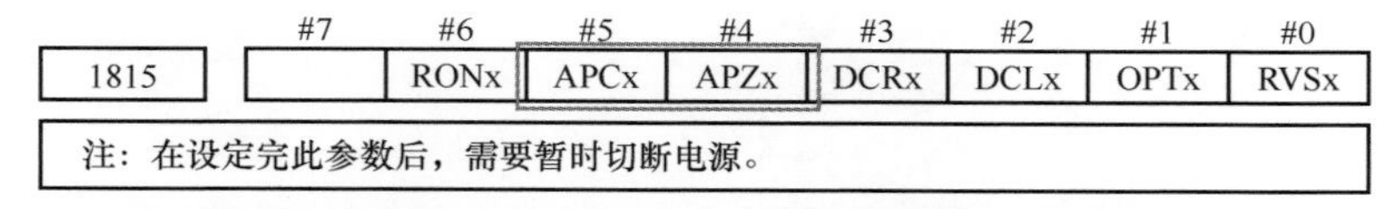

#4 APZx 使用绝对位置检测器时，机械位置与绝对位置检测器之间的位置对应关系
0：尚未建立。
1：已经建立。
#5 APCx 位置检测器为
0：绝对位置检测器以外的检测器。
1：绝对位置检测器（绝对脉冲编码器）。

a)

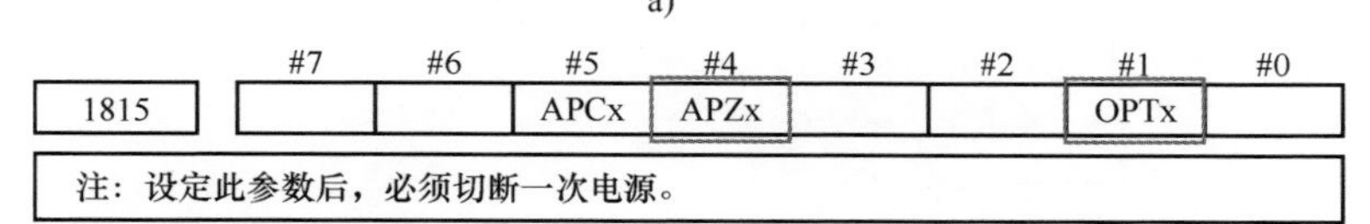

[数据形式]　位轴型
OPTx　位置检测器
0：不使用分离型脉冲编码器。
1：使用分离型脉冲编码器。
APZx　使用绝对位置检测器时，机械位置与绝对位置检测器的位置。
0：不一致。
1：一致。

b)

图 2.1-2　机床原点设定

- 第一步，把 1815#4、1815#5 两个参数改成 0。
- 第二步，用手轮把机床轴摇到机床的原点附近。
- 第三步，把 1815 参数 1815#5 APCx 和 1815#4 APZx 同时改成 1，关机后再开机，原点设定成功。

如果设定不成功，可以用手轮把轴移动 2cm 左右距离，重复上述 3 个步骤。

4）原点为何丢失？FANUC 绝对式编码器比增量式编码器多了一个记忆芯片，原点数据就记录在芯片里；绝对式编码器比增量式编码器多了两根线，即 0V 线和 6V 线，驱动器上的电池通过这两根线给编码器的记忆芯片单独供电。

通过图 2.1-3 可以看出，当电动机编码器插头拔下，或者 JF1 插头拔下，或者电池拔下，编码器原点就可能丢失。日本森精机机床和牧野机床一般是通过 CXA2A 和 CXA2B 插头给驱动器集体供电，因此所有轴原点容易同时丢失。

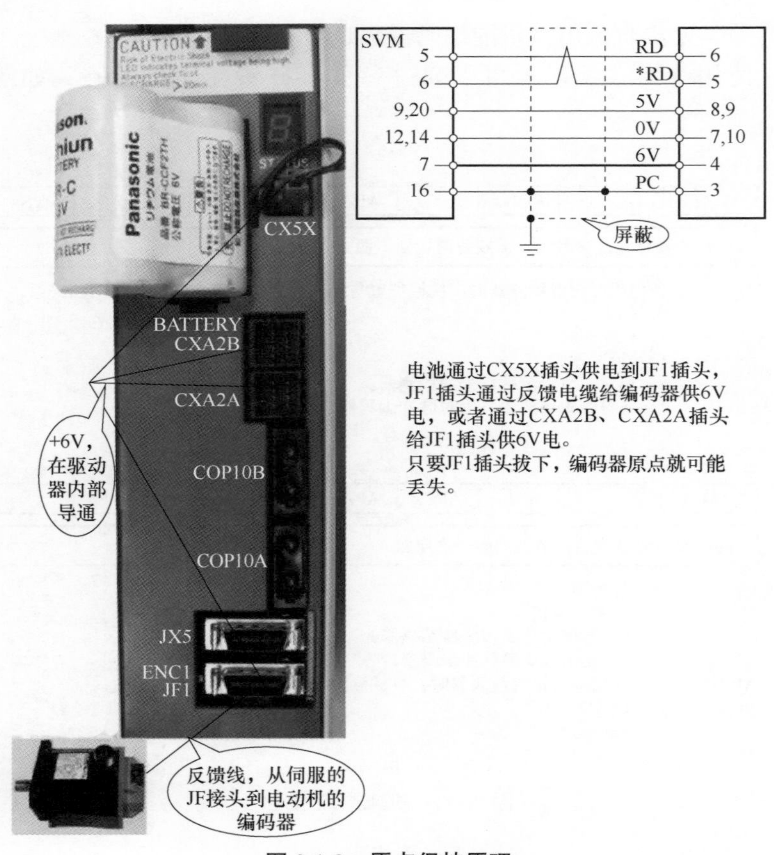

图 2.1-3　原点保持原理

5）更换编码器电池。如果电池电压低，出现报警，需要更换电池。一定要在开机的状态下更换电池。

6）自充电电池盒如图 2.1-4 所示，可以在开机状态下自动充电，永远不用换电池。

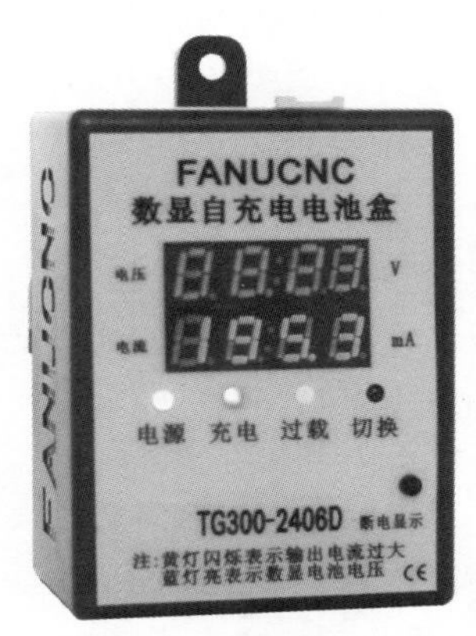

图 2.1-4　自充电电池盒

2.2　机床原点设置的方法

作者：宋晓林　单位：烟台理工学校

1. FANUC 系统原点设定——绝对式编码器

（1）如何区分绝对式编码器和增量式编码器

1）查看编码器型号中字母是 I 还是 A，I 是 increase（增量）的首位字母（大写），A 是 absolute（绝对）的首位字母（大写）。

2）所有的 *βi* 电动机的编码器都是绝对式的。

3）绝对式编码器可以代替增量式编码器。

（2）1815 参数意义

1815 参数定义如图 2.2-1 所示。

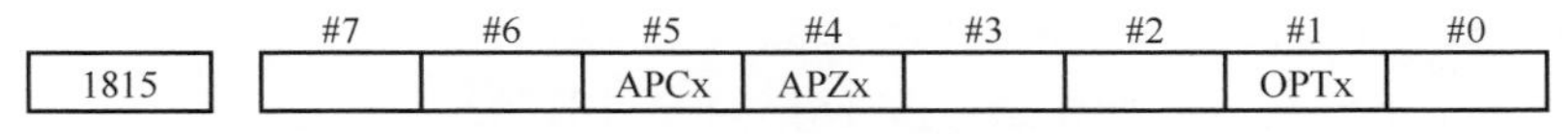

	#7	#6	#5	#4	#3	#2	#1	#0
1815			APCx	APZx			OPTx	

图 2.2-1　1815 参数定义

如图 2.2-1 所示，含义解释如下：

- 1815#5 APCx 为 1，使用绝对式编码器。
- 1815#5 APCx 为 0，使用增量式编码器。
- 1815#4 APZx 为 1，绝对式编码器原点设定成功。
- 1815#4 APZx 为 0，绝对式编码器原点未设定（会产生 300 号报警）。
- 1815#1 OPTx 为 1，使用全闭环。
- 1815#1 OPTx 为 0，使用半闭环。

（3）电池电压及编码器电池更换

编码器电池如图 2.2-2 所示，电压都是 DC 6V。更换前测量电压，注意正负极，必须在开机的情况下更换电池！

图 2.2-2　编码器电池

（4）原点设定失败原因

1）把电动机旋转半圈左右，重新设定。

2）编码器线插头无 6V 电线，或者线破损。

3）编码器损坏。

2. 1815 原点无法设置

经常有朋友咨询，我的 1815 设定不了，或者让你手动移动一段距离再设定。数控系统有时会出现 1815 参数无法设置的情况，或者需要手动移动一段距离才能设定，那么如何解决这个问题呢?

步骤如下：

1）确定你的伺服电动机使用的是绝对式编码器。打开绝对式编码器后盖后，可以看到有一个电容，如图 2.2-3 所示。

2）确定编码器线插头有 6V 电池供电（4.5V 以上都可以），在 4 脚和 7 脚之间测量电压。编码器线电动机端插头如图 2.2-4 所示。

3）满足 1）和 2）条件，1815 参数设定完成。

当设定不成功时，如无法修改 1815#4 或 1815#5 参数时：

- 关机。
- 拔掉驱动器该轴的 24V 供电（CXA19B 插头或 CXA2A 插头），如图 2.2-5

和图 2.2-6 所示。

图 2.2-3　编码器内部电容

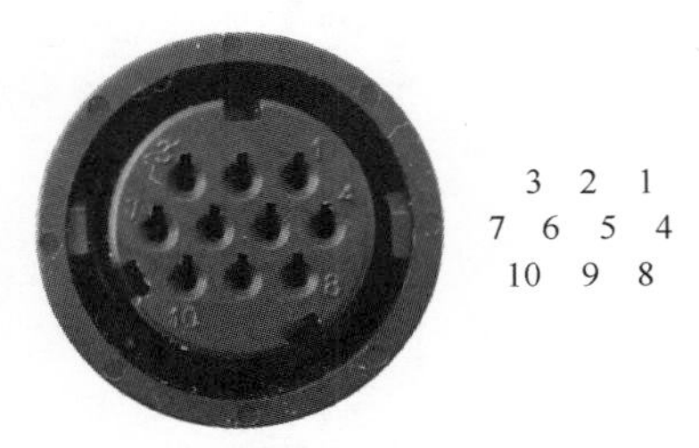

图 2.2-4　编码器线电动机端插头

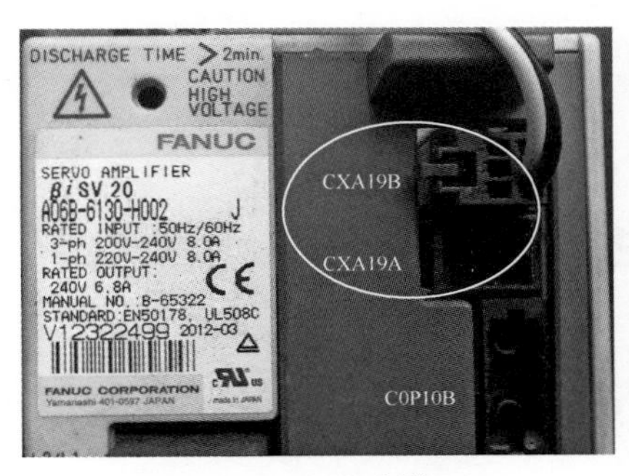

图 2.2-5　*βi* 驱动器 24V

图 2.2-6　*αi* 驱动器 24V

- 开机，会出现 5136 报警，设定 1815#4 和 1815#5（一定能成功）。
- 关机，拔掉电缆恢复。
- 开机，无报警，则设定成功。

3. 不回参考点，如何自动运行不报警

有的机床每次开机或急停释放后都需要回零，不然自动运行时会出现 224 报警，如图 2.2-7 所示。

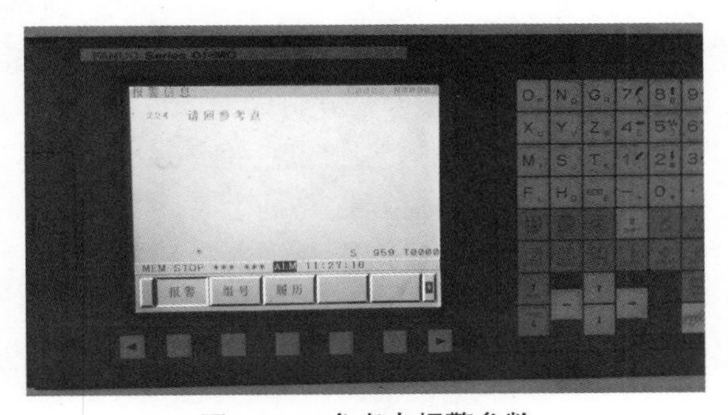

图 2.2-7　参考点报警参数

如何让机床不归零，但可以直接运行加工程序而不报警呢？可将参数1005#0（ZRN）从0改成1，如图2.2-8所示。

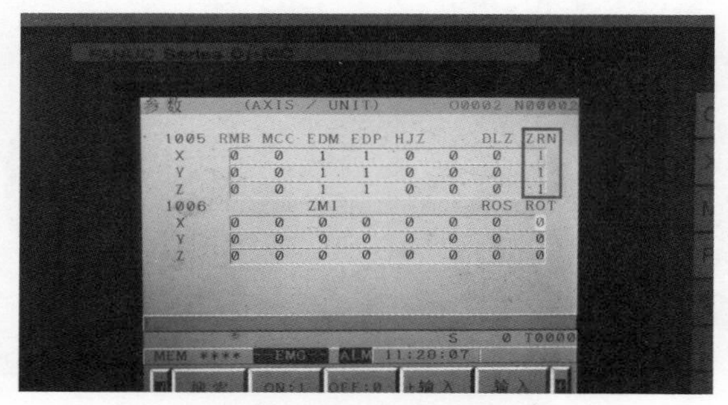

图 2.2-8　参考点不报警参数

2.3　如何换驱动器且不丢原点

作者：陈卫卫　单位：浙江万丰摩轮有限公司

大多数FANUC系统使用绝对式编码器，在驱动器上安装有保持原点的记忆电池，如图2.3-1所示。

了解电池是如何给编码器供电的，请扫码观看以下视频：

视频：电池是如何给编码器供电的

当驱动器报警时，需要拆下来维修或更换，拆掉驱动器后，机床原点会丢失，每次设置非常麻烦，特别是立式加工中心 Z 轴设置换刀原点。这里，也有两个办法可以解决这个问题。

1）近年来的FANUC编码器内部都有一个电容。当机床开机5min后，这个电容就可以充满电，一般可以保持几分钟时间，具体时间取决于编码器内部是否有油污，编码器线是否有短路，但一般至少可以保持10s左右。我们事先可以准备一个伺服驱动器控制板并插上普通电池，然后拆下要维修的驱动器反馈线，快速插到准备的伺服驱动器控制板上，这样就可以保持原点。

2）也可以选用新近研发的“绝对编码器原点保持板”，也称为原点记忆板，如图2.3-2所示。

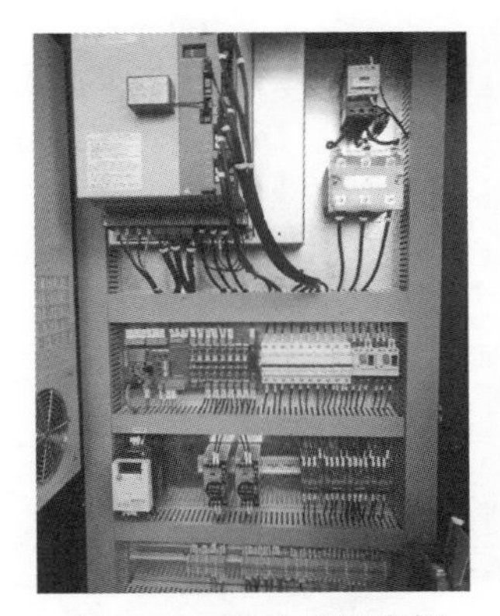

图 2.3-1 电动机柜案例

图 2.3-2 原点记忆板

原点记忆板的使用可以扫码观看以下视频。

视频：原点记忆板的使用

2.4 FANUC βi 伺服驱动器简介

作者：赵智智 单位：苏州屹高自控设备有限公司

FANUC 常见的 βi 伺服驱动器有 3 类，即 SVSP（伺服主轴一体）（见图 2.4-1）、SV（伺服）和 I/O Link SV（见图 2.4-2）。

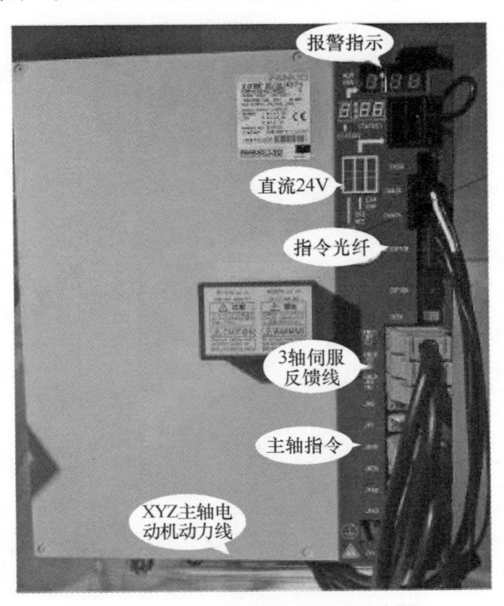

图 2.4-1 SVSP βi 伺服驱动器

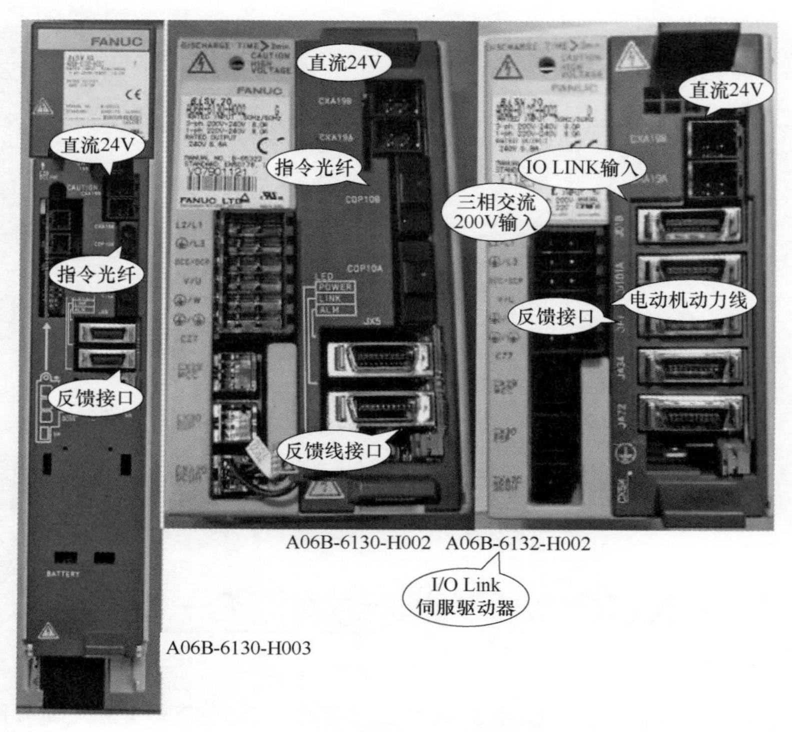

图 2.4-2 常见 *βi* 伺服驱动器

常用 SVSP *βi* 伺服驱动器中放大器及订货号见表 2.4-1。

表 2.4-1 常用 SVSP *βi* 伺服驱动器中放大器及订货号

放大器名称	0i-C 订货号	0i-D 订货号	0i-F 订货号
20/20-7.5	无	A06B-6164-H201#H580	无
20/20-11	A06B-6134-H202#A	A06B-6164-H202#H580	无
40/40-15	A06B-6134-H203#A	A06B-6164-H223#H580	无
20/20/40-7.5	无	A06B-6164-H311#H580	无
20/20/40-11	A06B-6134-H302#A	A06B-6164-H312#H580	无
40/40/40-15	A06B-6134-H303#A	A06B-6164-H333#H580	无
40/40/80-15	无	A06B-6164-H343#H580	无
20/20-7.5	无	A06B-6165-H201#H560	无
20/20-11	A06B-6134-H202#C	A06B-6165-H202#H560	无
40/40-15	A06B-6134-H203#C	A06B-6165-H223#H560	无

（续）

放大器名称	0i-C 订货号	0i-D 订货号	0i-F 订货号
20/20/40-7.5	无	A06B-6165-H311#H560	无
20/20/40-11	A06B-6134-H302#C	A06B-6165-H312#H560	无
40/40/40-15	A06B-6134-H303#C	A06B-6165-H333#H560	无
40/40/80-15	无	A06B-6165-H343#H560	无
40/40/40-15	无	A06B-6320-H333	A06B-6320-H333
40/40/80-15	无	A06B-6320-H343	A06B-6320-H343
40/40/80-18	无	A06B-6320-H344	A06B-6320-H344
80/80/80-18	无	A06B-6320-H364	A06B-6320-H364

注：*βi*4、*βi*8、*βi*12/2000 电动机使用电流是 20A 的伺服驱动器；*βi*12/3000、*βi*22/2000 电动机使用电流为 40A 的伺服驱动器；*βi*22/3000、*βi*30/2000、*βi*40/2000 电动机使用电流为 80A 的伺服驱动器。

2.5 FANUC 伺服驱动器的兼容问题

作者：车建军　单位：友嘉国际数控机床有限公司

近年来，FANUC 伺服驱动器随着系统的升级而升级，不同的数控系统可以兼容许多种类的驱动器，见表 2.5-1。

表 2.5-1　数控系统与驱动器的兼容性

数控系统	电源模块	伺服放大器	主轴放大器	SVSP*βi* 伺服驱动器
18i/0i-B/0i-C	6110-H×××	6114-H×××	6111-H×××	6134-H×××
31i-A/0i-D	6140-H×××	6117-H×××	6141-H×××	6164-H×××
31i-B/35i-B/0i-F/0i Mate-D（5 包）	6200-H×××	6240-H×××	6220-H×××	6320-H×××

注：上述产品订货号中省去了头字母 A06B；H××× 中 ××× 代表 3 位阿拉伯数字。

1）规律1：一般情况下，各系统均可向下兼容一级。

- 31i-B/0i-F 可兼容 31i-A/0i-D 用的 PSM、SPM、SVM。
- 14476#7=1：31i-B 使用 31i-A 用的伺服放大器。
- 14476#6=1：31i-B 使用 31i-A 用的伺服放大器（电缆传输）。
- 31i-A/0i-D 可兼容 18i/0i-C 用的 PSM、SPM、SVM。
- 14476#0=1：0i-D 使用 0i-C 用的伺服放大器。

2）规律2：18i/0i-C 可向上兼容一级，即可使用 31i-A/0i-D 用的放大器（无须设定参数）。31i-A/0i-D 不得向上兼容 31i-B 用的放大器。

3）规律3：6111 和 6134 系列主轴驱动器，在升级驱动器软件后可以替代 6141 和 6164 驱动器。

同样的 FANUC 系统，系统软件版本不一样，兼容性也不一样，如有出入，请读者指正。具体详情，请参照 FANUC 官方正式文件。

2.6 5136 放大器数量不足报警解决办法

作者：赵智智 单位：苏州屹高自控设备有限公司

FANUC 最常见的报警是 5136，放大器数量不足，如图 2.6-1 所示。

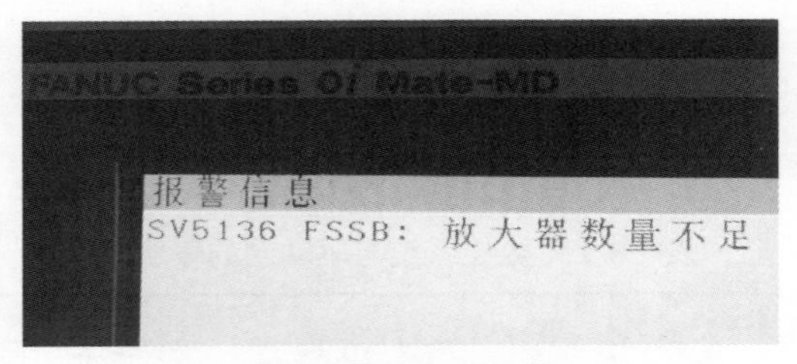

图 2.6-1 5136 报警

1. 原理分析

FSSB 光纤从系统主板的轴卡到伺服 1 的 COP10B，再从伺服 1 的 COP10A 到伺服 2 的 COP10B，如果后面还有追加的驱动器，继续串联，如图 2.6-2 所示。有的追加了光栅尺，是从伺服 2 的 COP10A 到全闭环盒子的 COP10B。

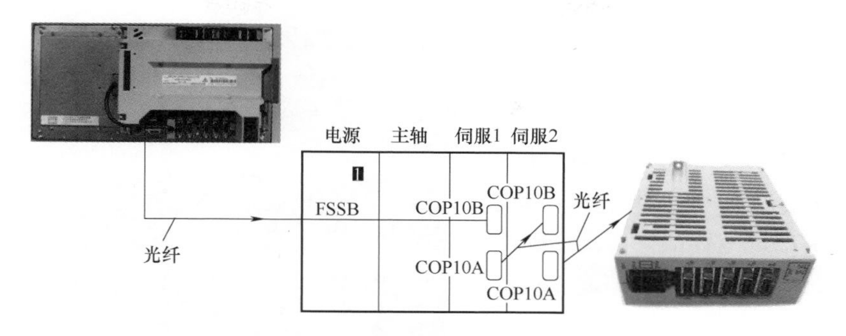

图 2.6-2　系统光纤连接驱动器

2. 5136 报警的表面意思

5136 报警的表面意思是放大器数量不足，因为在 NC 参数中设定了机床的放大器数量和连接的辅助设备（如图 2.6-2 中的全闭环盒子），但在硬件上没有检测到而产生的报警。

3. 报警的常见原因

在图 2.6-2 所示的 FSSB 光纤中，如果有一根光纤断线，都会报警 5136，表示放大器数量不足。引起这个报警的原因主要有以下几点：

1）光纤中的任何一根断线，或者光弱。

2）图 2.6-3 中的电源驱动器上电后，数码管不显示。原因可能是电源驱动器损坏，或者没有 220V 输入电压。

图 2.6-3　驱动器连接

3）检查伺服驱动器数码管是否有显示，如果没显示，检查驱动器内部熔体（保险丝），拔掉伺服反馈线 JF，排除反馈线是否对地短路。

4）如果驱动器后面带有全闭环盒子，检查盒子内部熔体，或者更换盒子，或者拔掉 JF 全闭环反馈线，排除外围短路。如果机床在运行过程中出现上述故障（光纤断线、电源无电、反馈线短路），系统会出现黑屏报警 SYS_ALM114，如图 2.6-4 所示。

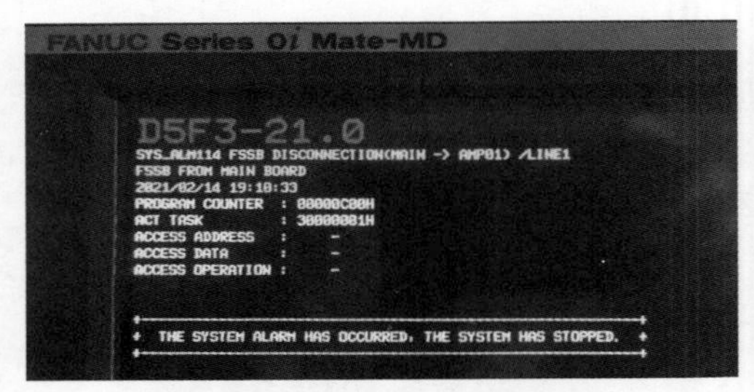

图 2.6-4　光纤断线黑屏报警

重新开机后，如果故障没有排除，会直接出现 5136 报警；或者为偶发性短路，也会出现黑屏报警。

2.7　FANUC *αi*、*βi* 系列伺服电动机的区别

作者：赵智智　单位：苏州屹高自控设备有限公司

αi 系列伺服电动机是一种高速、高精度、高效率的智能化伺服系统，它可促进机床的高速、高精度和紧凑设计，属于高速精密型产品。

βi 系列伺服电动机是一种可靠性强、性价比卓越的伺服系统，属于经济型产品。

αi 系列伺服电动机和 *βi* 系列伺服电动机的区别：

1）电动机尾部串行编码器提供高反馈精度，老款 *α* 系列每转 64K，而 *β* 系列每转 32K（*α* 系列反馈精度远高于 *β* 系列）。

2）*αi* 系列编码器如图 2.7-1 所示，分辨率为 100 万（脉冲）/r，*βi* 系列编码器的分辨率为 12.8 万（脉冲）/r［*αi*A1000 代表 100 万（脉冲）/r，*βi*128 代表 12.8 万（脉冲）/r，新款的还有更高的分辨率］。目前，最新款的 *αi*-B 是 400 万（脉冲）/r，*βi*-B 是 100 万（脉冲）/r。

3）*αi* 系列伺服电动机具有高精度电流检测功能的伺服放大器。

4）*αi* 系列伺服电动机的功率也远远大于 *βi* 系列，如图 2.7-2 和图 2.7-3（同等规格，如都是 12）所示。

图 2.7-1　*αi* 系列编码器

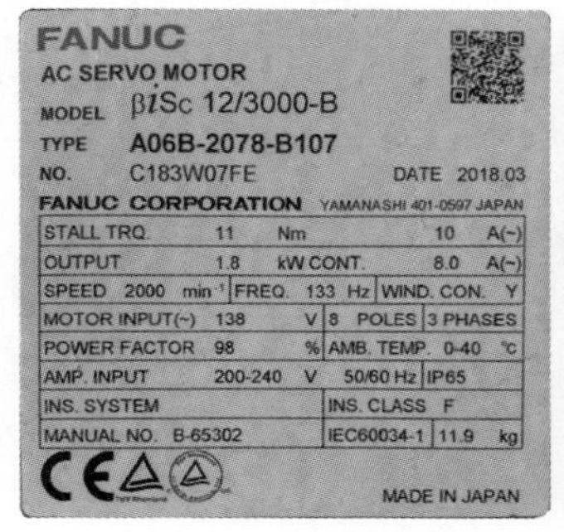

图 2.7-2　伺服电动机铭牌

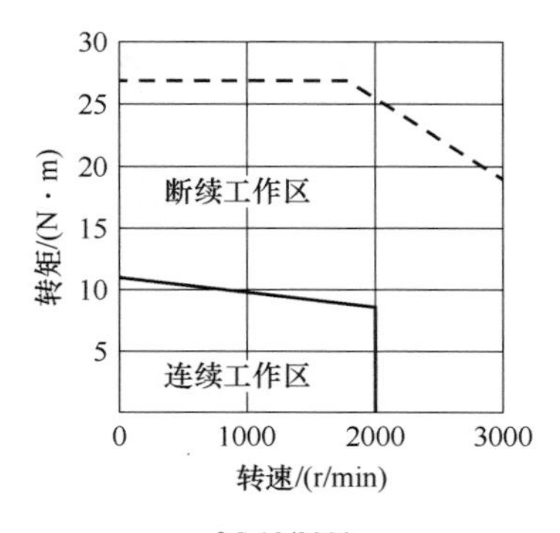

*βi*S 12/3000

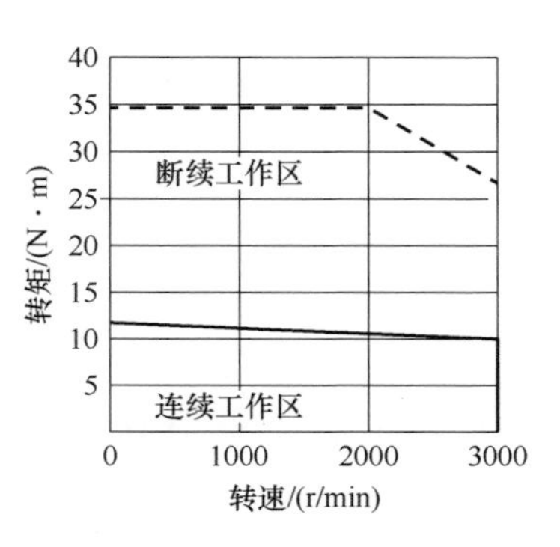

*αi*F 12/3000

伺服电动机型号	*βi*S 12/3000
输出功率/kW	1.8
堵转转矩/(N·m)	11
最高转速/(r/min)	3000
转动惯量/(kg·m²)	0.0023
放大量(*αi* SV)	40i

伺服电动机型号	*αi*F 12/3000
输出功率/kW	3.0
堵转转矩/(N·m)	12
最高转速/(r/min)	3000
转动惯量/(kg·m²)	0.0062
放大量(*αi* SV)	80i

图 2.7-3　伺服电动机功率

5）αi 系列的防护等级高于 βi 系列。

6）βi 系列伺服放大器能在单相的电源上运行，但放大器的寿命会因为更高的输入电流和纹波电流而减短，βi 系列 6130-H002 驱动器如图 2.7-4 所示。

7）αi 系列伺服驱动器使用独立的回馈放电再生放电元件，它的设计带有一个后安装散热槽，通过安装面板上的一个孔延伸出去，这样的设计能把控制机箱内的大部分热量排出去。βi 系列伺服放大器是面板安装的装置。安装放大器时，要确保相邻的放大器上面、下面及其之间留有规定的空间，使放大器能进行对流。

8）αi 系列的控制精度比 βi 系列的高，αi 系列适用于直线、轮廓控制（即更高精度加工），βi 系列适用于点位控制。

9）所有的 βi 系列伺服电动机都是绝对式的，而 αi 有增量式和绝对式之分。

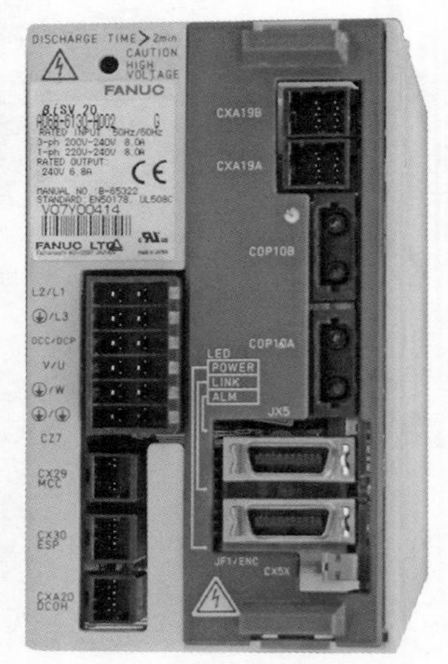

图 2.7-4 βi 系列 6130-H002 驱动器

2.8 透过铭牌看本质——FANUC 伺服电动机

作者：赵智智 单位：苏州屹高自控设备有限公司

1. 伺服电动机规格的识别

伺服电动机的规格信息可以直接通过伺服电动机上的铭牌进行查看，如图 2.8-1 所示。

1）FANUC 伺服电动机的订货号基本都是 A06B 开头。如图 2.8-1 所示，订货号是 A06B-2075-B107，型号是 βiSc 8/3000-B。其中，2075 是该电动机的规格号，每个电动机都有自己特有的规格号；B107 是该电动机样式说明，是锥轴还是直轴，是否带制动器，以及编码器类型。

2）铭牌上的信息很多，除了电动机的订货号（A06B-2075-B107），还有该电动机的特性数据，如磁极数、所使用放大器输入电压、相关说明书等。

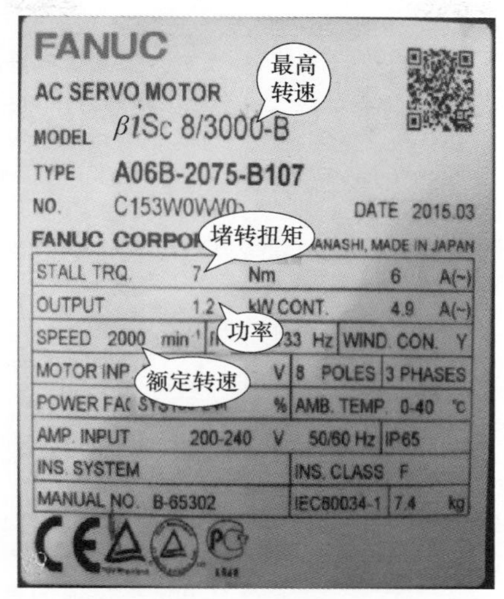

图 2.8-1　伺服电动机铭牌及其规格信息

FANUC 伺服电动机的种类很多，从 FANUC 推出 0i-B/0i Mate-B、16i、18i/21i-B 等 i 系列产品后，所匹配的伺服电动机也进行了更新，变为 *βi*、*αi* 系列伺服电动机（同样属于 *βi* 系列伺服电动机，还分为 *βi*S、*βi*Sc、*βi*F，对于 *αi* 也分为 *αi*S、*αi*F，由于篇幅所限，在此不做详述）。近两年，随着 0i-F 31i-B 系列产品的推出，伺服电动机升级为 *βi*-B 系列和 *αi*-B 系列。对于伺服电动机铭牌上的标称，由于伺服电动机特点的变化也发生了变化，见表 2.8-1。

表 2.8-1　伺服电动机铭牌上的信息

βi 系列伺服电动机	*βi*-B 系列伺服电动机
A06B- □□□□ -B ▲ 0 ▼ #abcd	A06B-2 □□□ -B ▲ 0 ▼ #abcd
□□□□：电动机规格号（注：并非所有组合均存在）	2 □□□：电动机规格号（注：并非所有组合均存在）
▲ 0：锥轴 1：直轴 2：直轴带键 3：锥轴带 24V 制动器 4：直轴带 24V 制动器 5：直轴带键带 24V 制动器	▲ 0：锥轴 1：直轴 2：直轴带键 3：锥轴带 24V 制动器 4：直轴带 24V 制动器 5：直轴带键带 24V 制动器

（续）

βi 系列伺服电动机	*βi*-B 系列伺服电动机
▼ 3：脉冲编码器 *β*A 64B(*βi*S0.2、*βi*S0.3) 脉冲编码器 *βi*A 64(*βi*S0.4~*βi*S1) 脉冲编码器 *βi*A 1000(*βi*S2~*βi*S40，*βi*F4~*βi*F30) 7：脉冲编码器 *βi*A 1000(*βi*Sc 专用)(*βi*Sc2~*βi*Sc22)	▼ 3：脉冲编码器 *β*A 64B(*βi*S0.2、*βi*S0.3) 脉冲编码器 *βi*A 64(*βi*S0.4-B~*βi*S1-B) 脉冲编码器 *βi*A 1000(*βi*S2-B~*βi*S40-B,*βi*F4-B~*βi*F30-B) 7：脉冲编码器 *βi*A 1000(*βi*Sc-B 专用)(*βi*Sc-B2~*βi*Sc22-B)
abcd a0：标准 b0：标准 1：IP67 规格 (*βi*S0.2 和 *βi*S0.3 除外) cd00：标准 63：*ϕ* 14 锥形 / 直轴 (*βi*S2、*βi*Sc2) 65：IP67 规格 (*βi*S0.2、*βi*S0.3) 70：小齿隙的制动器 (*βi*S22~*βi*S40，*βi*Sc22，*βi*F12~*βi*F30) ※#abcd=#0000 时省略 ※#abcd=#ab70（减小齿隙的制动器）时指定为 *Δ*=3 ~ 5	abcd a0：标准 b0：标准 1：IP67 规格 (*βi*S0.2 和 *βi*S0.3 除外) cd00：标准 63：*ϕ* 14 锥形 / 直轴 (*βi*S2-B、*βi*Sc2-B) 65：IP67 规格 (*βi*S0.2、*βi*S0.3) 70：小齿隙的制动器 (*βi*S22-B~*βi*S40-B、*βi*Sc22-B、*βi*F12-B~*βi*F30-B) ※#abcd=#0000 时省略
***αi* 系列伺服电动机**	***αi*-B 系列伺服电动机**
A06B- □□□□ -B △○▽ #abcd	A06B-2 □□□ -B △○▽ #abcd
□□□□：电动机规格号（注：并非所有组合均存在）	□□□电动机规格号（注：并非所有组合均存在）
△ 0：锥轴 1：直轴 2：直轴带键 3：锥轴带 24V 制动器 4：直轴带 24V 制动器 5：直轴带键带 24V 制动器	△ 0：锥轴 1：直轴 2：直轴带键 3：锥轴带 24V 制动器 4：直轴带 24V 制动器 5：直轴带键带 24V 制动器
○ 0：标准 1：带风扇 2：带大扭矩制动器 3：带大扭矩制动器和风扇 4：带强力风扇 5：带风扇	○ 0：标准 1：带风扇 2：带大扭矩小齿隙的制动器 3：带大扭矩小齿隙的制动器、带风扇
▽ 0：脉冲编码器 *αi*A1000 1：脉冲编码器 *αi*I1000 2：脉冲编码器 *αi*A16000	▽ 0：脉冲编码器 *αi*A4000 2：脉冲编码器 *αi*A32000

（续）

αi 系列伺服电动机	αi-B 系列伺服电动机
abcd 0000：标准 0100：IP67 标准	abcd a0：标准 b0：标准 1：IP67 规格 cd00：标准 63：ϕ14 锥形 / 直轴（αiS2-B、αiF1-B ~ αiF2-B），ϕ24 锥形轴（αiS12-B） 70：带大扭矩小齿隙的制动器（αiS22-B ~ αiS40-B,αiF12-B ~ αiF40-B） ※#abcd=#0000 时省略

2. 总结

1）从 βi、αi 系列伺服电动机到 βi-B、αi-B 系列伺服电动机，编码器的变化较大。无论是 βi 系列伺服电动机还是 βi-B 系列伺服电动机，其脉冲编码器均为绝对式脉冲编码器（带 A）。αi 系列伺服电动机还有增量式脉冲编码器（带 I），而 αi-B 系列伺服电动机则全部为绝对式脉冲编码器。

2）伺服电动机编码器的分辨率越来越高。从 βi 系列伺服电动机到 βi-B 系列伺服电动机，编码器分辨率为 64000~100 万线每转，而 αi 系列伺服电动机到 αi-B 系列伺服电动机编码器的分辨率从 100 万线 / 转达到了 3200 万线 / 转，配合 FANUC 系统本身的高速高精功能，使得模具加工更加精细。

3）针对产业升级，各个厂家分别配置了机器人、桁架机械手，使机床在无人操作下能够不用人工回原点变得更加便利，而此时需要对驱动上的电池进行留意，避免电池电量下降而造成原点丢失，进而增加不必要的麻烦。此时你需要一款永不更换的可充电电池产品，以保证机床的持续高效运转，省去电池后期维护成本。

2.9 图文学习 FANUC 伺服电动机制动器维修

作者：赵智智 单位：苏州屹高自控设备有限公司

1. 问题或故障描述

制动器是伺服电动机的一个重要部件，适用于数控机床等机械设备的重力轴进给伺服电动机，用于防止机械装置在紧急停止或停机时下滑。

常见的制动器故障有：

1）AL-430，伺服电动机过热报警。由于制动器损坏，伺服电动机旋转时带动制动器摩擦片旋转，摩擦片产生热量，故伺服电动机过热报警。

2）AL-438，伺服电动机电流过高。由于制动器损坏，机床上电后报警。

3）AL-436，伺服电动机过载报警。制动器损坏有时也会发出伺服电动机过载报警。

4）无报警。制动器损坏时，伺服电动机负载偏大，产生发热等现象，但没有报警。

在实际维修工作中，制动器会出现各种各样的故障。要想让广大客户使用好伺服电动机及制动器，机床维修人员需要了解制动器的结构及技术指标。

2. 常用制动器种类

常用制动器的型号及规格参数见表 2.9-1。

表 2.9-1　常用制动器的型号及规格参数

型号	线圈阻值 /Ω	线圈电压 /V	系列
A290-0501-T653	225	90	S 系列
A290-0511-T650	303		S 系列
A290-0141-T650	230		α 系列
A290-0121-T650	295		α 系列
A290-0371-T601	505		α 系列
A290-0241-T650	330		αi 系列
A290-0221-T650	330		αi 系列
A290-0241-T651	27	24	αi 系列
A290-0221-T651	27		αi 系列
A290-0201-T651	36		αi 系列

3. 制动器实物

制动器实物范例如图 2.9-1 所示。

4. 制动器参数及接线方法

如图 2.9-2 所示，△箭头对应 1=BK，2=BK，在 1 和 2 之间接 24V 直流电压，伺服电动机制动器松开，此时用手是可以盘动伺服电动机的。

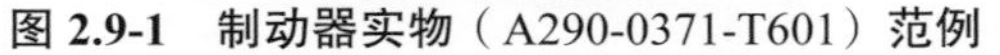
图 2.9-1 制动器实物（A290-0371-T601）范例

图 2.9-2 制动器插头针号

一般情况下，机床急停释放后，1 和 2 之间有 24V 电压，制动器松开，重力轴靠伺服电动机保持原有位置。3 为空接线桩，4 为接地线。

注意，用于 24V 电源的伺服电动机制动器不可与数控系统电源混用，以避免给系统造成干扰，并造成制动器不能正常动作。

5. 制动器故障分析

（1）故障现象为伺服电动机运行不顺畅，加工精度差

例如，伺服电动机订货号为 A06B-0227-B300。此台伺服电动机在加工零件时产生误差，客户自行诊断，认为伺服电动机有故障。给伺服电动机打表测量时有回表的现象。送修后测量相间阻值正常，制动器线圈阻值为 26~27Ω，在正常范围内。将伺服电动机联机通电测试，运行正常未发现异常。与客户当面沟通后将伺服电动机分解，观察制动器，发现表面有烧灼的痕迹，表明此制动器在通电时并未完全松开，造成伺服电动机运行时有一定阻尼，对加工产生影响。更换新制动器后机床加工正常。

（2）伺服电动机运行时抖动

伺服电动机运行时有抖动现象，制动器故障占一定比例。

首先观察伺服界面负载的电流值是否过大，制动器是否动作正常。制动器电缆连接器及电缆的连接；控制继电器、电源的选用等都是影响制动器动作的原因。

（3）制动器线圈短路造成的故障

在日常维修伺服电动机工作中，经常遇到伺服电动机制动器线圈短路的情况。分析其原因主要有几种：制动器与数控系统共用一个电源，造成制动器及数控系统均不能正常工作，长期使用将损坏制动器及数控系统；控制继电器开关触点、电缆及连接器虚接，导致电流过大，引起制动器线圈短路。

（4）机床在急停或停机时重力轴下滑

此故障有两种情况：

1）由于机床厂家生产的机床简化了结构，重力轴未配有平衡装置。平衡装置的功能是平衡重力轴的重量，分担伺服电动机的负载。平衡装置有重力块及平衡油缸等形式。制动器只是在机床停机时起到制动的辅助作用。如果整个重力轴的重量全部由制动器承担，势必加速摩擦片的磨损，长则一两年，短则几个月就要更换。

2）由于机床使用环境较差，使得冷却液及油污从伺服电动机输出轴端进入伺服电动机制动器内部。摩擦片进油后摩擦力下降，使重力轴下滑。

图 2.9-3 所示为磨损后制动器。

图 2.9-3　磨损后的制动器

6. 结论

以上仅是平时维修工作中总结出的一些工作经验，适用于现场维修工程师维修机床判断故障。伺服电动机制动器能够正常使用，还需要有良好的电源及良好的使用环境。

2.10　FANUC 伺服电动机过热报警的原因

作者：茹秋生　单位：上海工程技术大学

FANUC 伺服电动机经常会出现过热报警（430），如图 2.10-1 所示。报警的原因有的是真过热报警，有的是传感器故障引起的。

报警信号信息　　O0002 N00000

430　Y 軸　:SV MOTOR OVERHEAT

图 2.10-1　电动机过热报警

FANUC 伺服电动机的过热传检测元安装在伺服电动机内部，如图 2.10-2 所示。需要拆开编码器才能看到。

编码器上有两个触点，正好和伺服电动机的过热检测触点相连。可以用万用表测量两个触点的阻值，这个阻值是随着伺服电动机温度的变化而变化。如图 2.10-3 所示，当前这个伺服电动机的过热电阻测量值是 47.3kΩ。如果远远大于这个值，或者小于这个值，说明过热检测元件可能损坏。

图 2.10-2　过热检测元件位置

图 2.10-3　过热电阻测量

可以将一个阻值差不多的普通电阻焊接在编码器上，屏蔽这个过热报警。

1. 更换过热电阻

1）拆下伺服电动机后盖的 4 个螺钉，如图 2.10-4 所示。

2）打开后盖后可以看到热敏电阻，如图 2.10-5 所示。

图 2.10-4　拆解伺服电动机后盖

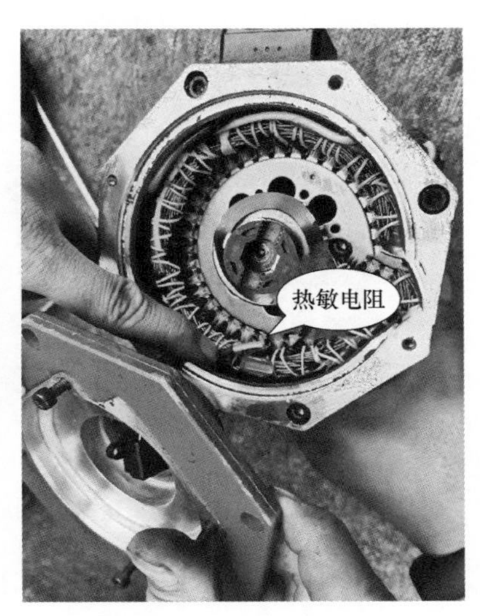

图 2.10-5　热敏电阻

2. 在 FANUC 系统上查看当前电阻温度值

在操作面板上按下【系统】键，然后单击【诊断】，进入图 2.10-6 所示界面，查看伺服电动机温度。

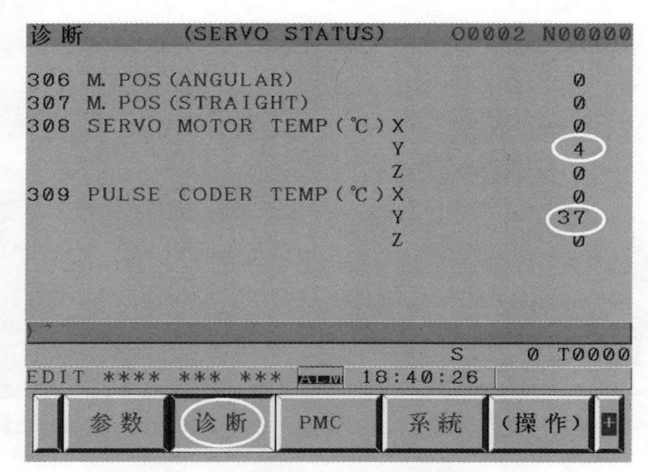

图 2.10-6 【诊断】界面

翻页到 308 是伺服电动机温度，309 是编码器温度。

3. 特殊说明

1）不是所有的 FANUC 编码器都有伺服电动机温度检测，如 *βi*-B 系列伺服电动机编码器就没有温度检测，如图 2.10-7 所示。

图 2.10-7 *βi*-B 系列伺服电动机编码器没有温度检测

2）早期的 *α*、*β* 伺服电动机编码器过热检测阻值为 0，不能检测温度。当伺服电动机温度过高时，系统就直接断开报警。

2.11　FANUC伺服同步轴零点调试方法

作者：韦自威　单位：宁波圣龙智能汽车系统有限公司

在龙门动立柱、双丝杠同步驱动等结构中，存在两个轴简易同步控制的问题。在同步尚未建立之前，同步控制的主动轴和从动轴需要先回零，而对于各自的栅格量，主/从轴是不一样的，所以需要加以区分。只有两个轴零点建立后，如同步误差补偿、同步误差报警检测等功能才能正确进行。

根据采用系统反馈结构和检测元件的不同，可以分为以下情况。

1. 半闭环结构

采用半闭环结构（南通纵横国际双丝杠驱动卧式加工中心）时，主/从轴的反馈都是来自电动机，主/从轴的零点是根据减速挡块（以有挡块回零作讨论）安装位置、电动机的一转信号等确认的。由于减速挡块安装的位置，主/从轴不可能完全一致，加上电动机的一转信号也是随机出现的，所以诊断参数DGN302诊断的两个轴的栅格偏移量肯定会不一致，如果回零时不对上述栅格量加以补偿，主/从轴将会在回零时发生机械扭曲，出现过载、过流报警。

针对该问题，可以采用自动栅格定位设定功能，具体的操作如下：

下述步骤适用于一对主/从同步轴，参数No.8302#0的第1位（ATE）时。若有两对主/从同步轴，则必须使用参数ATEx（No.8303#0的第0位）和ATSx（No8303#1）。

1）参数No.8302#1的第1位（ATS）设为1。

2）切断电源。

3）进入F，按REF键（或无挡块回参考点的JOG），向参考点移动坐标轴。

4）沿主/从轴的移动自动停止，在栅格的偏差处设置参数No.8316。与此同时，参数No.8302#1的第1位（ATS）设为0，且显示要求关机的报警PS000。

5）关机再开机。

6）进行通常的回参考点操作。

参数设定如下：

1）当参数ATS（参数No.8302#1的第1位）或ATSx（参数No.8303#1的第1位）设为1时，主/从轴的参数Apz（参数No.1815#4的第4位）和参数No.8316设为0。若操作员指定参数No.8316（MDI，G10L50）为1，则ATE（参数No.8302#0的位0）变为0。

2）可以通过DGN302诊断出栅格偏移量，将较小的值加上参数No.8316设定的值，使其与较大的栅格偏移量正好相等。

2. 全闭环结构

当系统采用全闭环结构时，位置反馈来自分离型检测器，此时回零的过程根据采用反馈元件的不同，同步回零中需要注意的问题也会不同。

（1）当采用距离码光栅尺以外的检测元件时

当采用这种类型的检测元件时，回零定位是根据减速挡块的安装位置、光栅尺的Z相信号等确立原点位置。其零点确立的原理和半闭环结构类似。诊断DGN302同样会出现主/从轴栅格偏移量不同的问题。

对于上述回零出现的问题，按照半闭环结构相同的方法处理即可。

（2）采用距离码光栅尺作为检测元件时

在大型机床上，由于导轨行程比较长，如果按照通常的方式设计回零，效率将会非常低，距离码光栅尺正是针对该问题的解决设计的。

距离码光栅尺的工作原理：按照光刻栅格MARK1、MARK2的规律分布，可在光栅的任何位置回零。根据当前栅格所处的位置，系统可以反推出当前位置与理想MARK1、MARK2重合点的距离。

根据距离码光栅尺的工作原理，主/从轴不存在栅格不一致的问题，因为主/从轴会同时停止，推算出各自当前位置距离理想MARK1、MARK2重合点的距离，然后设置参数No.1883。

对于比较长的距离码光栅尺（沈阳中捷镗铣床南通客户）进行同步回零时，可能会出现如下问题：在光栅尺的一端执行回零操作时，回零可以正常完成；把主/从轴开到光栅尺的另一端时，回零将不能正常完成，出现ALM407、ALM410等报警。

出现该问题的原因如下：

1）第一种情况：光栅尺安装平行度出现问题，如图2.11-1所示。

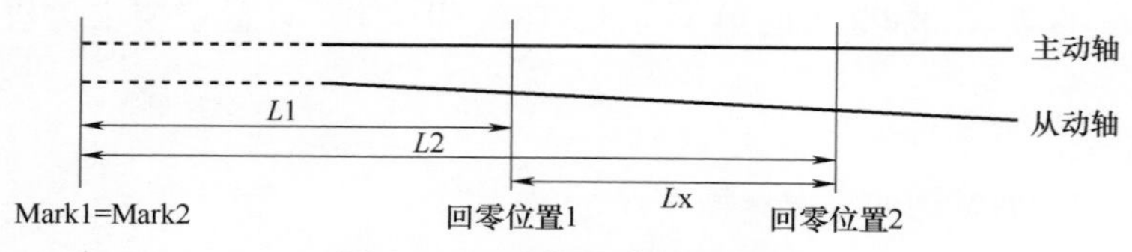

图2.11-1　光栅尺安装平行度

当在位置 1 进行回零操作时，相对 Mark1=Mark2 重合点的推算距离为 *L*1，如果以此为基准，在位置 2 回零，相对 Mark1=Mark2 重合点的推算距离为 *L*2，主动轴的 *L*2 − *L*1=*L*x_m，从动轴的 *L*2 − *L*1=*L*x_s，此时 *L*x_m 和 *L*x_s 应该几乎相等。

但是，如果主 / 从轴的光栅尺安装平行度不好，此时 *L*x_m 和 *L*x_s 的偏差超过参数 No.8314 将会出 ALM407 报警，超过参数 No.8315 将会出 ALM410 报警。

2）第二种情况：光栅尺安装线性度出现问题，如图 2.11-2 所示。

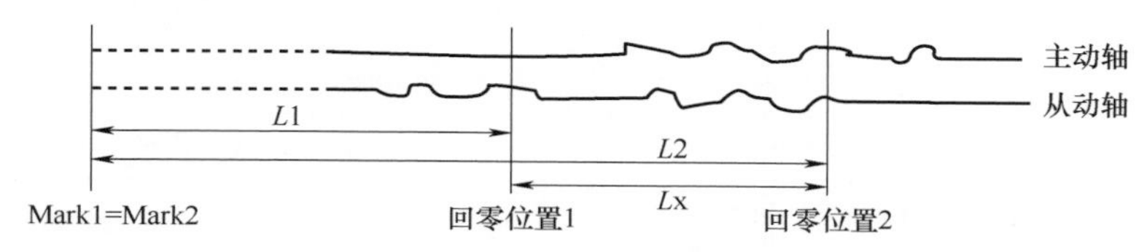

图 2.11-2　光栅尺安装线性度

同样，如果光栅尺的安装线性度不好，*L*x_m 和 *L*x_s 的偏差超过参数 No.8314 将会出 ALM407 报警，超过参数 No.8315 将会出 ALM410 报警。

调试经验：对于长距离的距离码光栅尺，在同步回零时，主 / 从轴光栅尺的安装平行度和线性度需要注意。

2.12　FANUC 伺服编码器偶发干扰故障

作者：丁玉朋　单位：青岛军民融合学院

1. 编码器报警含义

FANUC 系统中与编码器相关的报警见表 2.12-1。

表 2.12-1　FANUC 系统中与编码器相关的报警

号码	信　息	内　容
360	n AXIS：ABNORMAL CHECKSUM（INT）	内置脉冲编码器发生校验错误
361	n AXIS：ABNORMAL PHASE DATA（INT）	内置脉冲编码器发生相位数据错误

（续）

号码	信　　息	内　　容
362	n AXIS：ABNORMAL REV. DATA（INT）	内置脉冲编码器发生转速计数错误
363	n AXIS：ABNORMAL CLOCK（INT）	内置脉冲编码器发生时钟错误
364	n AXIS：SOFT PHASE ALARM（INT）	数字伺服软件检测到内置脉冲编码器的无效数据
365	n AXIS：BROKEN LED（INT）	内置脉冲编码器发生 LED 错误
366	n AXIS：PULSE MISS（INT）	内置脉冲编码器发生脉冲错误
367	n AXIS：COUNT MISS（INT）	内置脉冲编码器发生计数错误
368	n AXIS：SERIAL DATA ERROR（INT）	内置脉冲编码器发出的传输数据无法接收
369	n AXIS：DATA TRANS.ERROR（INT）	从内置脉冲编码器接收的数据发生 CRC 或停止位错误
380	n AXIS：BROKEN LED（EXT）	分离型检测器的 LED 错误
381	n AXIS：ABNORMAL PHASE（EXT）	分离型直线尺发生相位数据错误
382	n AXIS：COUNT MISS（EXT）	分离型检测器发生脉冲错误
383	n AXIS：PULSE MISS（EXT）	分离型检测器发生计数错误
384	n AXIS：SOFT PHASE ALARM（EXT）	数字伺服软件检测到分离型检测器的无效数据
385	n AXIS：SERIAL DATA ERROR（EXT）	分离型检测器发出的传输数据无法接收
386	n AXIS：DATA TRANS.ERROR（EXT）	从分离型检测器接收的数据发生 CRC 或停止位错误
387	n AXIS：ABNORMAL ENCODER（EXT）	分离型检测器发生错误。详情请与光栅尺制造厂家联系

注：1. 内置脉冲编码器或内置式：指轴的速度位置数据取自装在 FANUC 伺服电动机内的编码器。

2. 分离型检测器或分离式：指轴的速度数据取自装在 FANUC 伺服电动机内的编码器，而位置数据则取自与丝杠直连的检测器，如分离式编码器或安装在床身上的光栅尺、直线尺等。

3. 相位异常或相位数据错误：可以理解为在编码器内部芯片之间数据传输时发生异常报警。

4. 软相报警：可以理解为编码器的位置数据异常或数据无效报警。

2. 编码器电缆连接图

编码器型号有 A860-2000-T301、A860-2000-T321、A860-2001-T301、A860-2001-T321、A860-2005-T301 和 A860-2005-T321 等。

编码器插座管脚接法如图 2.12-1 所示。

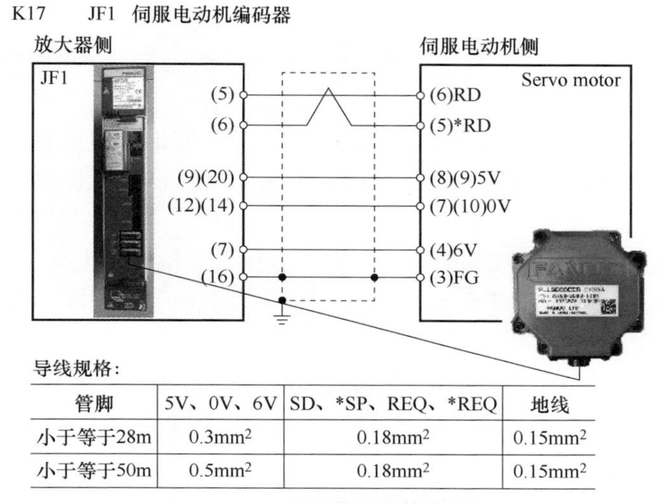

管脚	5V、0V、6V	SD、*SP、REQ、*REQ	地线
小于等于28m	0.3mm²	0.18mm²	0.15mm²
小于等于50m	0.5mm²	0.18mm²	0.15mm²

图 2.12-1　编码器插座管脚接法

3. 编码器报警的解决办法

- AL-361：在编码器内部芯片之间传输异常报警，修改参数。
- AL-364：位置数据异常报警，多为干扰引起，测量反馈线的噪音，排查干扰源。
- AL-365：LED 没有连接报警，换编码器。
- AL-366：脉冲丢失报警，信号振幅太低，换编码器。
- AL-367：计数丢失报警，测量反馈线的噪声，换编码器。
- AL-368：数据错误报警，放大器与编码器之间通信停止，检查反馈连接，换编码器。
- AL-369：CRC 错误报警，放大器与编码器之间通信扰乱，测量反馈线的噪声。
- AL-453：阿尔法软件无连接报警，位置数据与极数据之间的关系异常，换编码器。

当含有 368 报警等多个编码器报警同时发生时，按 368 报警处理。

当含有 369 报警等多个编码器报警同时发生时，按 369 报警处理。

（1）AL-361 报警：相位报警 含义为编码器内产生不正确的检测报警

AL-361 报警产生时，通过关机重启即可消除，因为只是在编码器内产生不正确检测，并不是实际故障。通过修改下面参数可防止 AL-361 报警发生。

16i、18i、21i　　2276# 2=1

15i　　2689# 2=1

开机时编码器内 LSI 与 EEPROM 之间数据传输出现异常时出现 AL-361 报警。

第一次上电时，EEPROM 在编码器内存储伺服电动机信息。

（2）针对噪声的解决办法，即针对编码器 AL-364、AL-367、AL-369 报警的解决办法

1）AL-364 报警：软相报警，含义为干扰引起位置数据异常。

2）AL-369 报警：CRC 错误报警，含义为干扰引起伺服放大器与编码器之间通信紊乱。

测量反馈线噪声的方法：示波器的地线探头接 JF1 的 12 脚（0V）、信号探头测量 5（RD）脚、6（*RD）脚。测量噪声图如图 2.12-2 所示。

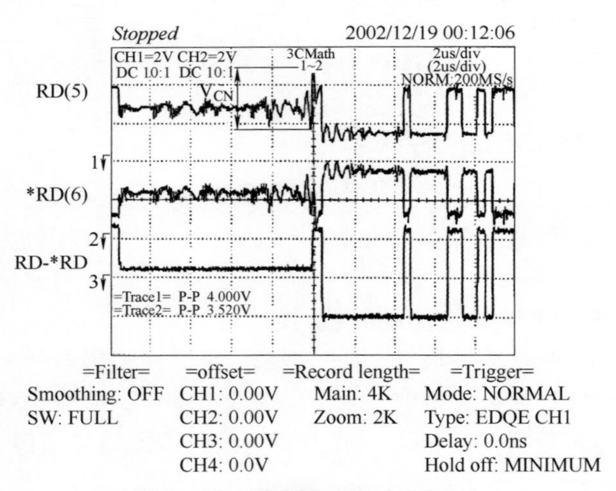

图 2.12-2　测量噪声图（示波器）

当噪声 VCN 超过 10VP-P 或 VDN 超过 1VP-P，可以通过系统的诊断参数 DGN356 查看反馈插补计数来代替示波器，通常 DGN356 显示 为 0。当从编码器来的位置数据混乱时，DGN356 的值会上升，关机后会清除，开机时显示为 0。当接收到无穷大的反馈数据时，伺服软件将自动纠正，纠正值称为反馈插补值。当连续检测到异常数据时，就会产生 AL-364 报警。

对关键线进行合理布线，把信号电缆和强电电缆分开布线，信号地与强电地分别接在不同的地线支架上。

如图 2.12-3 所示，把 PSMi 的控制电源 CX1A 的地线接在信号地系统上。

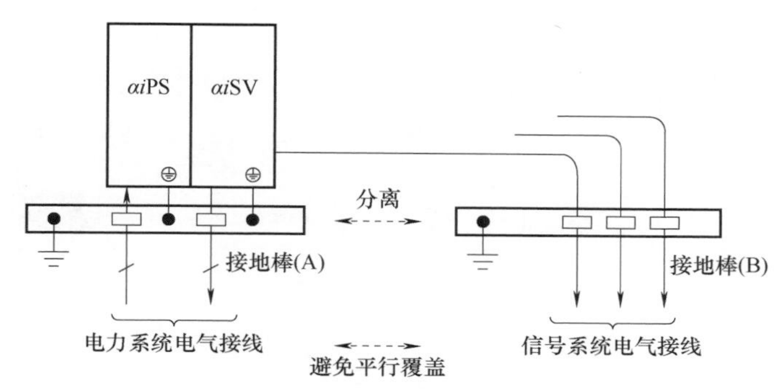

图 2.12-3　接地原理（1）

连接同一个 PSMi 的所有 SPMi、SVMi 的信号地必须连接在同一个地线支架上，如图 2.12-4 所示。

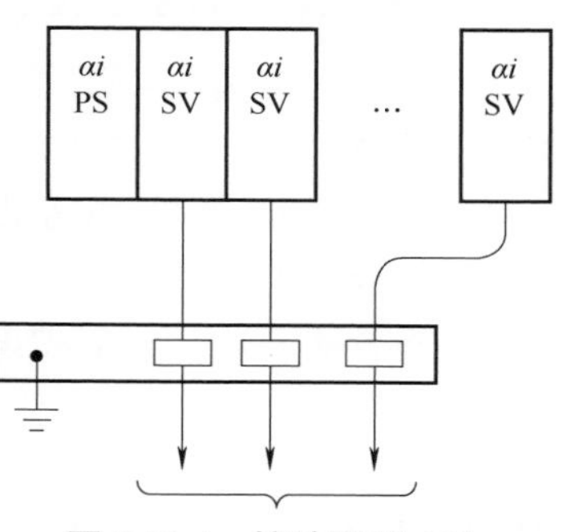

图 2.12-4　接地原理（2）

当在 X-Y 平面上有附加轴时，在电动机金属外壳上增加地线，而放大器不要连接地线。安装磁环能有效减小对编码器信号的影响和干扰。

针对 364、369 报警，首先把磁环安装在位置 A 上，当位置 A 还无法完全避免编码器报警发生时，增加磁环，把增加的磁环安装在位置 B 和位置 C 上，如图 2.12-5 所示。

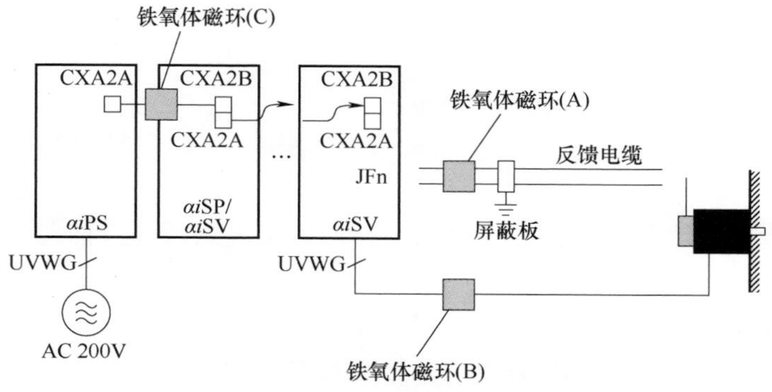

图 2.12-5　磁环安装（1）

针对 367 报警，首先把磁环安装在位置 D 上，当位置 D 还无法完全避免编码器报警发生时，增加位置 B 和 C，如图 2.12-6 所示。

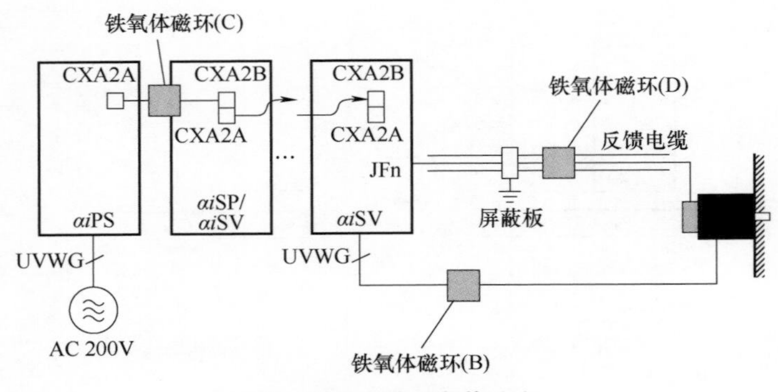

图 2.12-6　磁环安装（2）

4. 编码器发生偶尔干扰报警时的检查项目

1）检查接地情况。注意零线与地线、强电地与信号地、近地与远地接地电阻的区别。

2）检查浪涌、灭弧器等装置是否齐全。

3）检查电柜布线是否合理。

4）检查所有电压，必要时用示波器监测控制电压是否有瞬间跌落的情况发生。

5）检查伺服电动机、主轴电动机（变频主轴电动机）插头插座处的连接情况，是否进油、进水或接触不良。

6）编码器电缆检查，如电缆是否破皮，线材是否采用双绞线，屏蔽线是否接地。

7）伺服电动机、主轴电动机（变频主轴电动机）动力电缆检查，如三相及地线连接是否正确，电缆是否破皮等。

8）伺服电动机制动器电缆检查，是否采用了带屏蔽层电缆及屏蔽层是否接地。

9）检查感性负载元件或其回路，如换刀用电磁阀、主轴夹紧装置用电磁阀等是否异常。

10）接触器、继电器触点火花是否正常。

11）加工时传导到编码器本身的振动现象是否严重。

12）周边是否有高频低电压大电流的设备在工作，如电焊机、高频炉等。

13）总结发生最频繁报警的规律，如某个程序段、某个动作指令、某个时间段，轴移动速度、电缆移动位置、各轴相对位置等信息。

14）编码器电缆长度越长，其中的0V、5V线径越粗。

2.13　FANUC系统全闭环应用介绍

作者：马胜　单位：重庆嘉睿捷科技有限公司

闭环控制系统是采用直线型位置检测装置（直线感应同步器、光栅尺等）对数控机床工作台位移进行直接测量并进行反馈控制的位置伺服系统，是一种精密的直线运动控制方式，能消除机床传动机构所产生的传动误差、机床空走高速运转时传动机构所产生热变形误差和加工过程中传动系统磨损而产生的误差，大幅提高了机床的定位精度、重复定位精度和精度可靠性。因此，闭环控制系统的特点是精度较高，但系统的结构较复杂、成本高，并且调试维修较难，适用于大型精密机床。光栅尺如图2.13-1所示。

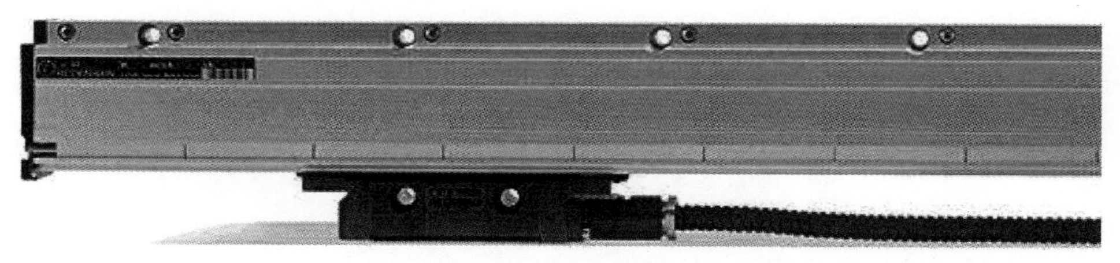

图2.13-1　光栅尺

1. 闭环控制系统按信号传输方式分类

1）并行传输（一般为A/A非、B/B非、Z/Z非）：接线定义如图2.13-2所示。

2）串行传输：接线定义如图2.13-3所示。

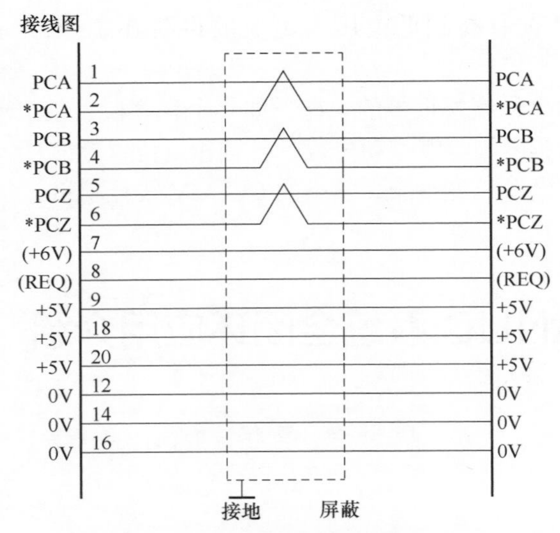

图 2.13-2 光栅尺并行传输接线定义

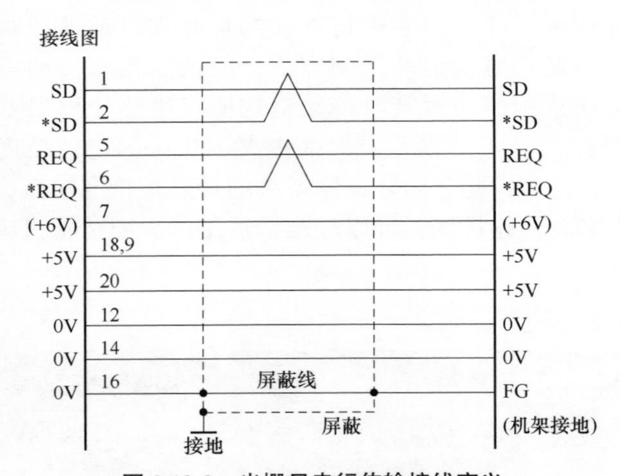

图 2.13-3 光栅尺串行传输接线定义

2. 闭环控制系统按信号类型分类

在并行传输中，根据信号类型的不同，又分为如下两类。

1）平行方波，如图 2.13-4 所示。

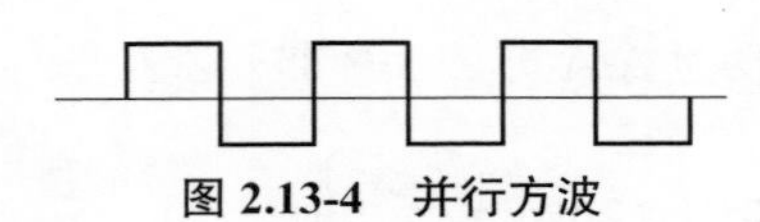

图 2.13-4 并行方波

2）并行正弦波（也称为 1-VPP 或模拟量），如图 2.13-5 所示。

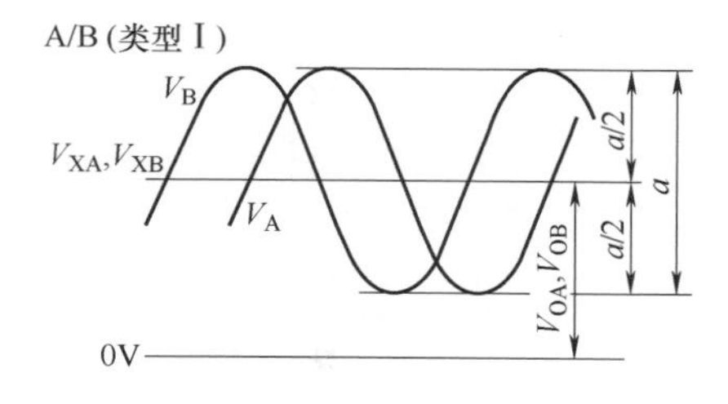

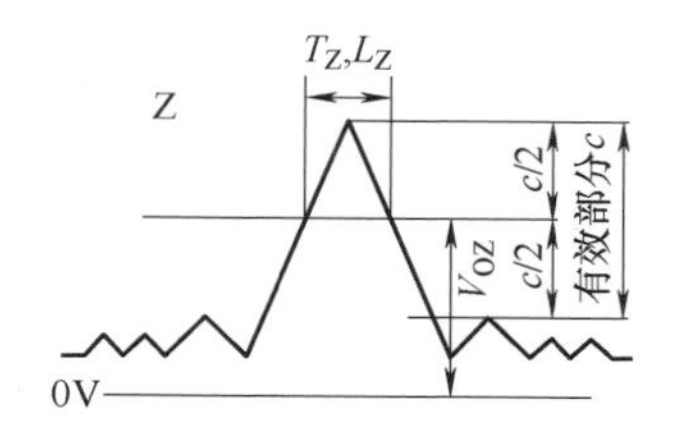

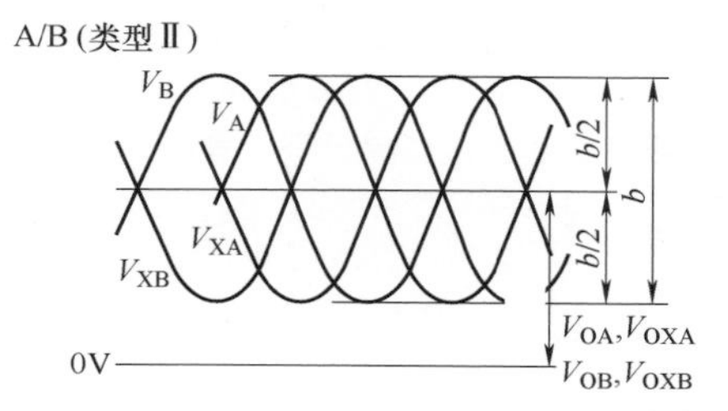

图 2.13-5　并行正弦波

3. 闭环控制系统按回零方式分类

1）绝对式：设定后，如同伺服电动机绝对式脉冲编码器一样，上电无须回零，是否需要电池，由检测元件本身决定。

2）半绝对式（距离编码回零方式）：进行相关参数的设定，硬件上无需减速开关，但上电需要进行回零操作，回零方式与正常压减速开关方式又有所不同，无需电池！

3）增量式：机床上需要使用减速开关，回零方式与常用回零方式相同。

4. FANUC 分离型检测器接口单元注意事项

1）正弦波 分离型检测器接口单元订货号见表 2.13-1。在订货时要注意，对分离型检测接口单元有要求的，必须使用正确的分离型检测接口单元，如图 2.13-6 所示。

图 2.13-6　光栅尺分离型检测器接口单元

表 2.13-1 正弦波分离型检测器接口单元订货号

序号	订货号	适用系统
1	A06B-6061-C201	0i-D、31i-A 系列、0i-C/18i 系列
2	A06B-6061-C202	0i-F、31i-B 系列

注：表中所列均为基本单元，可带 4 个光栅尺。当连接较多光栅尺时，需增加基本模块。

2）非正弦波（方波、串行）分离型检测器接口单元订货号见表 2.13-2。

表 2.13-2 非正弦波分离型检测器接口单元订货号

序号	订货号	适用系统
1	A02B-0236-C205	0i-C、18i 系列
2	A02B-0303-C205	0i-D、31i-A 系列
3	A02B-0323-C205	0i-F、31i-B 系列

注：表中所列均为基本单元，可带 4 个光栅尺。当连接较多光栅尺时，需增加扩展模块。

3）使用距离编码光栅尺时，需选购相应功能，方可使用。采购订货号为 A02B-0320-J670。

2.14 FANUC 系统光栅尺调试技术

作者：马胜 单位：重庆嘉睿捷科技有限公司

随着科学技术的发展，各种智能型的检测元件也不断地涌现，德国海德汉（HEIDENHAIN）公司推出了一种带距离编码参考点标志的直线光栅尺，使用带距离编码参考点标志的线性测量系统，可以不必为返回参考点而在机床上安装减速开关，并返回一个固定的机床参考点，这为实际使用带来了许多方便。

下面是在 FANUC 数控系统中使用光栅尺调试的一些经验。

1. 工作原理

带距离编码参考点标志的直线光栅尺的工作原理是，采用包括一个标准线性的栅格标志和一个与此相平行运行的另一个带距离编码参考点标志通道，每组两个参考点标志的距离是相同的，但两组之间两个相邻参考点标志的距离是可变的，每段的距离加上一个固定的值，因此数控轴可以根据距离来确定其所处的绝对位置，如图 2.14-1 所示。（以 LS486C 为例）

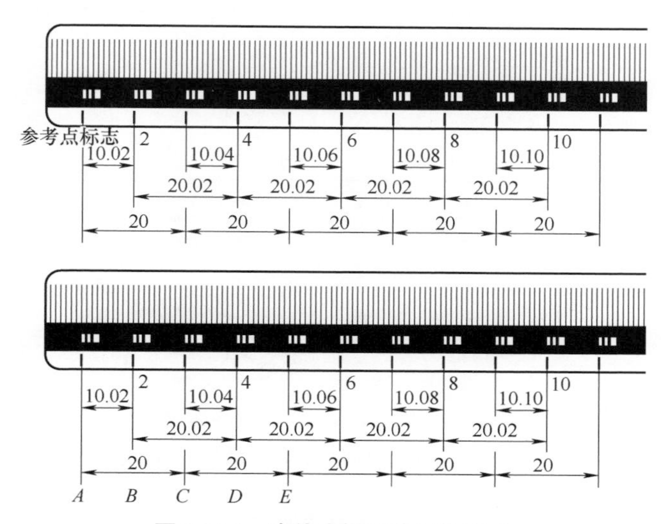

图 2.14-1　直线光栅尺的工作原理

例如，从 *A* 点移动到 *C* 点，中间经过 *B* 点，系统检测到 10.02mm 就知道轴现在是在哪一个参考点位置。同样，从 *B* 点移动到 *D* 点，中间经过 *C* 点，系统检测到 10.04mm 就知道轴现在是在哪一个参考点位置，所以只要轴任意移动超过两个参考点距离（20mm），就能得到机床的绝对位置。

德国海德汉公司的直线光栅尺后面带“C”的都有此功能，如 LF183C、LS486C、LB382C 等。西班牙 FAGOR 公司的直线光栅尺中间带“O”的也有此功能，如 COV、COVP、FOP 等。

2. 应用

在 FANUC 数控系统 0i-C 中应用。

（1）参数设定（此功能为选项功能，0i-C 订货号为 A02B-0310-J670，18i 订货号为 A02B-0284-J670）

1）1815#1：OPT 设置为 1，使用分离式位置检测器。

1815#2：DCL 设置为 1，使用带有参考标记的位置检测器

设置光栅尺类型：选择带距离编码参考点标志的直线光栅尺（使用圆光栅时 1815#1#2#3 均要设定为 1）。

2）1802#1：DC4 设置为 1，检测 4 个参考标记后建立绝对位置。

3）1821：相邻两个 Mark1 之间的距离用于设置 Mark1 相邻两个标准参

考点标志栅格间距。

4）1882：相邻两个 Mark2 之间的距离用于设置 Mark2 相邻两个标准参考点标志栅格间距。

5）1883：假想的光栅尺原点与参考点之间的距离用于设置光栅尺理想的原点与参考点之间的距离，如图 2.14-2 所示。

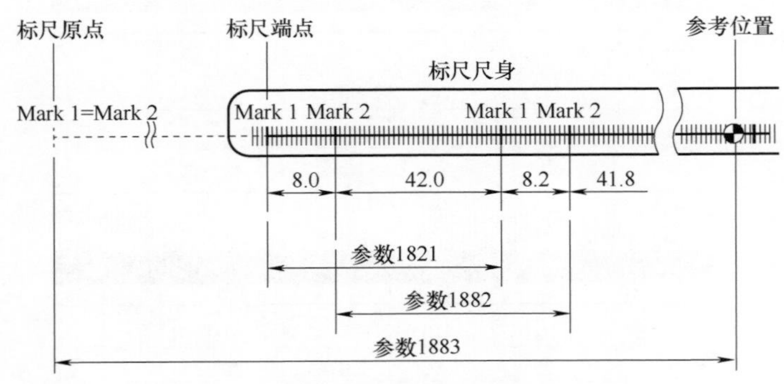

图 2.14-2　设置距离

以海德汉 LB302C 光栅尺为例，其参数设置如图 2.14-3 所示。

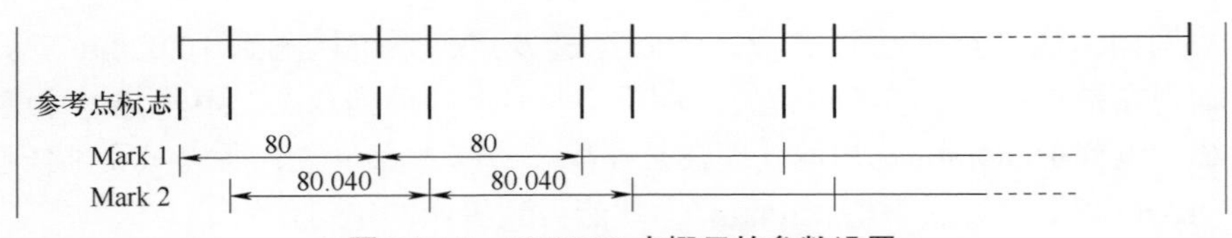

图 2.14-3　LB302C 光栅尺的参数设置

- 相邻两个 Mark1 之间的距离为 80mm。
- 相邻两个 Mark2 之间的距离为 80.040mm。

相应参数设置如下：

- 1815#1 设置为 1，1815#2 设置为 1。
- 1802#1 DCL 设置为 0，使用 3 个参考点检测回零点。
- 1821 设置为 80000（最小检测单位为 μm）。
- 1882 设置为 80040（最小检测单位为 μm）。
- 1883：上电后回零，机床会移动 3 次自动计算零点的坐标位置，填写到 1883 即可建立参考点。

断电后再上电执行回零操作，该轴走停 3 次（或 4 次，参数 1802#1 设定为 1），根据光栅尺反馈回来的数据自动计算出该位置的绝对坐标和机床坐标，并对该轴的绝对坐标和机床坐标进行赋值，无须完全把回零操作执行结束即可建立参考点。由于这种回零方式不像增量式需要全程碰到减速挡块后回零，也不像绝对式那样进行位置记录，无须回零。此种回零只需短距离回零操作即可，因此称之为半绝对式。

（2）操作

1）按照上述方法设定参数（1883 先不要设定）。

2）确认机床绝对位置。

由于两个参考点标志之间的距离是可变的，这样系统就可以准确地识别轴处在的是哪一个参考点并计算出实际位置，但这个位置可能并不一定是所需的机床基准点，所以还必须有一个基准点偏移参数来参与计算。设定1883# 就可以完成这一步。实际上，1883# 中设定的值就是测量系统中的第一个参考点到机床基准点的距离。

（3）故障排除（如果选择此种类型的光栅尺，请务必选择此功能，否则将回零不准）

1）无法进行回零操作：回零的速度是否正常设定。

2）无法正常走停，90# 报警：光栅尺的反馈信号是否存在干扰。排除方法如下：

- 尺子反馈电缆接线。
- 尺子本身的安装及尺子的清洁。

3）417# 报警：属于光栅尺的参数设定，按照光栅尺的规格进行正确设定，若仍然出现该报警，则可按照下列两种方法进行解决：

- 检查系统自诊断中的 280# 问题并排查问题的出处。
- 检查系统自诊断中的 352# 内容，根据 352# 中显示的数据，按照《伺服电动机参数说明书》2.1.5 中发生伺服参数设定非法报警时的处理方法进行解决。

4）445# 报警（软断线报警）：主要是光栅尺的读数头与光栅尺尺身的安装达不到要求，请注意光栅尺厂家提供的安装要求，也可通过下述办法解决。

- 2003#1：0 → 1。
- 2064：4 → 16（或按 4 的倍数向大调整）。

5）411# 报警：移动时出现飞车现象，过去修改硬件接线 A 和 *A、B 和 *B 调换一下，随着伺服软件的更新，修改 2018#0 RVRSE 为 1 即可。

3. 总结

数控机床，特别是大型数控机床，由于其数控轴移动距离较长，安装了带距离编码参考点标志的线性测量装置后，在操作和使用中可以带来很大的方便，如返回参考点速度更快；两个方向都可以进行操作；在有些场合，如长车床，由于中间有中心架，Z 轴方向返回参考点就很不方便，以前只能用多个减速开关和参考点标志来实现，但如何处理数控轴的螺距补偿就成了问题。采用智能参考点的直线光栅尺就能非常好地解决这个问题。

2.15　FANUC 唯一有参数的驱动器——参数备份

作者：赵智智　单位：苏州屹高自控设备有限公司

FANUC 唯一有参数的驱动器是 I/O Link 伺服驱动器，分别为 6093-H15x、6132-H10x、6133-H10x、6162-H10x、6163-H10x、6172-H10x、6173-H10x 等，如图 2.15-1 所示。驱动器上都有 I/O Link 总线接口 JD1A 和 JD1B。

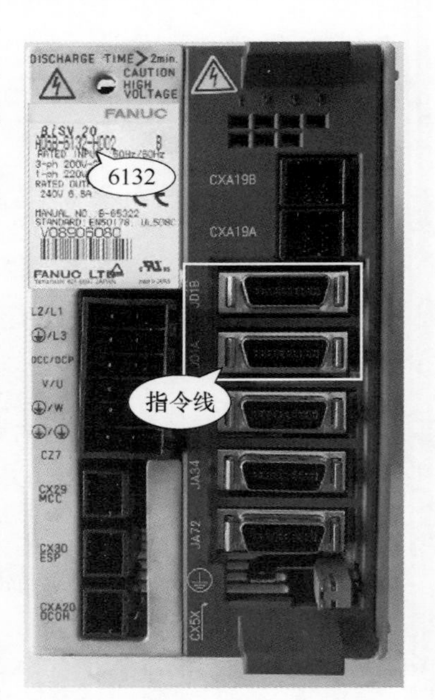

图 2.15-1　I/O Link 驱动器

右侧控制板拔出后的 I/O-Link 驱动器如图 2.15-2 所示。

这种驱动器的指令不是由轴卡发出，而是通过编写梯形图 PMC，通过 I/O Link 总线进行数据传输和交互，与其他 I/O 模块串联到 FANUC 主板上，由 PMC 进行管理。

【参数】在【SYSTEM】按键下，单击扩展键多次可进入 I/O Link 驱动器界面，如图 2.15-3 所示。

由于这种驱动器中包含所控制伺服电动机的参数，当更换驱动器时，要注意数据备份和恢复。备份参数有两种方式：①备份到系统的程序区，以系统程序的方式存放在 SRAM 中；②直接备份到外设上。

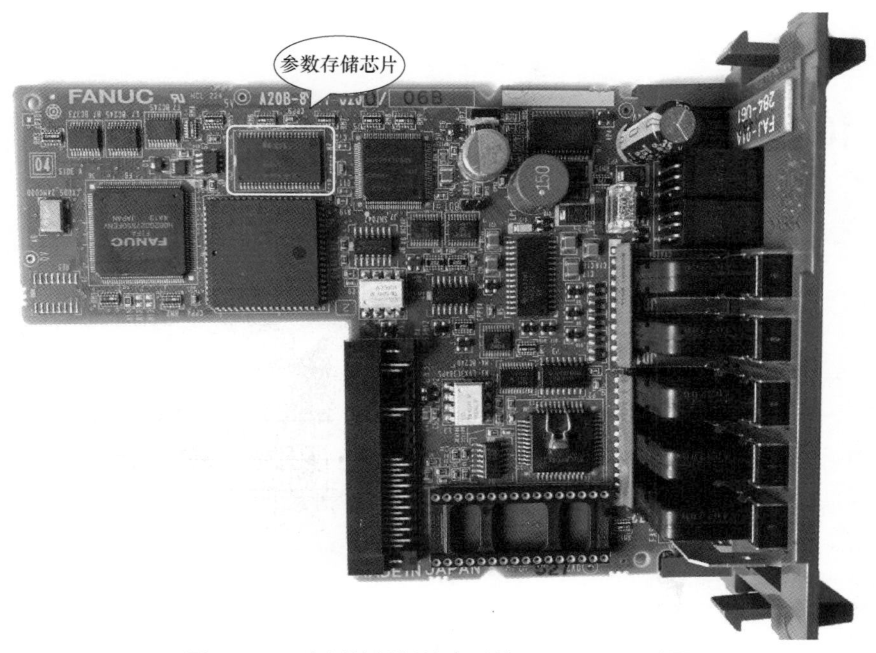

图 2.15-2　右侧控制板拔出后的 I/O-Link 驱动器

参数的保存形式有两种：

1）把参数以程序的形式存储到加工程序中。

2）把参数存储到存储卡（960#1 参数设定 1）。

关于存储的程序号：

● 在 8760 参数中设定传出参数的程序号。

● 当 8760=1000 时，传出参数的程序号是 1010（1000+N*10）。

● N 为 I/O Link 的组号，如果只有一个 I/O Link 驱动器，N 只能是 1。

● 当该程序号存在时，设定参数 3201#2 REP，确定是否将原程序覆盖。

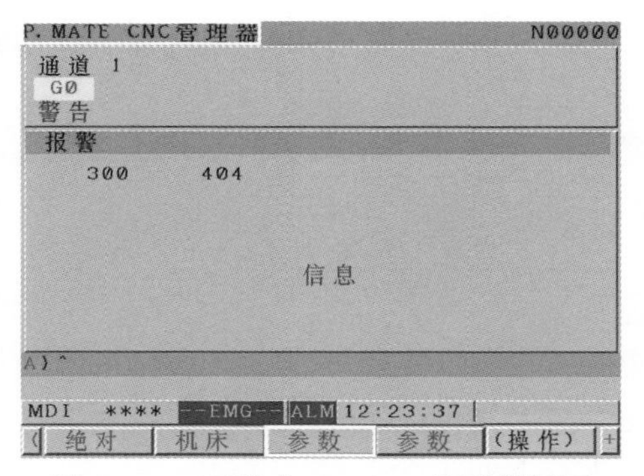

图 2.15-3　系统中 I/O Link 驱动器界面

I/O Link 伺服驱动器参数的输入与输出备份恢复可以扫码观看以下视频。

视频：I/O Link 伺服驱动器参数的输入与输出

2.16　410 报警案例分析

作者：王勇　单位：苏州工业职业技术学院

1. 数控机床伺服进给系统原理

在数控机床上，伺服进给系统是数控装置和机床主机的联系环节，它接收来自插补装置或插补软件生成的进给脉冲指令或进给位移量信息，经过一定的信号变换及电压、功率放大，由伺服电动机带动传动机构，最后转化为机床工作台相对于刀具的直线位移或回转位移。数控机床伺服进给系统的基本组成如图 2.16-1 所示。

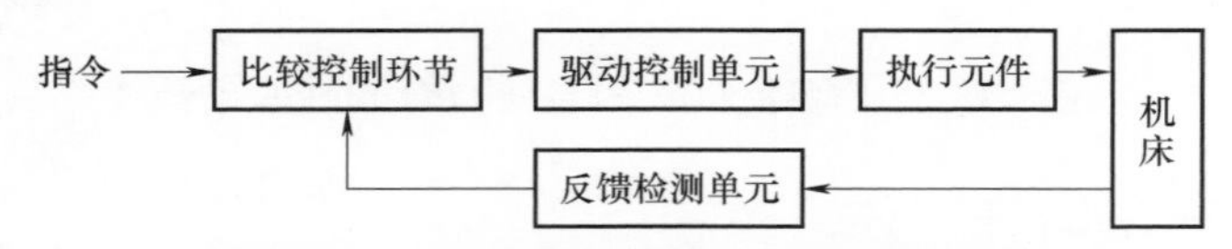

图 2.16-1　数控机床伺服进给系统的基本组成

2. 数控机床对伺服进给系统的要求

数控机床的伺服进给系统作为一种实现切削刀具与工件间运动的进给驱动和执行机构，是数控机床的一个重要组成部分，它在很大程度上决定了数控机床的性能，如数控机床的最高移动速度、跟踪精度、定位精度等一系列重要指标都取决于伺服进给系统性能的优劣，因此伺服进给系统的精度和稳定性关系到数控机床工作的正常与否，对数控机床伺服进给系统的主要性能要求有下列几点：

1）进给速度范围要大。

2）位移精度要高。伺服进给系统的位移精度是指令脉冲要求机床工作台进给的位移量和该指令脉冲经伺服进给系统转化为工作台实际位移量之间的符合程度。两者误差越小，伺服系统的位移精度越高。

3）跟随误差要小，即伺服系统的速度响应速度要快。

4）伺服进给系统的工作稳定性要好。要具有较强的抗干扰能力，保证进给速度均匀、平稳。

3. 伺服进给系统典型故障案例

（1）案例1

1）故障现象：配置 FANUC 0i-MB 系统的美国法道 VMC3016L 加工中心，早上开机时用手轮移动一下 X 轴，结果出现伺服报警：410 SERVO 报警：X 轴误差过大和 436 X 轴：SOFTTHERMAL（OVC）报警，如图 2.16-2（维修时拍的照片）所示。关机重启移动 X 轴，还是同样的报警。

2）分析与处理过程：查 FANUC 0i-MB 维修手册，410 SERVO 报警：X 轴误差过大，可能的原因是 X 轴停止中的位置偏差量超过了参数（1829）设定值。通过查看 1829 参数（1000），和其他几台一样没有被改动过，可以排除是此参数的问题。436 X 轴：SOFTTHERMAL（OVC）报警的原因是数字伺服检测到软件热态（OVC），通过查看 FANUC 0i-MB 伺服报警手册，出现 4 开头的报警时可以通过诊断参数 DGN200 进行检查，见表 2.16-1。

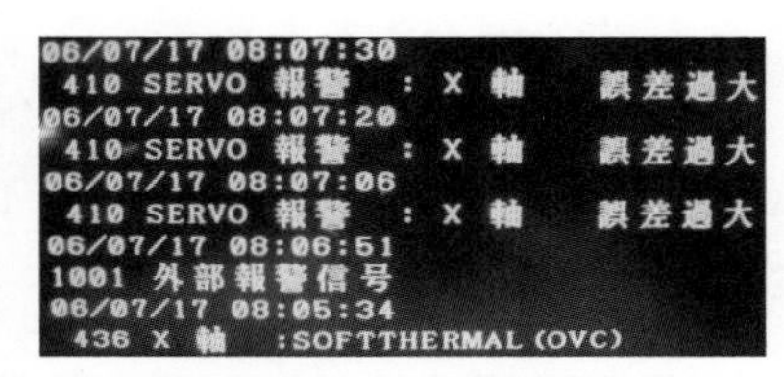

图 2.16-2 FANUC 0i-MB 系统的伺服报警

表 2.16-1 DGN200 诊断参数

DGN200	bit7	bit6	bit5	bit4	bit3	bit2	bit1	bit0
信号名称	OVL	LV	OVC	HCAL	HVAL	DCAL	FBAL	OFAL

3）诊断参数的含义：OVL 表示驱动器过载报警；LV 表示驱动器电压不足；OVC 表示驱动器过电流报警；HCAL 表示驱动器电流异常报警；HVAL 表示驱动器过电压报警；DCAL 表示驱动器直流母线回路报警；FBAL 表示驱动器断线报警；OFAL 表示计数溢出报警。

切换到【诊断】界面，找到 DGN200 诊断参数，发现 bit5=1，其他的全为 0，说明驱动器过电流，可能是 X 轴伺服电动机短路了或过载了。用万用表测量 X 轴伺服驱动器上的电动机插头任意两相之间的阻值，均为 2.3Ω 左右，是平衡的，说明电动机没有断相；再用摇表测量 X 轴伺服电动机的绝缘性，也是好的。还有一种可能性，就是 X 轴伺服驱动器内部的功率放大模块有问题，导致电流过大。如果有同型号、同系统的机床，可以互换一下 X 轴伺服驱动器，如果没有，也可以用万用表大概测量一下伺服驱动器的功率放大模块，确定其是好是坏。如果确定伺服驱动器是好的，那应该是 X 轴伺服电动机过载了，问题可能出在 X 轴机械传动部分。这台机床是伺服电动机通过弹性联轴器与丝杆连接，丝杆两端有轴承座，一端轴承座是两个背对背安装的角接触球轴承（承受轴向力和径向力），另一端是一个普通的球轴承（起支承作用）。于是，先把 X 轴工作台右侧的护盖拆掉，再将 X 轴伺服电动机拆下，如图 2.16-3 所示。

此时开机移动 X 轴，可以看到 X 轴伺服电动机旋转，说明 X 轴伺服电动机与伺服驱动器都是好的；然后用手旋转滚珠丝杆一头的联轴器，正常情况下，可以用手旋动此联轴器，丝杆跟着一起转动，从而带动工作台移动，但我用手无法旋动联轴器，好像丝杆被卡死一样，即使用大力钳夹着也旋不动，问题就出在这儿，离故障产生的根源越来越近。根据以往的经验，丝杆两端的轴承咬死的可能性最大，结果是那个起支承作用的普通球轴承（轴承型号：日本 NSK　6304V）锈死了，如图 2.16-4 所示。更换同型号的轴承，故障就解决了。

图 2.16-3　伺服电动机与机械部分脱开

图 2.16-4　丝杆轴承 6304V 锈死

4）总结：当系统发送坐标指令给伺服进给驱动器驱动伺服电动机旋转时，因为球轴承 6304V 生锈卡住了，导致丝杆也无法旋转，此时伺服电动机严重过载，因此出现 436 X 轴：SOFTTHERMAL（OVC）（过电流报警）。此时，伺服电动机也没有旋转，系统发送的指令与伺服电动机编码器检测到的位置反馈量相差太大，超过了参数（1829）设定值，所以出现了 410 SERVO 报警：X 轴误差过大。

（2）案例 2

1）故障现象：配置 FANUC-0M 系统的台湾丽伟 TDC510 加工中心，X 轴在运动中相继出现 414 SERVO 报警：X 轴的伺服系统异常和 410 SERVO 报警：X 轴误差过大（见图 2.16-5）。关机后再开机，还是同样的报警，有时会好，但加工一会又会出现上述报警。

FANUC Series 0-M

ALARM MESSAGE

410 SERVO ALARM: X轴　误差过大

*0720　0 0 1 0 0 0

图 2.16-5　410 SERVO 报警

2）分析与处理过程：由故障现象可以判断X轴伺服进给系统出现了问题，因为先出现了414 X轴的伺服系统异常报警，才出现了410 X轴误差过大报警。根据伺服进给系统原理可知，一旦出现伺服系统异常，导致实际移动量与系统所发脉冲量相差很大，才出现410 X轴误差过大报警，即只要解决了414报警，410报警也就没有了。通过查看FANUC 0M伺服报警手册，出现4开头的报警时可以通过诊断参数DGN720（见表2.16-2）进行检查（注：FANUC 0i系列数控系统伺服诊断号从200开始，FANUC 0系列数控系统伺服诊断号从720开始）。

表2.16-2　DGN720诊断参数

DGN720	bit7	bit6	bit5	bit4	bit3	bit2	bit1	bit0
信号名称	OVL	LV	OVC	HCAL	HVAL	DCA	FBAL	OFAL

切换到【诊断】界面，找到DGN720诊断参数，发现bit5=1（OVC：驱动器过电流报警），其他的全为0，说明驱动器过电流，可能是X轴伺服电动机短路了或过载了。用万用表测量X轴伺服驱动器上的电动机插头任意两相之间的阻值，均为3.4Ω左右，是平衡的，说明伺服电动机没有断相；再用摇表测量X轴伺服电动机任意一相对外壳的阻值，只有1MΩ左右，说明伺服电动机的绝缘性严重变差。根据以往的经验，可能是伺服电动机的连线老化，有破皮的地方。检查伺服电动机的连线，均正常，没有破损的地方。另外，伺服电动机的快插接头处也容易出现问题，我将伺服电动机快插接头（见图2.16-6）拔下来时，从插头里面倒出来一些切削液，这才是伺服电动机绝缘性严重变差的原因。为了保险期间，我用摇表直接测量伺服电动机根部插头上的相线对伺服电动机外壳的绝缘性，结果正常，说明伺服电动机没有烧掉。以前遇到过类似故障，也是因为插头里面进水，然后又进入伺服电动机内部，造成积水，将伺服电动机烧坏，后将伺服电动机重新绕线故障才得以消除。最后将伺服电动机快插接头里面的水吹掉，并在快插接头的下方钻了一个小孔，如果有积水的话，可以漏下去，以后没有再出现此类故障。

图2.16-6　伺服电动机快插接头

3）总结：比较庆幸的是此次故障没有将伺服电动机烧掉，如果多开几次机，多移动几次X轴，那么就有可能将伺服电动机烧坏。对于伺服电动机，短时间过载没关系，就怕长时间过载，当听到电动机振动或出现嗡嗡声，或闻到焦糊味，就不要再通电了，否则会导致严重的后果，或者烧坏伺服电动机，或者烧坏伺服驱动器。

4. 结语

在实际生产中，数控机床的故障以数控伺服进给系统的故障居多，涉及伺服驱动器、伺服电动机、传动机构（滚珠丝杆螺母副、联轴器、轴承等）、反馈装置等，种类繁多，引起故障的原因和形式多种多样。随着全功能数控机床自诊断技术越来越全面，自诊断能力越来越强，从原来的简单诊断朝着多功能和智能化方向发展，一旦出现故障，借助系统的自诊断功能，往往可以迅速、准确地查明原因并确定故障部位。

2.17 FANUC驱动器电路板维修案例——449报警

作者：程鹏飞　单位：苏州屹高自控设备有限公司

FANUC驱动器449 IPM报警是最常见的，在 αi 伺服驱动器中，驱动器报警由数码管显示（8.、9.或A.）；在A06B-6160-HO02驱动器中没有数码管显示，但系统显示是449，这种情况下如何维修驱动器呢？

1）维修时，首先采用一看二闻三摸和替换的方法，大体就能知道是哪里出现了问题。

2）对于一台需要维修的驱动器，首先查看油污是否严重，如有油污就要先清洗烘干。

3）烘干后目测板子线路是否有腐蚀，或者器件腐蚀脱落，如有则处理好腐蚀线路和器件。

4）测量6个HCPL4504光耦动态电阻，如图2.17-1所示。在4504的2、3脚加入5mA电压，用指针万用表R*100档测量5、6脚电阻，

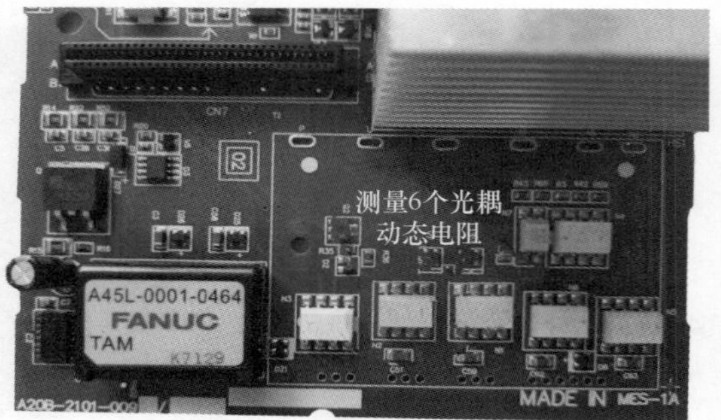

图2.17-1　底板模块中的光耦动态电阻

小于 500Ω 为正常可以用，大于 500Ω 说明光耦老化，必须更换。

5）光耦测量没问题后再测量模块，用指针万用表 R*1k 档测量模块各脚位电阻，看看是否有开路或短路。测量脚位如图 2.17-2 所示。

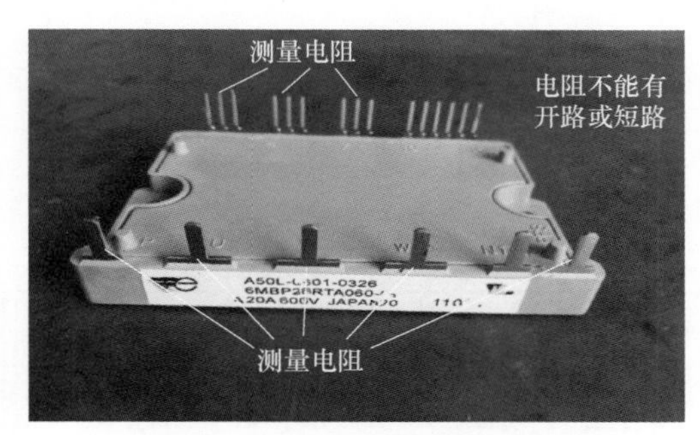

图 2.17-2　20A 模块测量脚位

6）以上测量都正常后再组装好，通电测量模块输入各脚电压，如图 2.17-3 所示。正常是前面 3 组电源电压都是 16V，每组中间是信号脚，电压在 8V 左右就为正常。

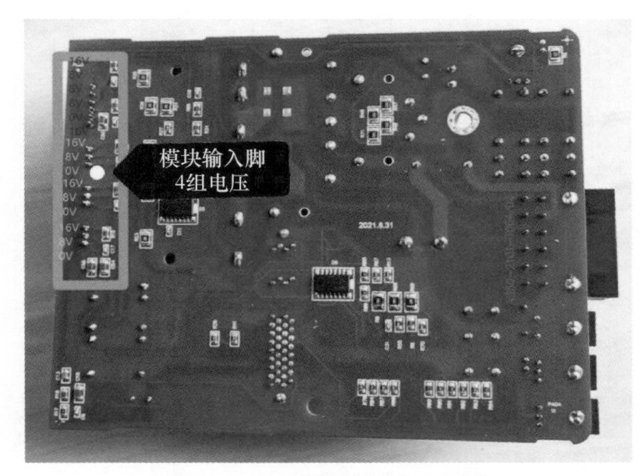

图 2.17-3　模块检测电压焊脚

7）模块电压都正常后再启动测试系统电源，等系统开机运行到正常界面后，看看是否有报警。

8）此时只要插入的各个线缆没问题，就可以释放急停开关，再看看是否有报警，没有报警就可以启动电动机运行。

9）看看电动机空载运行能达到多少转速，一般都是 3000 转运行 15min 没问题就算维修结束。

模块的底板图样和完整底板如图 2.17-4 和图 2.17-5 所示。

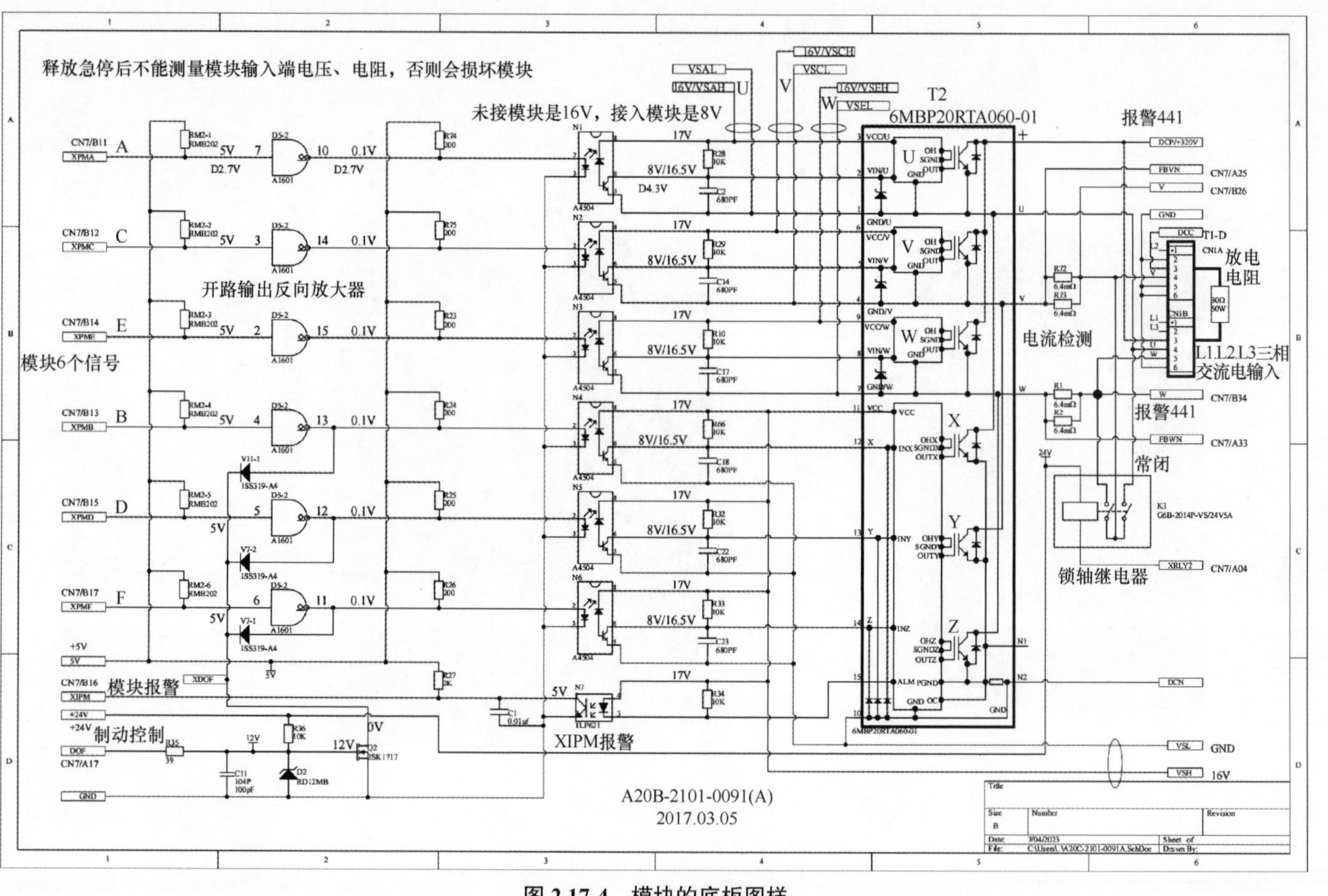

图 2.17-4　模块的底板图样

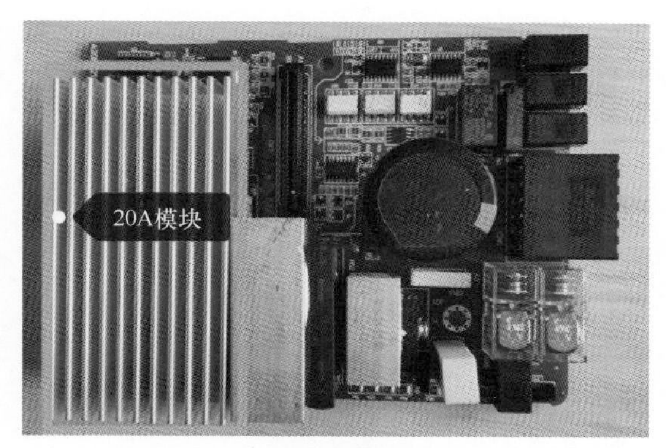

图 **2.17-5**　模块的完整底板（6130）

FANUC

第3章

PMC及机床外围控制

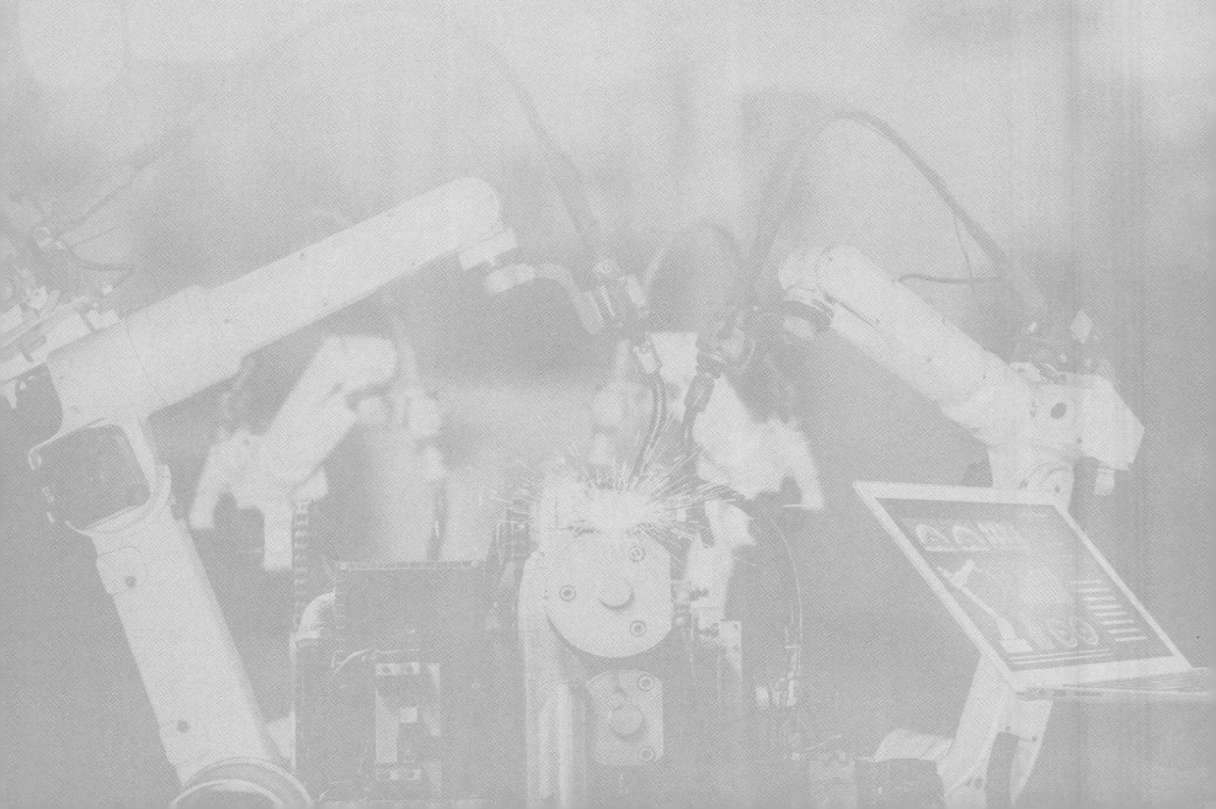

3.1 FANUC 梯形图的地址分配

作者：马胜　单位：重庆嘉睿捷科技有限公司

FANUC 中关于 I/O 模块的连接称为 I/O Link。I/O 模块按照 FANUC 规则与系统连接完成后，在系统中设定对应的 I/O 模块分配地址，系统 I/O Link 完成，对应的 I/O 模块生效，可以正常输入 / 输出信号。

1. I/O 模块的地址分配（以 0i-C 的分配为例）

对于 FANUC 0i C/0i Mate-C 系统，由于 I/O 点、手轮脉冲信号都连在 I/O Link 总线上，在 PMC 梯形图编辑之前都要进行 I/O 模块的设置（地址分配），同时也要考虑到手轮的连接位置。

0i-C 可选择的 I/O 模块有很多种，但其分配原则都是一样的。下面就几种典型的 I/O 模块，如 0i 用 I/O 单元 A 和机床面板的分配进行说明。

说明：0i 用 I/O 单元 A 是一个具有 96 个输入点、64 个输出点的 I/O 模块，其上带有手轮接口。对于手轮接口，是否使用涉及分配模块大小的问题，在下面的具体分配时进行说明。

0i-C 仅用如下 I/O 单元 A，不再连接其他模块时可设置如下：

1）X 从 X0 开始　用键盘输入：0.0.1.OC02I。

2）Y 从 Y0 开始　用键盘输入：0.0.1./8。

I/O 模块连接如图 3.1-1 所示，分配 I/O 模块如图 3.1-2 所示。

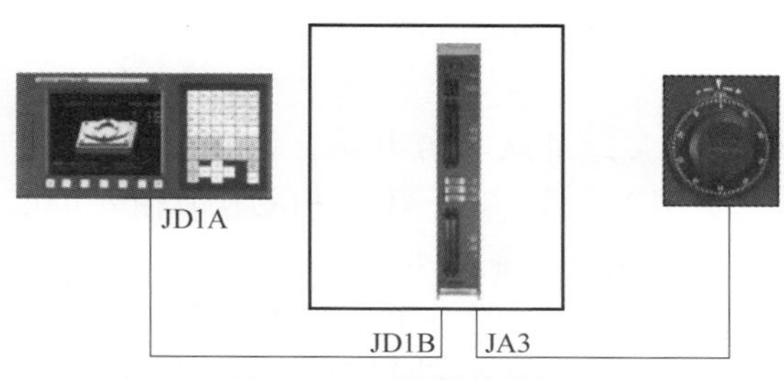

图 3.1-1　I/O 模块连接

注：此种为图 3.1-1 所示连接的设置，当采用其他模块时，要根据其规格进行适当的更改。

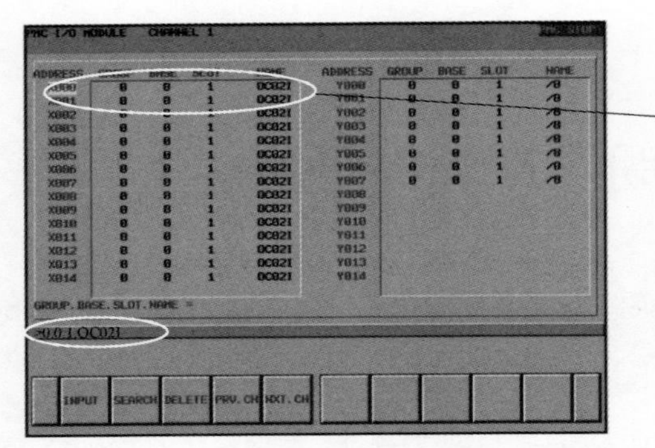

说明：
系统侧I/O模块的分配如图所示：从X0开始进行分配，输入0.0.1.OC02I。手轮连接到系统的专用I/O单元的JA3上，手轮信号从X12~X14引入系统。可以通过边旋转手轮边观察PMC的X12~X14状态是否变化来确认手轮是否起作用。同理，Y从Y0开始分配，输入0.0.1.OC02O或0.0.1./8。

图 3.1-2　分配 I/O 模块（1）

2. 使用标准机床面板时

除了标准机床面板（标准面板连接如图 3.1-3 所示），一般机床侧还有 0i 用 I/O 单元 A 或其他 I/O 模块和手轮。手轮可接在 I/O Link 总线中任一 I/O 模块的 JA3 上，但在模块分配上要注意连接手轮的模块分配字节的大小。

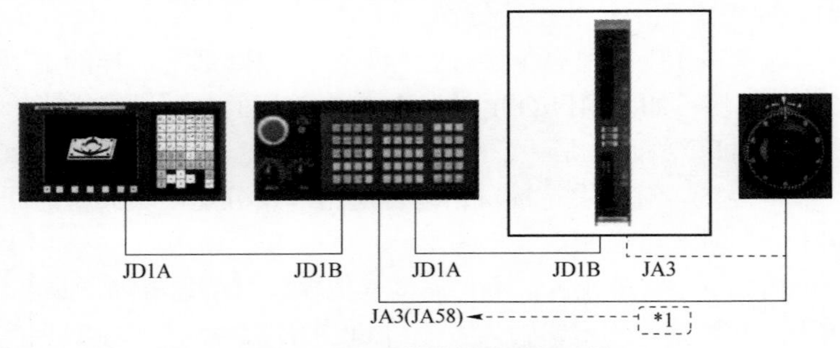

图 3.1-3　I/O 模块标准面板连接

欲使电柜中 I/O 单元 I/O 点的 X 地址从 X 0 开始，其连接使用了第二个 JD1A（见图 3.1-3），属于第一组 I/O，故输入 1.0.1.OC011，Y 从 Y0 开始，输入 1.0.1./8。

操作面板 I/O 点的 X 地址从 X20 开始，如图 3.1-4 所示。因为其连接使用了第一个 JD1A（见图 3.1-3），属于第 0 组 I/O，故输入 0.0.1.OC02I（OC02I 对应手轮）；Y 点从 Y24 开始，输入 0.0.1./8。

标准机床操作面板实际上也是一个具有 96 个输入点、64 个输出点的 I/O 模块，其背面带有两个可连接手轮的接口，分别为 JA3 和 JA58。不同之处是，JA3 为一个可同时连接三个手轮的接口，而 JA58 仅有一个手轮接入信号，其余的信号用于通用的 I/O 点，如图 3.1-5 和图 3.1-6 所示。通常使用悬挂式手轮时，手轮接于此口。

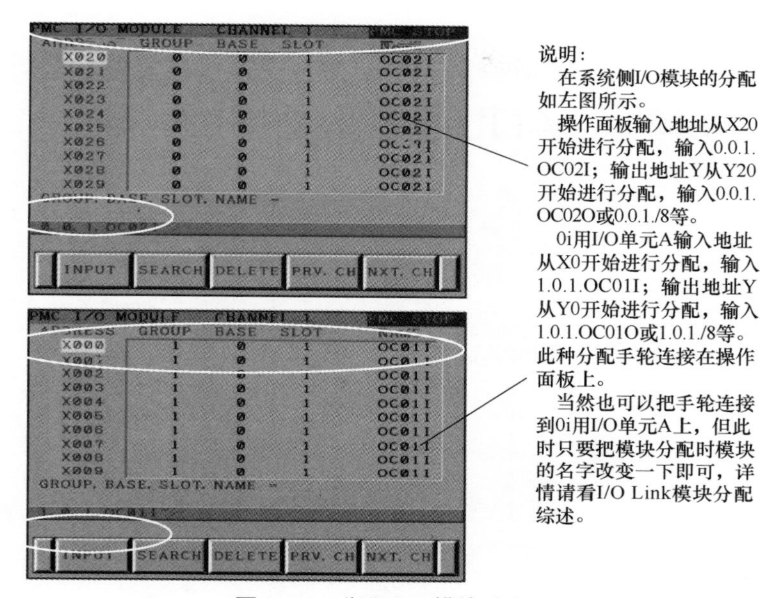

图 3.1-4　分配 I/O 模块（2）

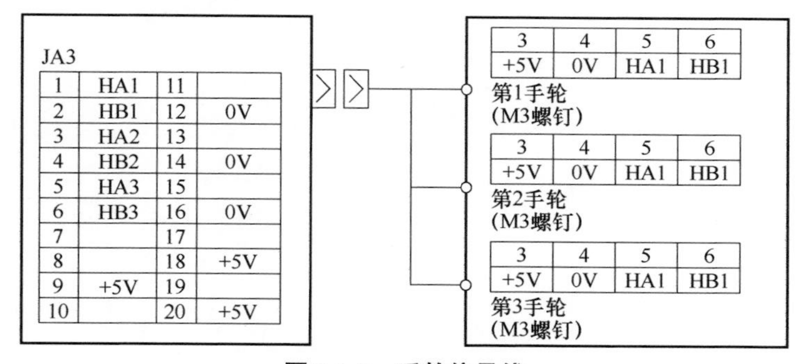

图 3.1-5　手轮信号线

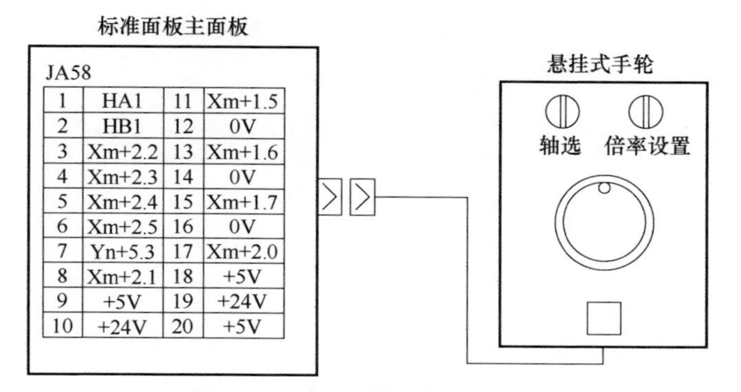

图 3.1-6　标准面板接手轮信号

3.2　如何让 FANUC 梯形图停止运行

作者：赵智智　单位：苏州屹高自控设备有限公司

在 FANUC 系统中，PLC 被称为 PMC，PMC 程序可以被编辑，强制停止（见图 3.2-1）和运行。

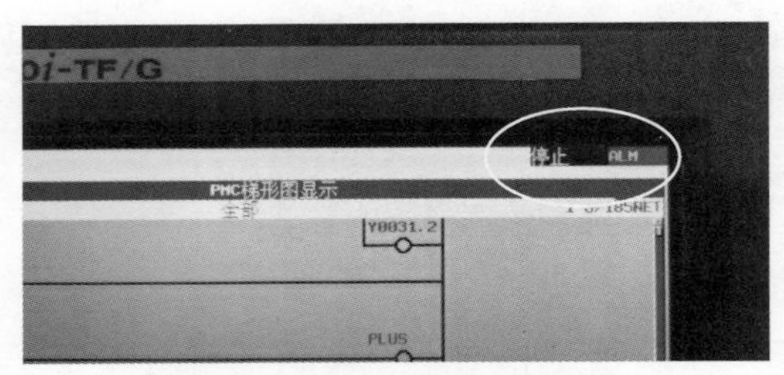

图 3.2-1　梯形图停止状态

以 0i-TF 系统为例，在 PMC 界面右上方可以看见机床的 PMC 状态，如图 3.2-1 所示。那么如何把正常运行的梯形图设定成停止状态呢？

1）在 SYSTEM 界面使用扩展键多次后，单击 PMCCNF，如图 3.2-2 所示。

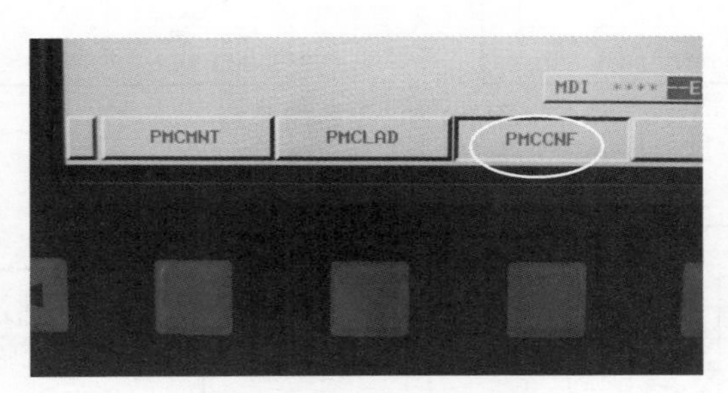

图 3.2-2　单击 PMCCNF

2）单击【设定】，然后把编辑许可设为是，PMC 停止许可打开，如图 3.2-3 所示。

3）退出到初始界面，单击 PMCLAD，进入【PMC 梯形图显示】界面，如图 3.2-4 所示，选择【(操作)】→【编辑】。

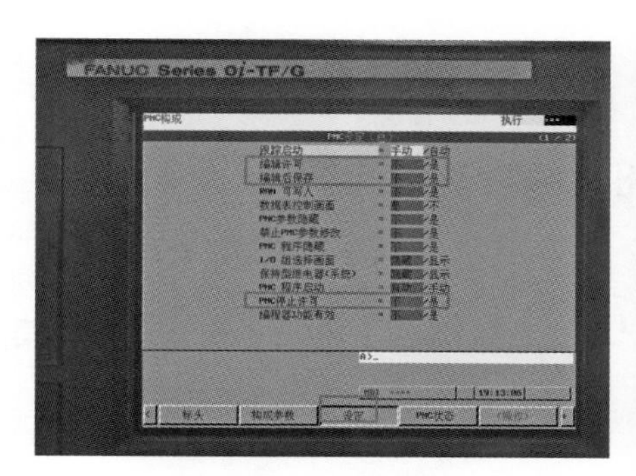

图 3.2-3　PMC 设定

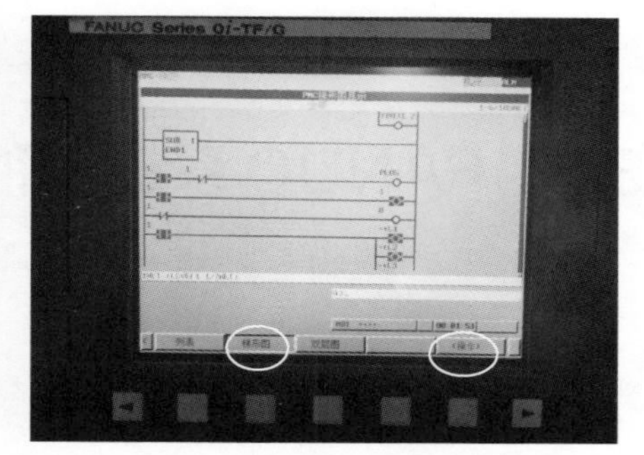

图 3.2-4　【PMC 梯形图显示】界面

4）在【编辑】界面中，多次按软键右侧【→】键对应屏幕扩展键【+】，进入图 3.2-5 所示的【PMC 梯形图编辑】界面。单击【停止】，选择【是】。

5）梯形图停止后，可以按照同样的操作步骤，单击【启动】，梯形图又会回到运行状态，如图 3.2-6 所示。

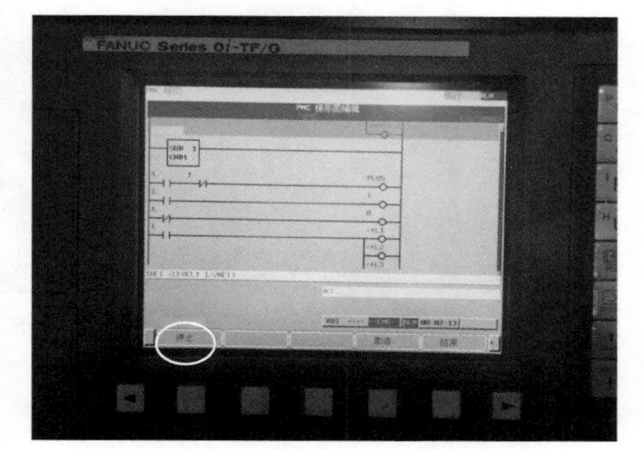

图 3.2-5　【PMC 梯形图编辑】界面

梯形图停止工作后，机床特性如下：

- 当梯形图停止后，所有的 X 信号都能通过【诊断】界面观察到，X 信号有作用。
- 停止后，线圈不工作，所有的 G 信号不工作。
- 停止后，急停 X8.4 是工作的。
- 停止后，一般机床都会出现很多外围报警（见图 3.2-7）或超程报警。

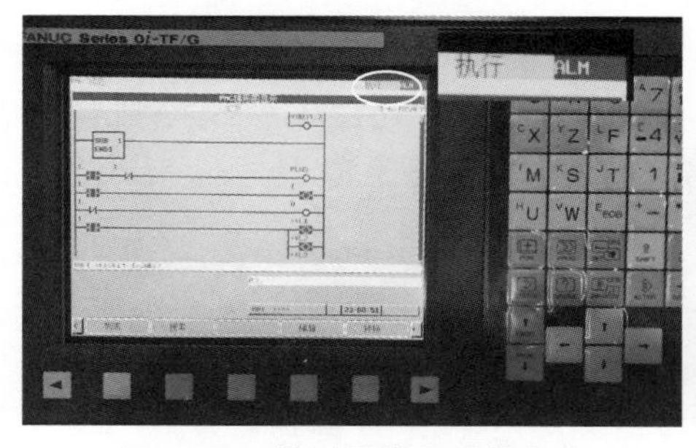

图 3.2-6　梯形图停止后的启动

图 3.2-7　外围报警

3.3 FANUC 系统 4 种速度倍率控制

作者：蔡嵘　单位：陕西法士特齿轮有限责任公司

FANUC 系统有 4 种倍率控制，即快速移动倍率（G0）、进给倍率（G01）、主轴倍率和手轮倍率。这里主要讲解快速移动倍率和进给倍率。图 3.3-1 所示为几种倍率开关。

图 3.3-1　几种倍率开关

1. 快速移动倍率（4 档，即 F0、F25、F50、F100）

快速移动倍率是机床 G0 时的运行速度，由参数 1420 决定，如 1420=48000，代表 G0=100% 时的机床运行速度是 48m/min，48000 由伺服电动机转速和丝杆螺距相乘得来，如 4000 转 /min × 12mm =48000。F0 的速度由参数 1421 决定，F25 和 F50 的速度由机床运行速度与 G0 相乘得出，如机床运行速度是 48m/min，那么 50%（F50）的速度就是 24m/min（48m/min × 50% ）。

快速移动倍率开关要接到 FANUC I/O 模块上，通过梯形图控制 G14.0（ROV1）和 G14.1（ROV2）来实现倍率转化，见表 3.3-1。

表 3.3-1　快速移动倍率 G 信号

快速移动倍率		倍率
ROV1 G14.0	ROV2 G14.1	
0	0	100%

（续）

快速移动倍率		倍率
0	1	50%
1	0	25%
1	1	0%

在维修时，可以通过观察 G14.0 和 G14.1 来诊断实际的运行速度。

2. 进给倍率（档位由厂家定义，倍率为 0~254）

进给倍率是机床 G01 切削的倍率，它的速度就是编程时指定的 F 值，但可以通过图 3.3-1 中 G01 的开关控制。把 G01 开关接到 I/O 模块的 X 信号上，然后编写梯形图，以实现倍率的控制。倍率由 G12 地址表控制，见表 3.3-2。

表 3.3-2　进给倍率 G12 信号

G12	#7	#6	#5	#4	#3	#2	#1	#0
地址	*FV7	*FV6	*FV5	*FV4	*FV3	*FV2	*FV1	*FV0
倍率	128%	64%	32%	16%	8%	4%	2%	1%

如果不想让操作人员修改机床的运行速度，可以用 G 信号把进给倍率锁在 100%，G6.4（OVC）=1 时，倍率会被锁定在 100%，进给的倍率开关失效。

3. 主轴倍率控制

主轴倍率控制分为两种，第一种是在操作面板上由倍率开关（见图 3.3-1）控制。第二种是通过电位器控制。

（1）倍率开关控制

由接倍率开关的信号点 X，通过梯形图传递到 G30 信号，G30 的 8 位二进制信号产生 254 个档位，见表 3.3-3。

表 3.3-3　主轴倍率 G30 信号

#7	#6	#5	#4	#3	#2	#1	#0
SOV7	SOV6	SOV5	SOV4	SOV3	SOV2	SOV1	SOV0

在实际应用中，不一定每个档位都有，图 3.3-1 中就只产生了 50、60、70、80、90、100、110、120 几种档位。

（2）电位器控制（又称可调电阻）

在主轴驱动器上的 JY1 插头上接入电位器，如图 3.3-2 所示，可实现无级变速。

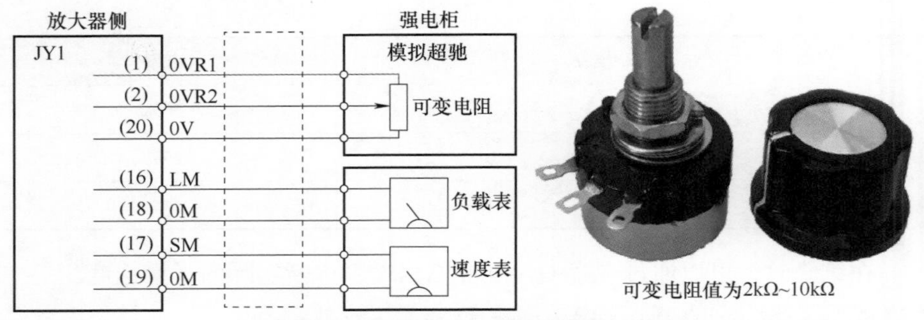

图 3.3-2　JY1 主轴电动机状态监控接口

4. 手轮倍率控制

机床手持单元如图 3.3-3 所示，有 X1、X10、X100、X1000 的档位控制。手持单元的倍率信号 X 接入 I/O 模块后，通过梯形图 G19 信号控制，见表 3.3-4。

图 3.3-3　机床手持单元

表 3.3-4　手轮倍率 G19 信号

#5	#4	倍　率	备　注
MP2	MP1		
0	0	×1	
0	1	×10	
1	0	×M	M 为参数 7113
1	1	×N	N 为参数 7114

3.4　PMC 轴控制功能

作者：郭修东　单位：青岛西海岸新区中德应用技术学校

对于坐标轴而言，独立于 CNC 的位置控制指令、伺服轴控制指令来自于 PMC 时，该控制称为 PMC 轴控制功能。PMC 轴的运动三要素，即运动方式（G00、G01 等）、运动位移 X_ip 和运动速度 F××××由 PMC 给出，而不走系统的插补指令。PMC 轴与目前常用的 I/O Link 轴不同，I/O Link 轴通过 I/O Link 总线进行指令的传输，不占用基本轴（详细说明请查看 I/O Link 轴的控制）。而 PMC 轴为基本轴之一，只是其指令来源不同，作用也有所区别。使用 PMC 控制坐标轴，能实现刀架、交换工作台、分度工作台和其他外围装置的控制。

1. PMC 轴可实现的运行方式

1）快速移动指令的距离。
2）切削进给——每分钟进给，移动指令的距离。
3）切削进给——每转进给，移动指令的距离。
4）跳转——每分钟进给，移动指令的距离。
5）暂停。
6）连续进给。
7）参考点返回。
8）第 1 参考点返回。
9）第 2 参考点返回。
10）第 3 参考点返回。
11）第 4 参考点返回。
12）与外部脉冲同步——主轴。
13）与外部脉冲同步——第 1 手轮。
14）与外部脉冲同步——第 2 手轮。
15）与外部脉冲同步——第 3 手轮（仅适用于 M 系列）。
16）进给速度控制。
17）辅助功能、第 2 辅助功能、第 3 辅助功能。
18）机床坐标系选择。
19）扭矩控制。

2. PMC 轴的控制

PMC 轴控制原理如图 3.4-1 所示。

PMC 轴控制的两个条件：

（1）轴选信号（该轴是否受 PMC 控制）

EAX1~EAX4（G136.0~G136.3 分别对应 1~4 轴）。

（2）参数 8010 各轴对应的通道号

对应的通道号，即控制指令地址，分别对应 A、B、C、D 四组指令地址。指令通道如图 3.4-2 所示。这两个条件缺一不可。

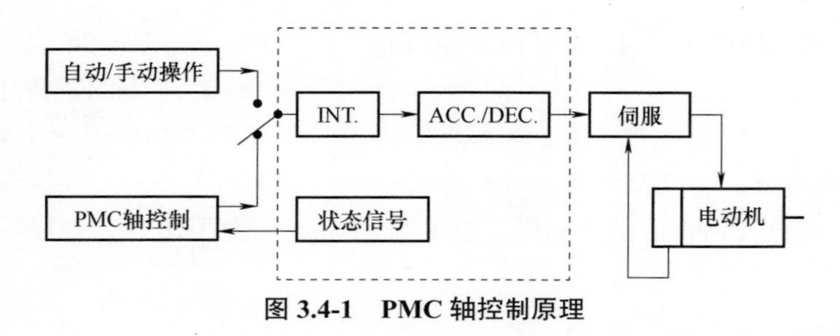

图 3.4-1　PMC 轴控制原理

对于 0i（0i-A/B/C），系统提供 4 个通道指令，分别对应 A、B、C 和 D 四组指令，对 4 个轴进行控制。可以一个通道对应一个轴的指令地址，也可以一个通道同时对应几个轴的指令地址（在 8010 中设定相同的通道号），但此时这几个轴的指令相同，运动、动作也相同。

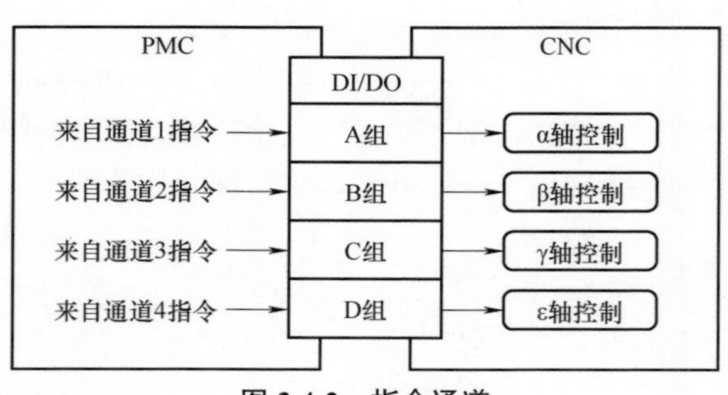

图 3.4-2　指令通道

用于 PMC 轴控制的输入 / 输出信号的名字总是包含一个小写“g”，如 EBUFg，但实际并没有 EBUFg 这种信号。由 EBUFg 表示的实际信号是 EBUFA、EBUFB、EBUFC 和 EBUFD，它们分别对应于信号 A 组（通道 1）、B 组（通道 2）、C 组（通道 3）和 D 组（通道 4）。

例如，A 组对应的 G 信号如图 3.4-3 所示。

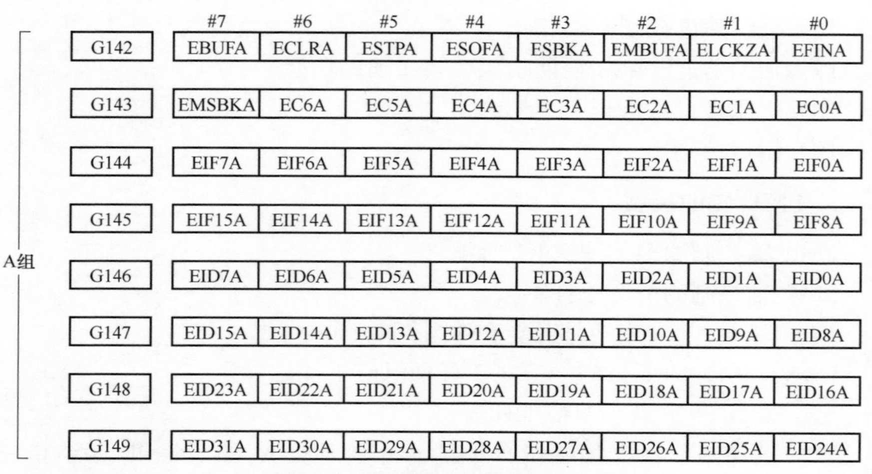

		#7	#6	#5	#4	#3	#2	#1	#0
A组	G142	EBUFA	ECLRA	ESTPA	ESOFA	ESBKA	EMBUFA	ELCKZA	EFINA
	G143	EMSBKA	EC6A	EC5A	EC4A	EC3A	EC2A	EC1A	EC0A
	G144	EIF7A	EIF6A	EIF5A	EIF4A	EIF3A	EIF2A	EIF1A	EIF0A
	G145	EIF15A	EIF14A	EIF13A	EIF12A	EIF11A	EIF10A	EIF9A	EIF8A
	G146	EID7A	EID6A	EID5A	EID4A	EID3A	EID2A	EID1A	EID0A
	G147	EID15A	EID14A	EID13A	EID12A	EID11A	EID10A	EID9A	EID8A
	G148	EID23A	EID22A	EID21A	EID20A	EID19A	EID18A	EID17A	EID16A
	G149	EID31A	EID30A	EID29A	EID28A	EID27A	EID26A	EID25A	EID24A

图 3.4-3　A 组对应的 G 信号

时序如图 3.4-4 所示，指令过程如图 3.4-5 所示。

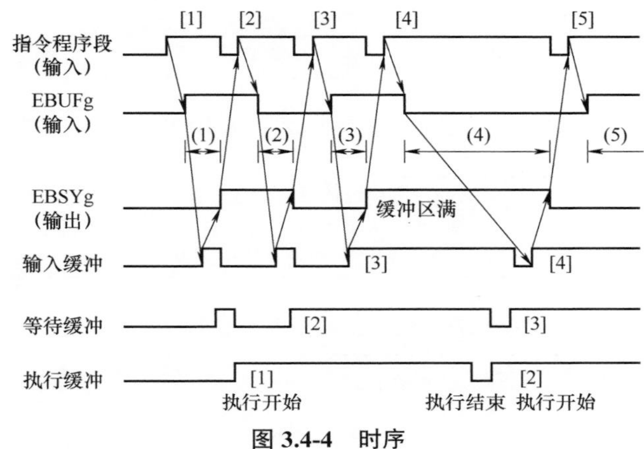

图 3.4-4 时序

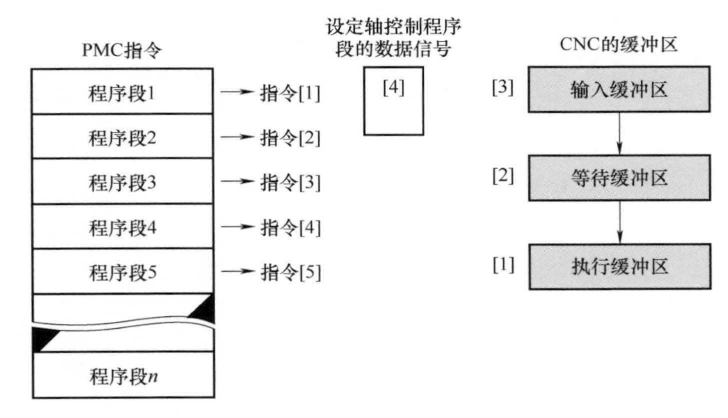

当指令［1］执行完成时，即依次进行下一个步骤：

1）指令［2］从等待缓冲区传输到执行缓冲区。

2）指令［3］从输入缓冲区传输到等待缓冲区。

3）指令［4］传输到输入缓冲区作为指令程序段（轴控制程序段数据信号）。

输入缓冲区接收指令［4］以后，PMC 把指令［5］发送到 CNC（轴控制程序段数据信号被设定）。

图 3.4-5 指令过程

用从 PMC 输入的轴控制指令读取信号 EBUFg 和从 CNC 输出的轴控制指令读取完成信号 EBSYg 的异或能决定 CNC 缓冲区的状态，见表 3.4-1。

PMC 以 X 轴为例，运动指令 G 信号见表 3.4-2。

1）动作：进行 G00 的运动，按下 X0.0，正向移动 10mm（10000μm）；按下 X0.1，负向移动 10mm。

表 3.4-1 CNC 缓冲区状态

EBUFg ‖ EBSYg	异或（XOR）	CNC 缓冲区状态
0 1 ‖ ‖ 0 1	0	前一程序段已经读进 CNC 缓冲区，PMC 可以发出下个程序段
0 1 ‖ ‖ 1 0	1	前一程序段还没有读完，正在读或等待，CNC 缓冲区变为可用。不发出下个程序段，也不反转 EBUFg 的逻辑状态。反转 EBUFg 的状态会使已经发出的程序段无效

表 3.4-2 运动指令 G 信号

信号缩写	信号地址（第 1 组）	数 据	
EC0g~EC6g	G143#0~6	00	指定进行快速移动
EIF0g~EIF15g	G144、G145	2000	进给的速度（P1420）
EID0g~EID31g	G146~G149	10000/−10000	进给的距离

2）参数 8010 X 的设定：指定运行的速度既可以在 PMC 中编制，也可以使用参数中设定的速度（与 CNC 轴公用），这取决于 PMC 轴相关参数（No.8001~8028）的设置，详细参数含义查看参数说明书相关内容。编写梯形图可参考图 3.4-6~ 图 3.4-8。

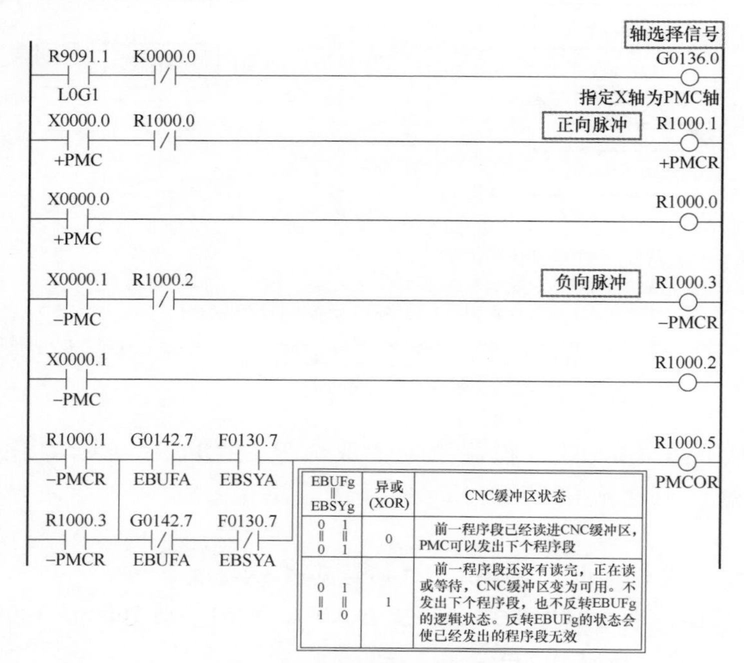

图 3.4-6 编写梯形图（1）

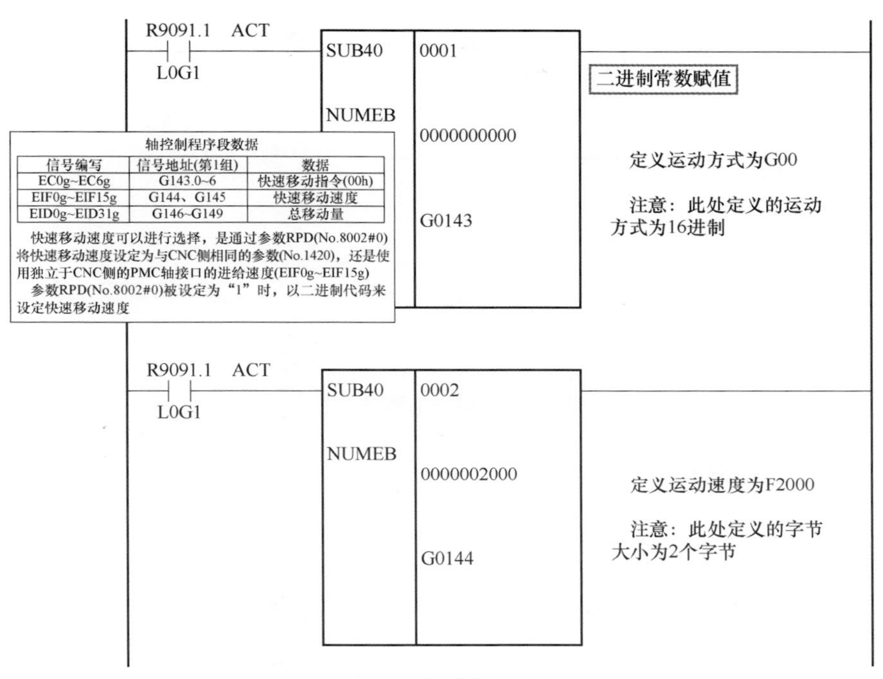

图 3.4-7　编写梯形图（2）

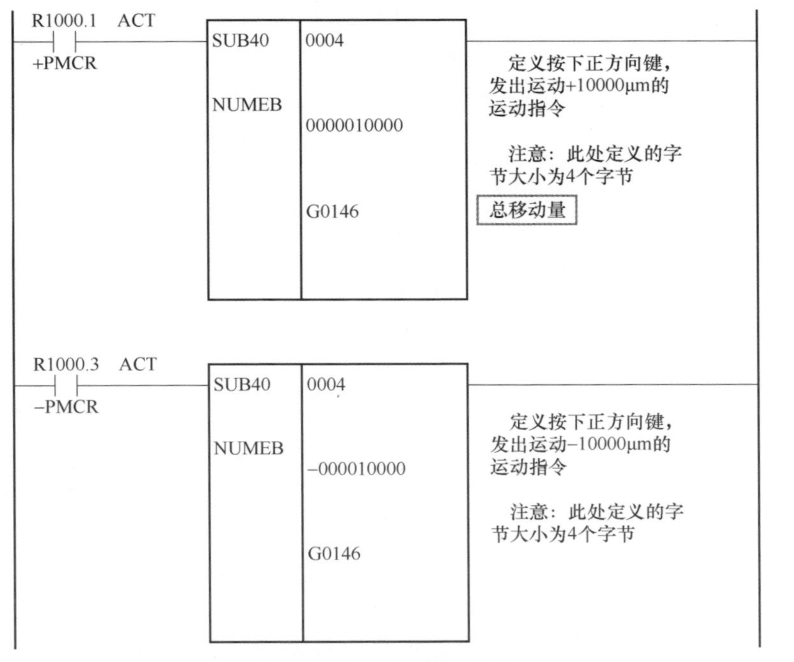

图 3.4-8　编写梯形图（3）

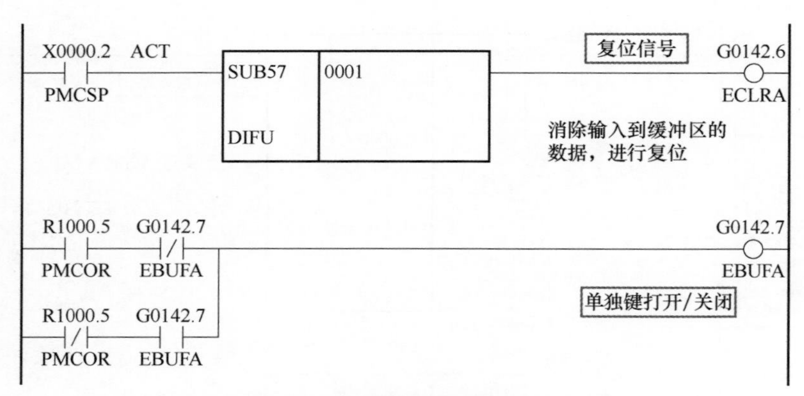

图 3.4-8　编写梯形图（3）(续)

运动方式PMC轴控制动作指令见表3.4-3。

表 3.4-3　运动方式PMC轴控制动作指令

编号	轴控制指令（十六进制代码）	操　　作
1	00h	快速移动（直线加/减速）
		执行与CNC的G00一样的操作
2	01h	切削进给——每分钟进给（插补后指数加/减速或直线加/减速）
		执行与CNC的G94、G01一样的操作
3	02h	切削进给——每转进给（插补后指数加/减速或直线加/减速）
		执行与CNC的G95G01一样的操作
4	03h	跳转——每分钟进给。执行与CNC的G31、G01一样的操作
5	04h	暂停
		执行与CNC的G04一样的操作
6	05h	参考点返回
		根据参数No.1006的5位，ZMIx设定的参考点返回方向，以快速移动方式移动刀具，然后执行与CNC手动参考点返回一样的操作
7	06h	连续进给（指数加/减速）
		以JOG进给方式在指定的方向上移动刀具。执行与CNC的JOG进给一样的操作

（续）

编号	轴控制指令（十六进制代码）	操　作
8	07h	第 1 参考点返回
		执行与 CNC 的 G28 指定的经中间点将刀具定位到参考点时一样的操作
9	08h	第 2 参考点返回
		执行与 CNC 的 G30P2 指定的经中间点定位到参考点时一样的操作
10	09h	第 3 参考点返回
		执行与 CNC 的 G30P3 指令的经中间点定位到参考点时一样的操作
11	0Ah	第 4 参考点返回
		执行与 CNC 的 G30P4 指令的经中间点定位到参考点时一样的操作
12	0Bh	外部脉冲同步——主轴
		与主轴同步
13	0Dh	外部脉冲同步——第 1 手轮
		与第 1 手轮同步

注：运动方式控制动作指令均以十六进制代码定义。

3.5 FANUC 梯形图超级功能介绍——FB

作者：周朋涛　单位：苏州屹高自控设备有限公司

在 FANUC 0i-D 系统中增加了梯形图的功能块（function block，FB），该功能块可以对梯形图中的模块化功能子程序进行归纳，同时将功能化子程序合并为一个功能块。该功能块类似于 PMC 中 的功能语句，调用起来十分方便，并且可以使用密码进行保护，增强了梯形图的安全性。

以下是关于使用 FANUC LADDER- Ⅲ软件进行 FB 编辑的步骤，供大家参考，不足之处请大家指正。

1）在使用该功能块时，需要使用FANUC LADDER-Ⅲ软件对其进行编辑。在建立梯形图时，需要在New Program对话框Program选项卡Extended function选项组中选择Function Block（Extended Symbol），如图3.5-1所示。

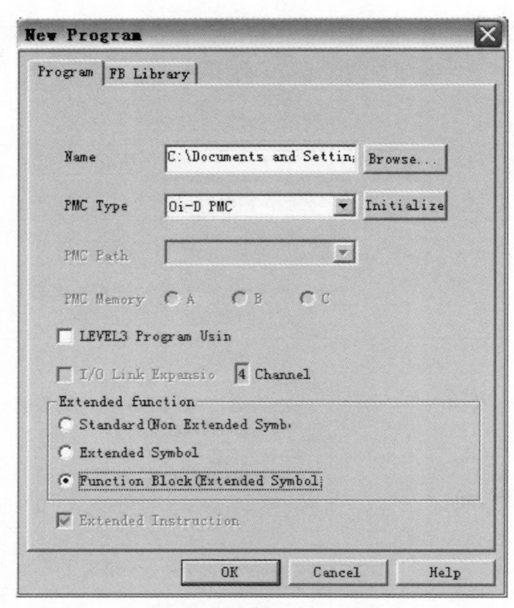

图3.5-1　选择Function Block（Extended Symbol）

此时会在梯形图程序列表显示Function Block，如图3.5-2所示。

2）右击Function Block，对该模块进行添加，或者按下快捷键F9，弹出Add FB对话框，如图3.5-3所示。

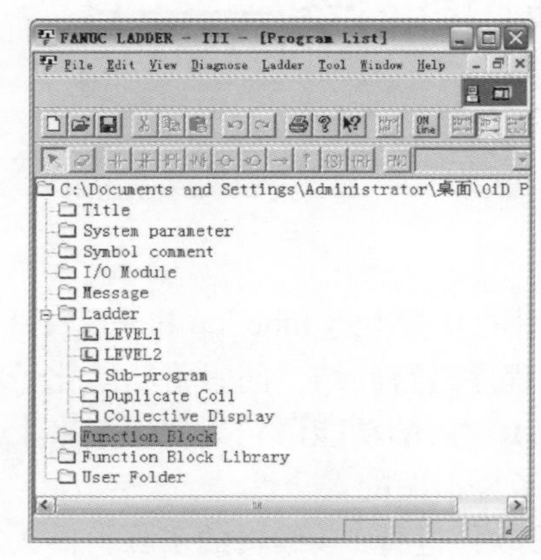

图3.5-2　显示Function Block

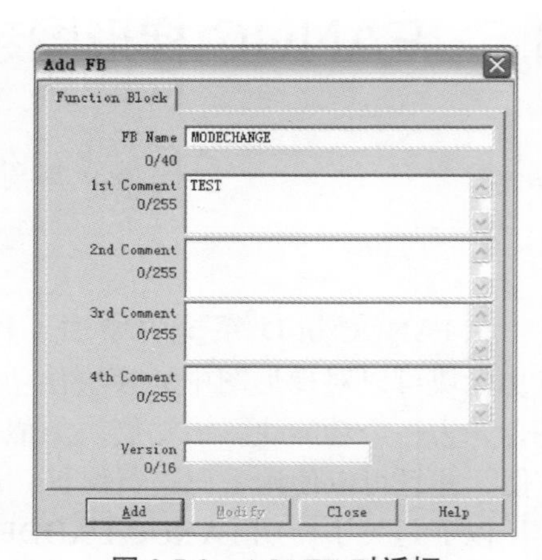

图3.5-3　Add FB对话框

单击 Add 按钮，弹出 FB 编辑窗口，如图 3.5-4 所示。

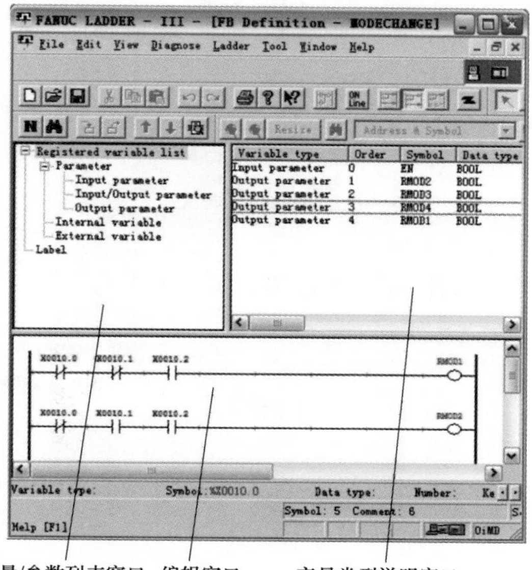

变量/参数列表窗口 编辑窗口 变量类型说明窗口

图 3.5-4 FB 编辑窗口

3）可以使用的地址除了 PMC 中使用的 X、Y、F、G、R、D，还可以使用其内部自定义的变量。添加变量或参数时，选择屏幕左上方的按键进行添加，如图 3.5-5 所示。

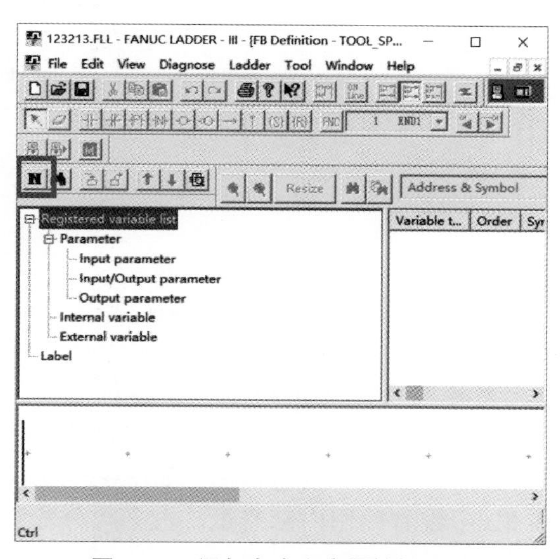

图 3.5-5 添加自定义变量按钮位置

功能语句的使用：

在FB中，可以使用PMC中使用的功能语句，但下面的功能语句不可用，即END1、END2、END3、END、SP、SPE、CALL、CALLU、JMPC、CS、CM、CE*。另外，TMR、CTR、CTRB语句的使用尚有疑问。

4）FB编辑完成后，就可以在梯形图中进行调用了。在梯形图程序列表中显示了已经编辑好的功能模块，如图3.5-6所示。

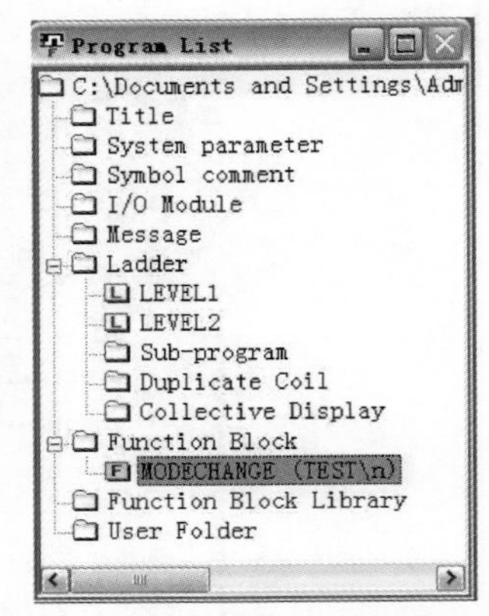

图3.5-6　编辑完成的功能模块

调用方法是在梯形图程序列表中将功能模块拖曳到梯形图中，如图3.5-7所示。

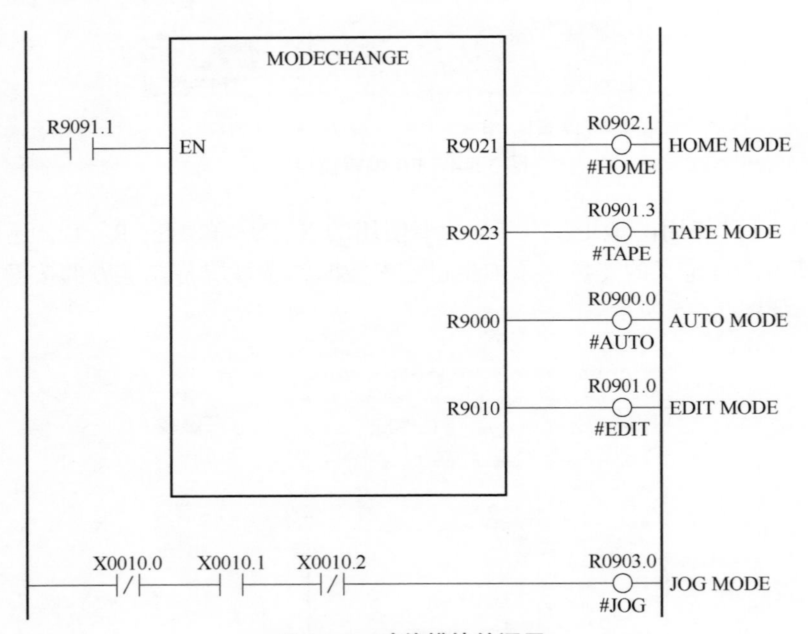

图3.5-7　功能模块的调用

5）调用完成，需要对梯形图进行编译。编译之前，需要在FANUC LADDER-Ⅲ软件中对系统参数进行设定，如图3.5-8所示。主要作用是分配FB的地址。分配的地址供FB内部变量使用，如图3.5-9所示。

注意，即使在FB中没有使用内部变量，也必须分配FB的地址，否则会在编译中出现错误。

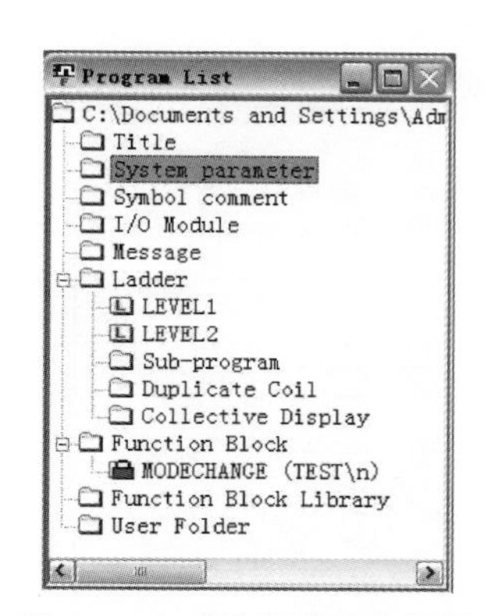

图 3.5-8　系统参数设定位置

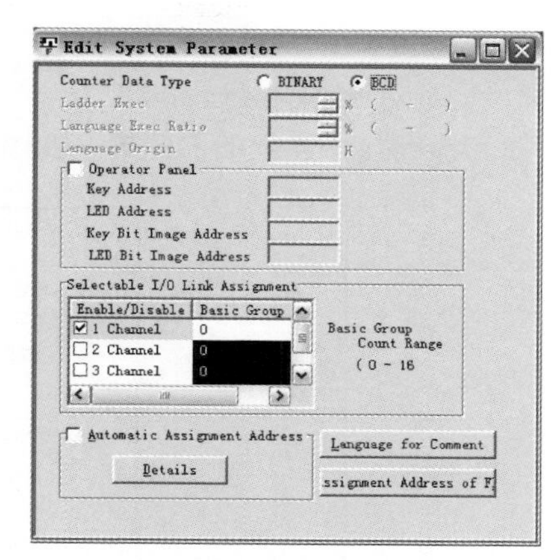

图 3.5-9　分配 FB 的地址

3.6　给 FANUC 增加 M 代码

作者：周朋涛　单位：苏州屹高自控设备有限公司

越来越多的机床需要通过增加 M 代码来实现对外围装置的控制，如控制第四轴和自动夹具，那么如何通过简单地修改当前梯形图来实现这个功能呢？

1）从机床当前 FANUC 系统备份当前梯形图文件。

2）在计算机上打开机床梯形图，找到 DECB，如图 3.6-1 所示。

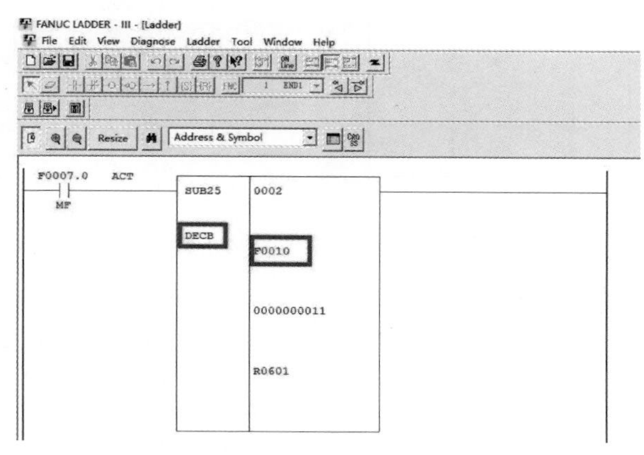

图 3.6-1　找到 DECB

如图 3.6-1 所示，F7.0 代表 M 代码的选通信号，DECB 是二进制译码功能块，负责对 M 代码进行编译。

3）检查几个连续的 DECB，如图 3.6-2 所示。

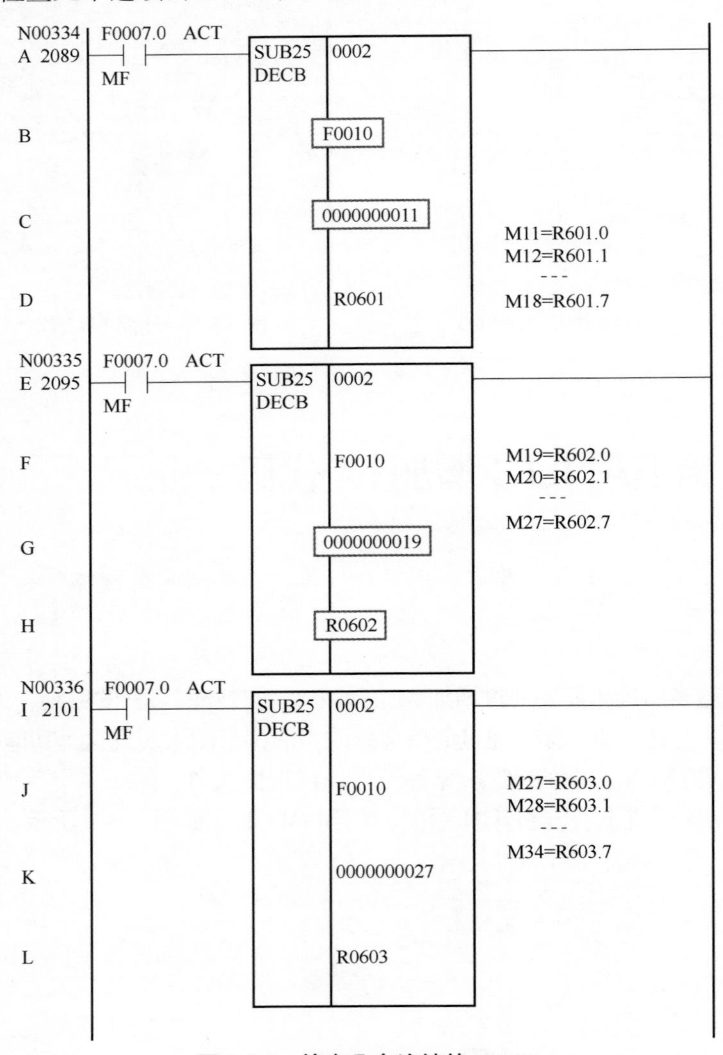

图 3.6-2 检查几个连续的 DECB

4）增加 M 代码，按照图 3.6-2 所示格式照猫画虎，插入一行功能指令 SUB25，若需增加 M60、M61、M62、M63 这 4 个指令，插入如下梯形图，如图 3.6-3 所示。

- 执行 M60 时，R604.0=1（导通）。
- 执行 M61 时，R604.1=1（导通）。

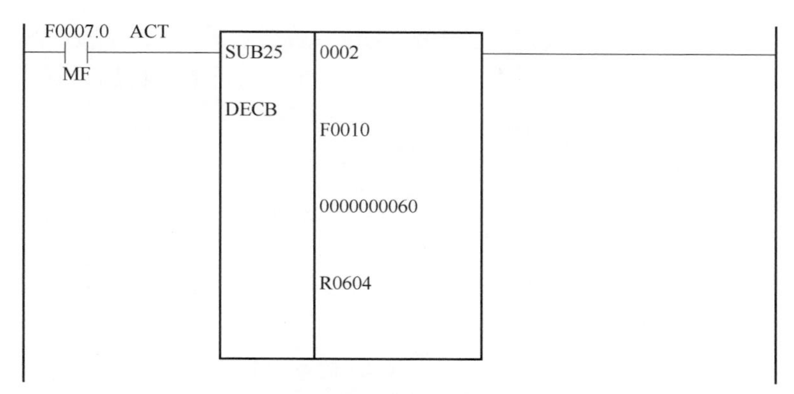

图 3.6-3 功能模块示例

- 执行 M62 时，R604.2=1（导通）。
- 执行 M63 时，R604.3=1（导通）。

R604 为起始地址，也可以从 R700（理论上可以是 R0~R8999 之间的任意值，前提是当天梯形图中没有使用过）开始。

5）通常增加的 M 代码需要添加对应的动作。这里以 M60 和 M61 为例，M60 打开出气冷却，M61 关闭吹气冷却，Y100.0 为吹气动作的电磁阀输出信号。M60 实现 Y100.0 的自锁，M61 断开自锁，通过最简单的一行梯形图（见图 3.6-4）就实现了以上功能。

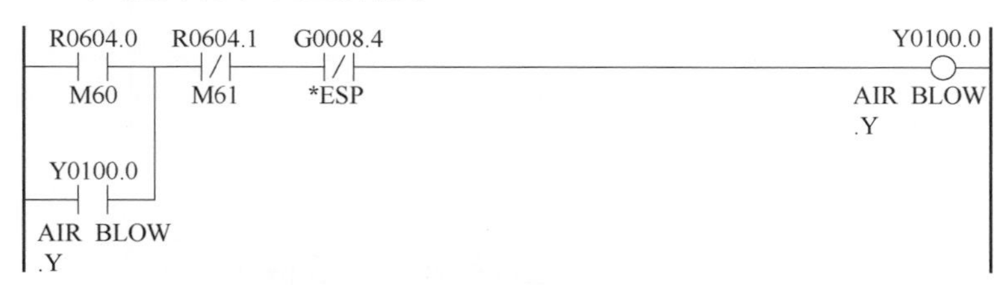

图 3.6-4 M 代码控制电磁阀开关

6）最后是 M 代码结束信号 G4.3 的处理，这点非常重要。如果不加上这一行梯形图，M 代码执行后，系统会卡在当前 M 代码行，不能执行之后的加工程序。

在原有梯形图搜索 G4.3（FIN 辅助代码结束信号），如图 3.6-5 所示。G4.3 不仅可以结束辅助代码 Mxx，也可以结束辅助代码 Sxxxx 和 Txx。本程序用了一个中间信号 R653.0 作为 M 代码的完成信号。

继续搜索 R653.0 的线圈，找到下面这行（见图 3.6-6）。在左侧已有内容的下方并行添加 M60 和 M61 对应的完成条件。从第 5）步中得知，当 Y100.0 触发并自锁时，代表 M60 打开吹气已经实现功能，同时触发系统 M 代码完成信号；当 Y100.0 信号断开时，代表 M61 关闭吹气已经实现功能，同时触发系统M代码完成信号。R653.0导通后会导致G4.3导通，最终在程序画面实现当前行M代码的执行完成，然后继续执行下一行加工程序。

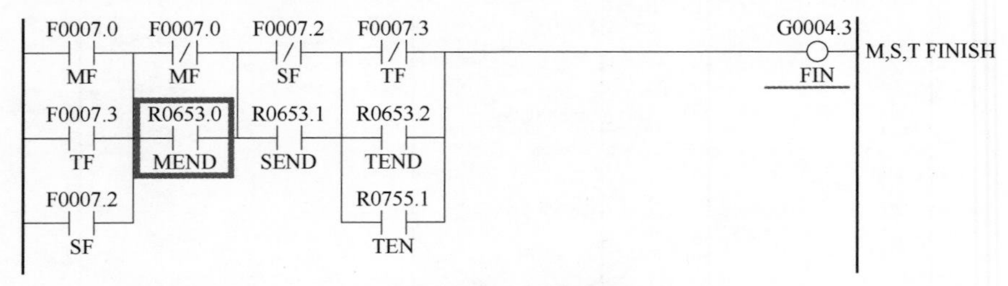

图3.6-5 G4.3信号

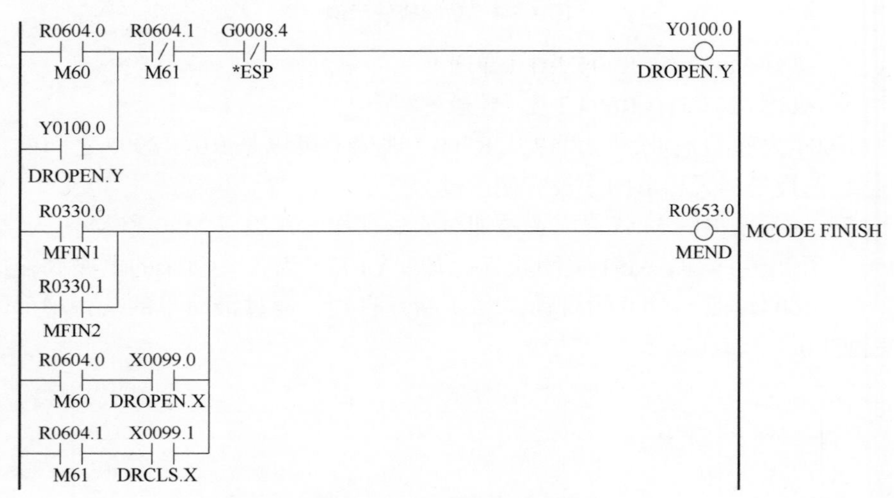

图3.6-6 过度指令R653.0

7）把编辑好的梯形图保存并进行编译，然后将梯形图导入FANUC系统，在MDI方式下测试增加的M代码。如果运行正常，则可以放心添加到加工程序中，进行自动运行。

3.7 最省钱的扩展I/O方法

作者：赵智智 单位：苏州屹高自控设备有限公司

在实际生产过程中，经常会出现一些特殊情况，如一些特别复杂的夹具，进行 PMC 编程时会发现，系统 I/O 点数不够用，无法满足生产需求。怎么办呢？下面介绍一种最省钱的扩展 I/O 的解决方案，即 8-8I/O 扩展板，如图 3.7-1 所示。

图 3.7-1　8-8I/O 扩展板

1. 产品优势

1）成本价格低，直接与 FANUC I/O 总线连接，如图 3.7-1 中所示的 JD1B 接口。

2）8 个 X 点，8 个 Y 点，Y 点驱动电流大（1A/ 点），不用中继，直接驱动三色灯、电磁阀、接触器、继电器等。

3）输入输出都为 LED 指示灯。

4）不用接分线器，不用扁平电缆。

2. 使用说明

1）输入 24V 直流总电源，电源灯 E19 亮。

2）接入总线，从上级 I/O 的 JD1A 到该板的 JD1B 插头，正常时信号灯 E14 闪烁。

3）在 FANUC LADDER 软件中，I/O 模块输出分配和输入分配如图 3.7-2 和图 3.7-3 所示。

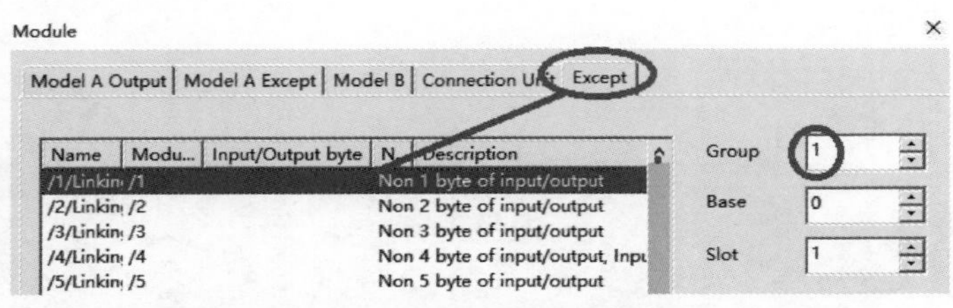

图 3.7-2　I/O 模块输出分配

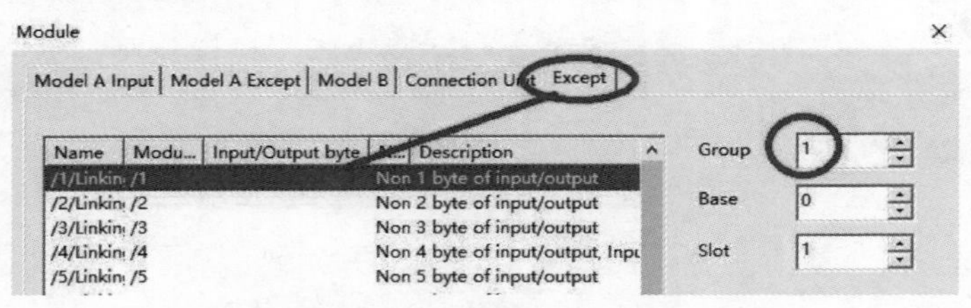

图 3.7-3　I/O 模块输入分配

4）编写梯形图。注意从地址点的起点开始编写。

I/O 扩展板的硬件连接请扫码观看以下视频。

梯形图的配置请扫码观看以下视频。

视频：I/O 扩展板的硬件连接

视频：梯形图的配置

3.8　PMC 案例：斗山机床追加程序加工

作者：袁帅　单位：潍坊华丰动力股份有限公司

1. 案例任务

设计与调试 PMC 程序的具体要求：确保程序加工至结束，避免出现漏加工的状况。

2. 案例分析

1）作业位置：PMC 梯形图修改。

2）作业项目：增加 M203 在程序结尾，利用 K0028.0 置位标记加工完成的状态（断电保持）。

3）作业目的：确保程序加工至结束，避免出现漏加工的状况。

4）作业注意事项：

- 非专业人员，禁止操作。
- 操作前注意机台数据备份工作，以免修改错误无法恢复。

3. 操作步骤

1）先让机床处于急停状态，手动进行 FANUC-PMC 设定，如图 3.8-1 所示。

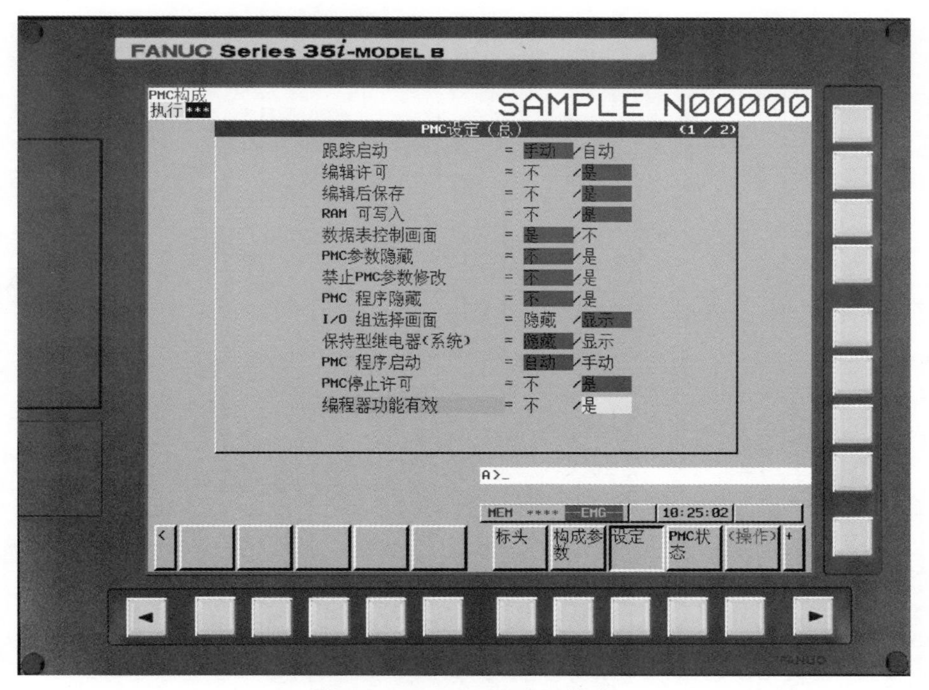

图 3.8-1　FANUC-PMC 设定

2）进入 PMC 编辑状态，对 PMC 进行编辑，如图 3.8-2 所示。

卧式加工中心&立式加工中心：
T图拷入后第一次使用前，先手动执行M203，强制标记加工完成。
M203加在程序结尾，利用K28.0置位标记加工完成的状态（断电保持）。
M204；M205加在程序开头，检查上一个工件是否加工完成（检查K28.0是否为1），未完成出现2057报警（cycle stop）。
K1.0：IF NOT USE M203/M204。

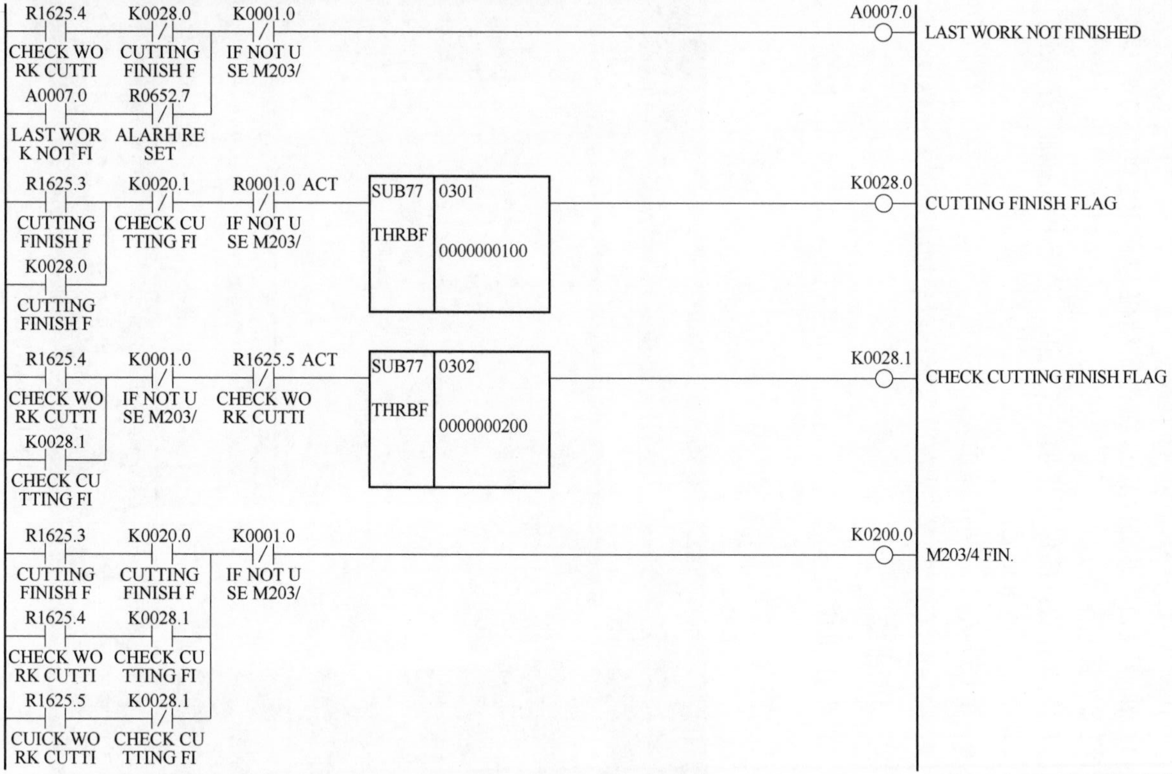

R1625.4 CHECK WO RK CUTTI
K0028.0 CUTTING FINISH F
K0001.0 IF NOT U SE M203/
A0007.0 LAST WOR K NOT FI
R0652.7 ALARH RE SET
A0007.0 LAST WORK NOT FINISHED

R1625.3 CUTTING FINISH F
K0020.1 CHECK CU TTING FI
R0001.0 ACT IF NOT U SE M203/
K0028.0 CUTTING FINISH F
SUB77 0301
THRBF 0000000100
K0028.0 CUTTING FINISH FLAG

R1625.4 CHECK WO RK CUTTI
K0001.0 IF NOT U SE M203/
R1625.5 ACT CHECK WO RK CUTTI
K0028.1 CHECK CU TTING FI
SUB77 0302
THRBF 0000000200
K0028.1 CHECK CUTTING FINISH FLAG

R1625.3 CUTTING FINISH F
K0020.0 CUTTING FINISH F
K0001.0 IF NOT U SE M203/
R1625.4 CHECK WO RK CUTTI
K0028.1 CHECK CU TTING FI
R1625.5 CUICK WO RK CUTTI
K0028.1 CHECK CU TTING FI
K0200.0 M203/4 FIN.

图 3.8-2 进入 PMC 编辑状态

① 第一步，增加 E200.0，如图 3.8-3 所示。

图 3.8-3　增加 E200.0

② 第二步，增加 A7.0，如图 3.8-4 所示。

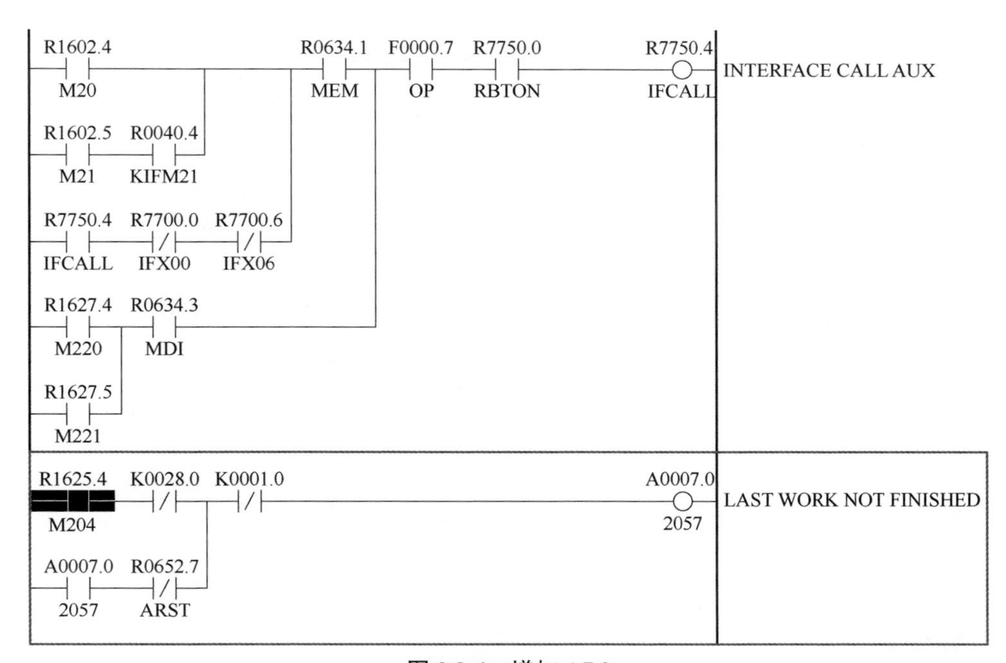

图 3.8-4　增加 A7.0

③ 第三步，增加 K28.0 及 K28.1，如图 3.8-5 所示。

④ 第四步，增加 E200.0 线圈，如图 3.8-6 所示。

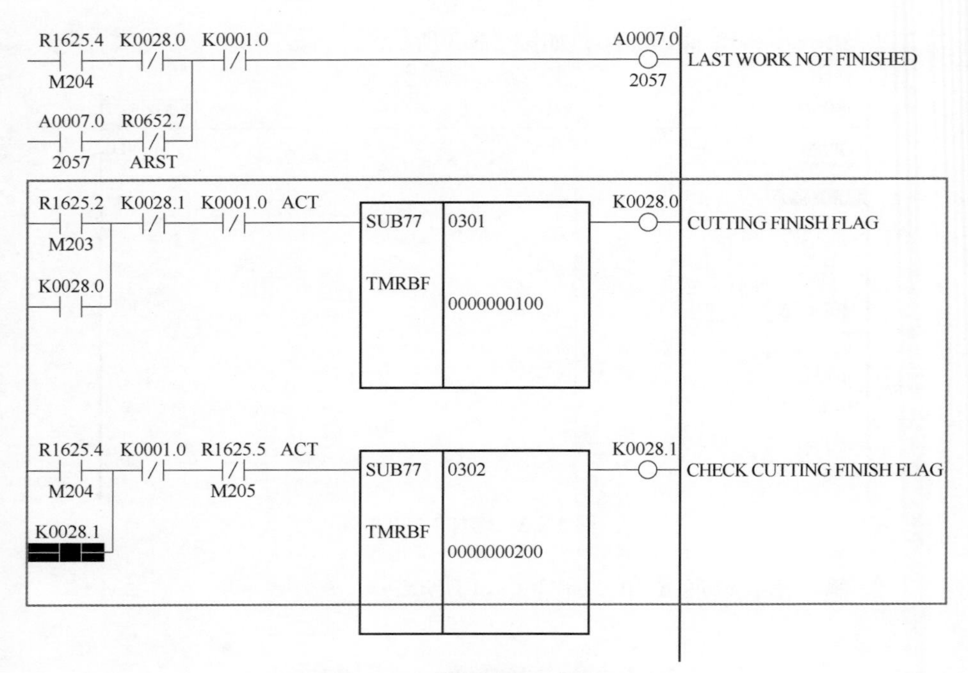

图 3.8-5　增加 K28.0 和 K28.1

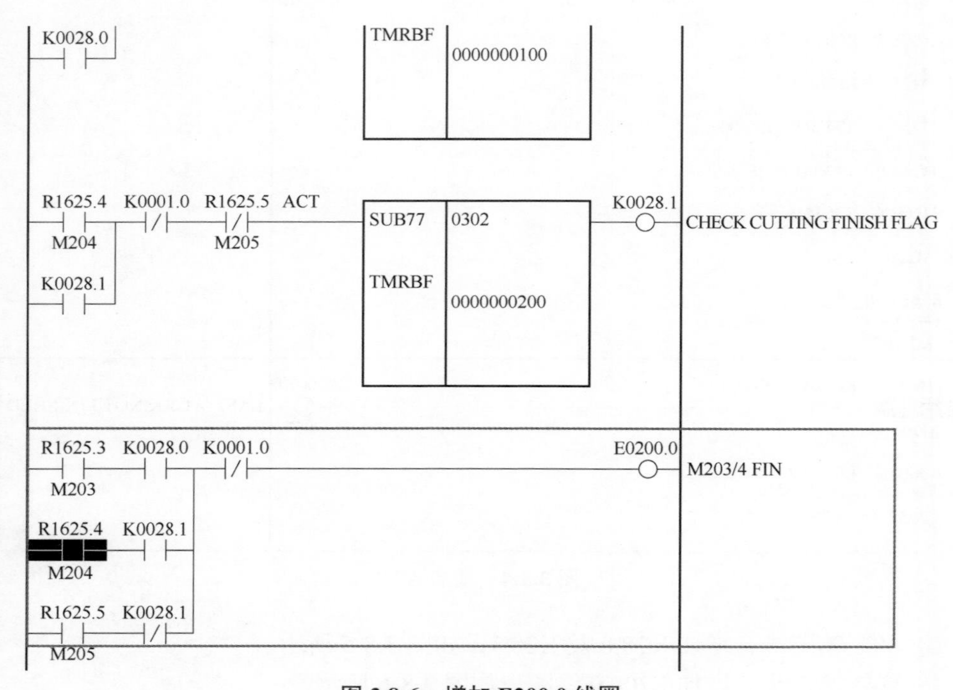

图 3.8-6　增加 E200.0 线圈

3）编辑完成后，按照系统要求退出后自动写入 ROM。

4）T 图拷入后第一次使用前，先手动执行 M203，强制标记加工完成。

5）M203 加在程序结尾，利用 K28.0 置位标记加工完成的状态（断电保持）。

6）M204、M205 加在程序开头，检查上一个工件是否加工完成（检查 K28.1 是否为 1），未完成出现 2057 报警（cycle stop）。

其中包含信息如下：

1）A0007.0：报警提示 2057（LAST WORK NOT FINISHED）

2）K0028.0：CUTTING FINISH FLAG

3）K0028.1：CHECK CUTTING FINISH FLAG

4）E0200.0：M203/4 FIN

5）K0001.0：IF NOT USE M203/M204.

3.9　PMC 线圈不输出的原因

作者：丁鹏　单位：中核建中核燃料元件有限公司

在诊断系统时，有时会发现 PMC 的某个输出点 Ym.n 没有输出，没有输出的前提是梯形图处于运行（RUN）状态。如果处于停止（STOP）状态，先让梯形图运行，再做以下检查，如图 3.9-1 和图 3.9-2 所示。

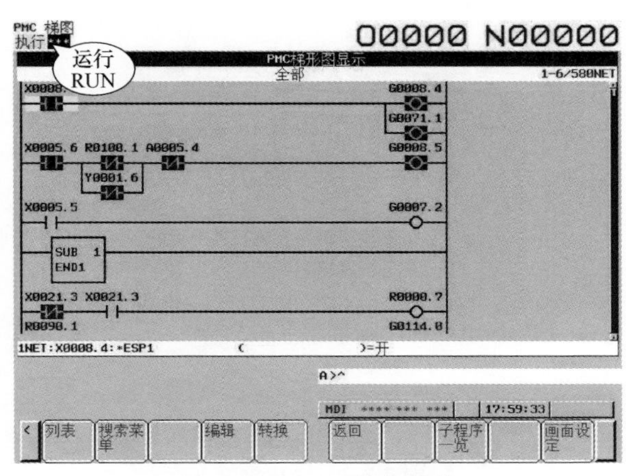

图 3.9-1　PMC 执行状态

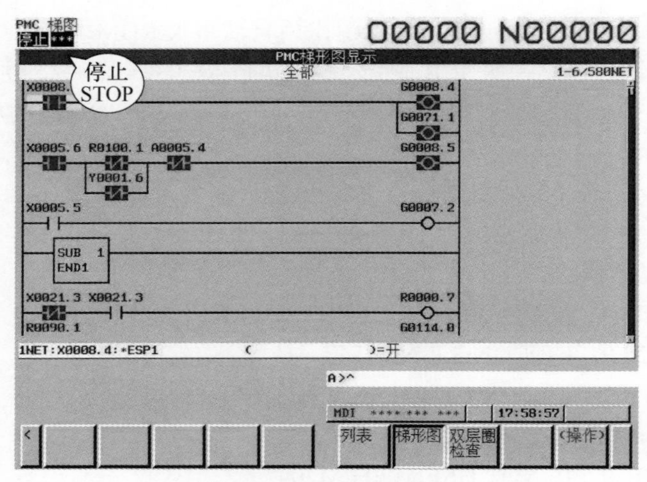

图 3.9-2　PMC 停止状态

PMC 线圈不输出的原因有以下几方面。

1. 重复使用

你看到的这个点可能重复使用，一个点处理了两次或多次。没有发现单独的点，则该点以字节的形式又被进行处理。出现此情况，需先找出相同的点，如果找不到相同的点，则找出这个点所在的字节。

2. 程序中使用了跳转指令 JMP 和 JMPE

如图 3.9-3 所示，这两个指令一般成对出现，当执行 JMP 时，两个程序段之间的语句不执行。

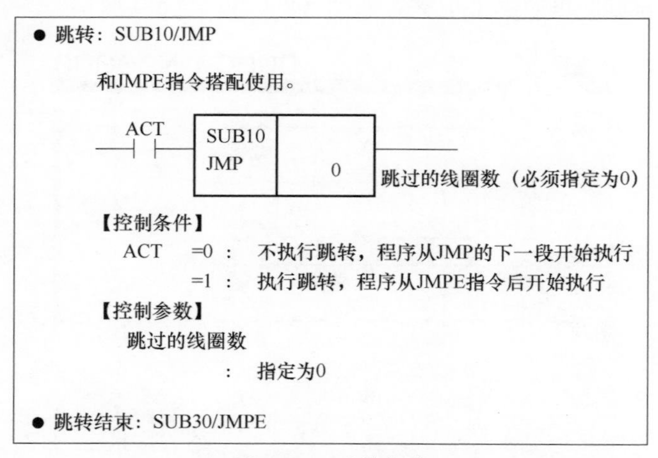

图 3.9-3　跳转指令

3. 直接使用跳转语句

跳转到指定的目标标号，如图 3.9-4 所示。当执行该指令时，该功能指令和指定的目标标号之间的语句会出现错误输出，甚至不输出。

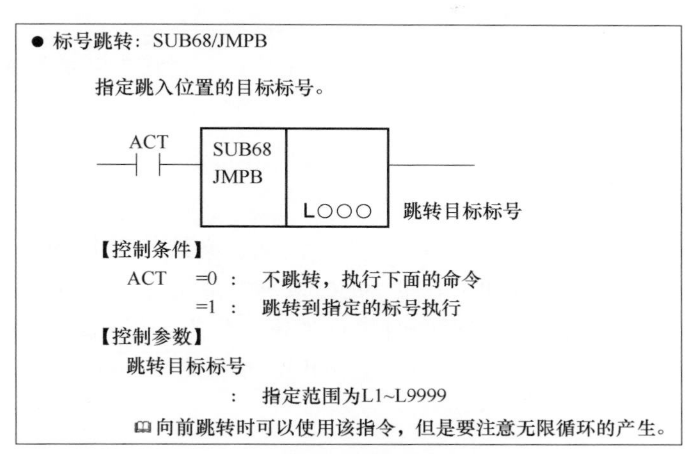

图 3.9-4 标号跳转

4. 公共线控制

COM 和 COME 两者之间的语句不输出，如图 3.9-5 所示。

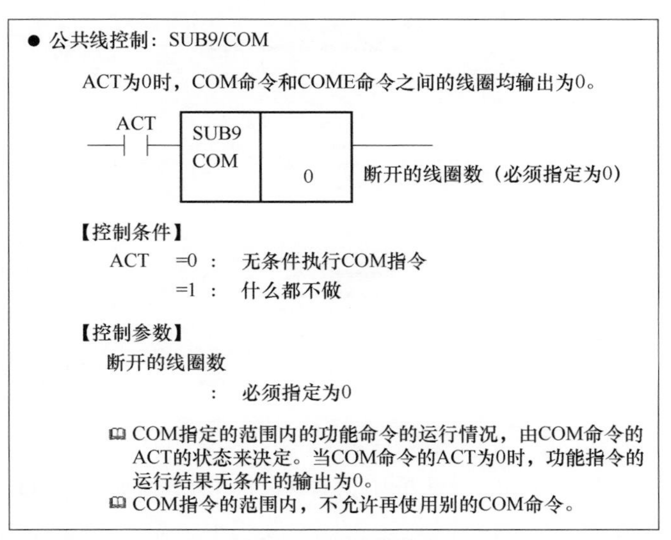

图 3.9-5 公共线控制

3.10　FANUC PMC 的加密和解密

作者：赵智智　单位：苏州屹高自控设备有限公司

1. 加密

FANUC 梯形图可以加密，PMC 程序的加密必须使用 FANUC 梯形图专用软件 FANUC LADDER-Ⅲ。在 FANUC 系统中是无法进行梯形图密码修改及设定的，通常是在编辑梯形图时进行加密：先把梯形图从机床下载到卡里，然后存到计算机，用 FANUC LADDER-Ⅲ软件打开梯形图，从而进行加密。

具体的操作步骤如下所述。

1）单击菜单栏中的 TOOL（工具），在下拉菜单中选择 Compile（编译）选项，如图 3.10-1 所示。

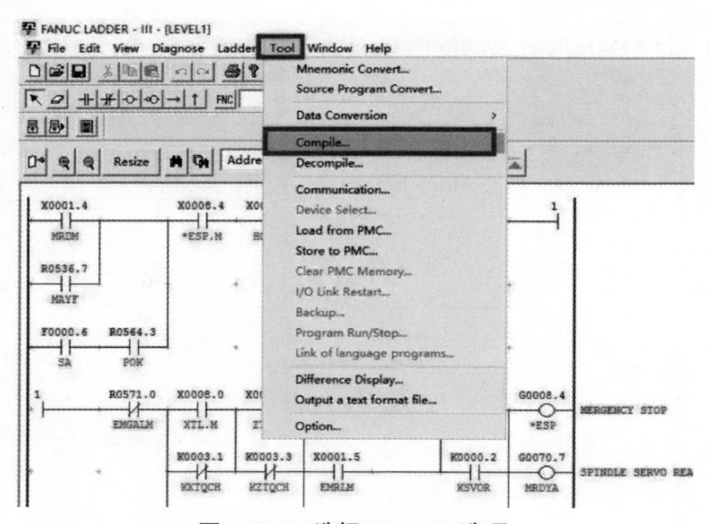

图 3.10-1　选择 Compile 选项

2）在弹出的 Compile 对话框中选择 OPTION（选项），在 OPTION 选项卡中勾选 Setting of Password（设定密码）复选框，单击 Exec（执行）按钮，如图 3.10-2 所示。

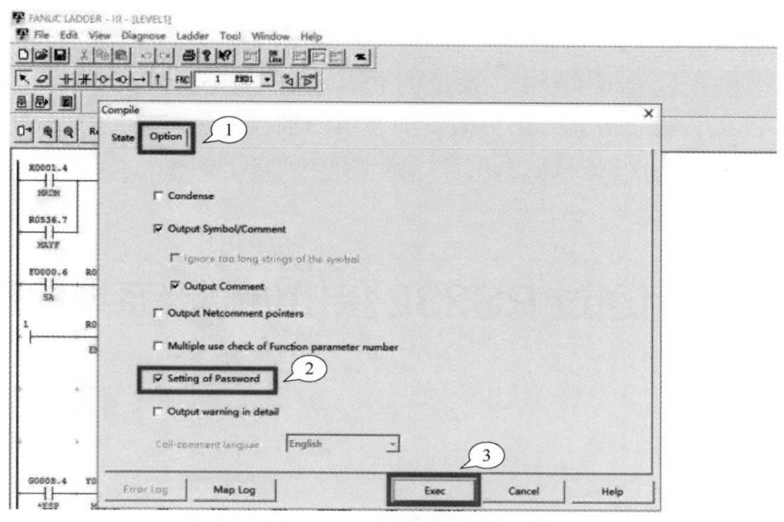

图 3.10-2　启用设定密码

3）程序会直接弹出 Password（Compile）对话框，勾选 Setting for display permission（设定显示密码）后在 Password（密码）文本框中输入显示密码；勾选“Setting for display and edit permission（设定显示和编辑密码）”后在 Password 文本框中输入编辑密码，并分别在 Confirm Password（确认密码）文本框中输入相应的密码，如图 3.10-3 所示。

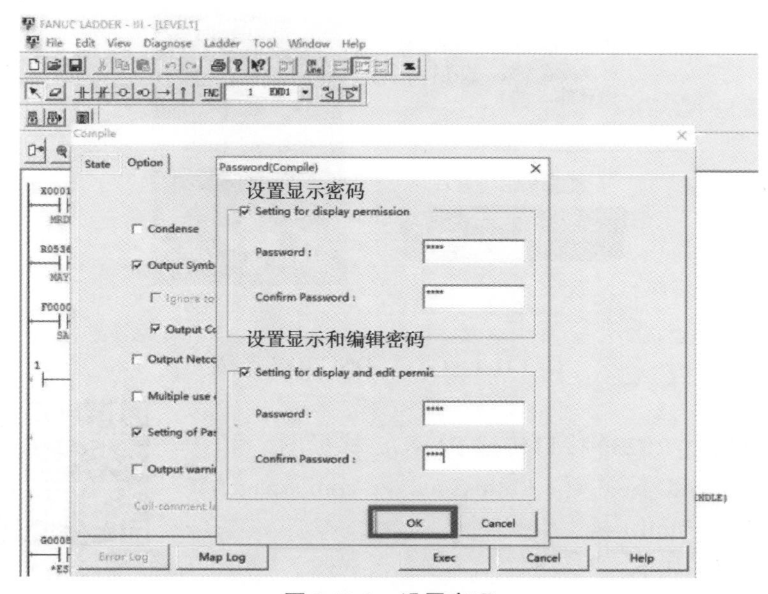

图 3.10-3　设置密码

2. 解密

许多机床厂会对FANUC系统的PMC进行加密，以防止用户误操作而修改PMC。很多时候，用户需要加装第四轴或工装夹具，但又必须修改PMC，这里建议用户直接联系生产厂家，获取PMC密码。

3.11 如何通过RS232接口传输老系统梯形图

作者：刘居康 单位：青岛职业技术学院

FANUC老系统的CF卡接口坏了，或者在老的18系统（需要特制的SRAM卡）中如何传输、备份和修改梯形图呢？

可以通过RS232接口的方式来传输，既可以用标准的计算机传输软件传输，也可以用最新研发的万能机床传输利器（不烧串口，操作简单，识别所有串口系统）来传输，如图3.11-1所示。

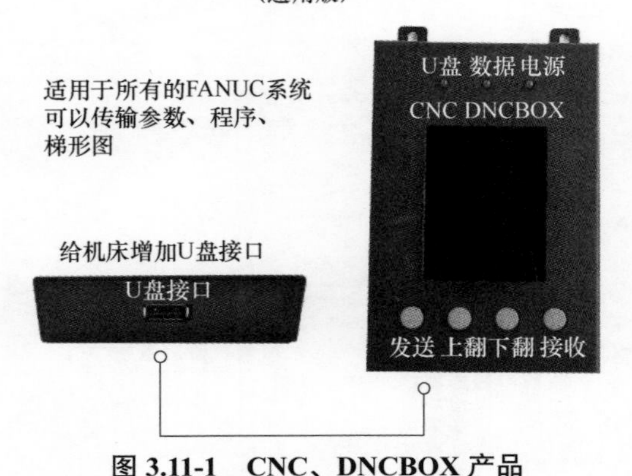

图3.11-1 CNC、DNCBOX产品

如何通过RS232接口传输FANUC梯形图，可以扫码观看以下视频。（https://v.qq.com/x/page/y3078be26sh.html）

视频：通过RS232接口传输FANUC梯形图

具体操作如下：

1）将下载好的梯形图复制到计算机，打开 FANUC LADDER- Ⅲ软件，创建 New Program（新程序），如图 3.11-2 所示。

2）在 PMC Type（PMC 类型）下拉列表中选择与系统对应的正确的梯形图，如图 3.11-3 所示。

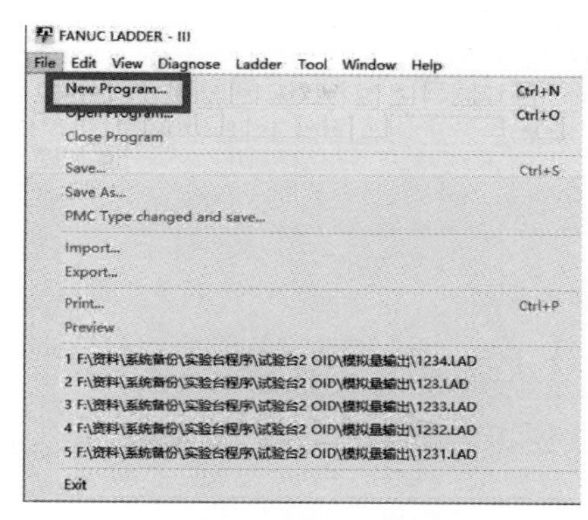

图 3.11-2　创建 New Program

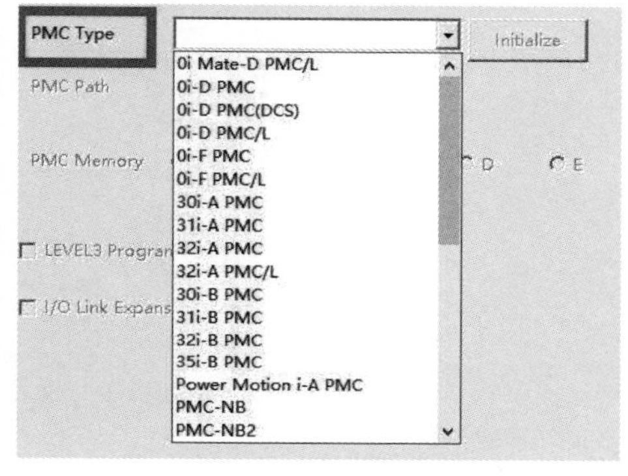

图 3.11-3　选择 PMC Type

3）创建完成后选择 Import（导入）选项，在弹出的 Import 对话框中选择导入文件类型，完成梯形图的导入，如图 3.11-4 和图 3.11-5 所示。

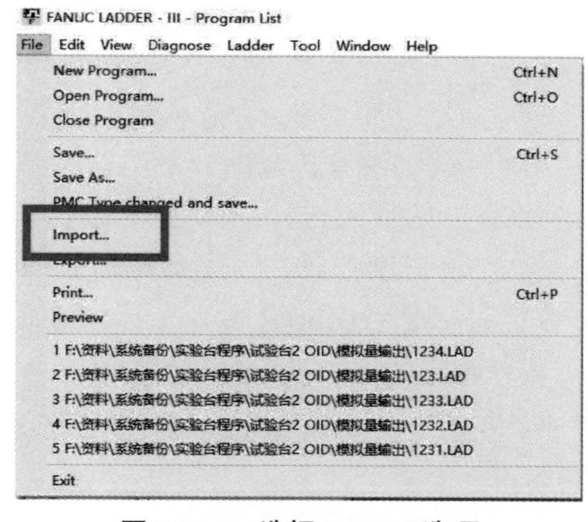

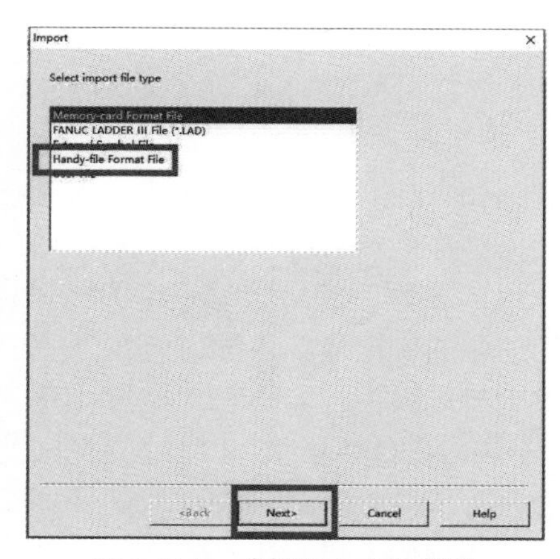

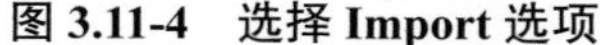

图 3.11-4　选择 Import 选项　　图 3.11-5　选择导入文件类型

这里一定要选择 Handy-file 格式，对于其他形式导出的梯形图，选择的导入文件类型也是不同的。单击 Browse，选择刚刚复制的梯形图，单击 Finish，完成导入，如图 3.11-6 所示。

经过上述步骤就可以看到修改的梯形图了。

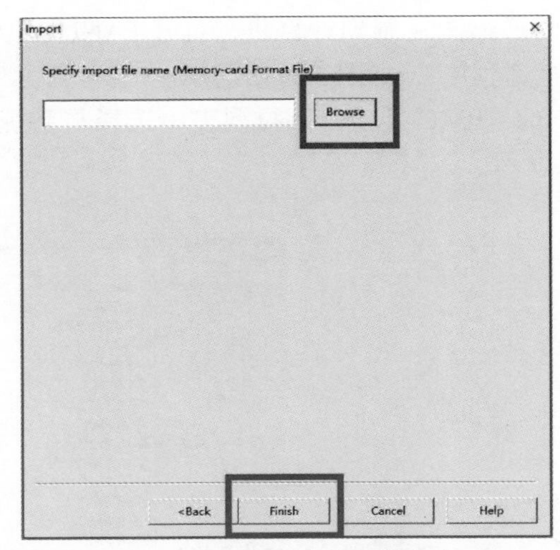

图 3.11-6 指定导入文件名称

3.12 一种 M 代码的译码方法

作者：王黎洲 单位：西安法士特汽车传动有限公司

在数控系统中有一种特殊的指令——M 代码，它是连接 NC 系统与外围辅助动作的一种指令。对于 FANUC 系统来说，需要通过译码指令来实现 M 代码的编译，然后将每一个 M 代码与一个中间变量对应，因为不同厂家使用的中间变量地址不同，所以每一个厂家都有自己对应的地址。这里以三菱重工机床使用的 FANUC 31i 系统为例，说明其译码原理。

FANUC 系统 F7.0 信号的定义为辅助功能选通脉冲信号，符号为 MF。当执行 M 指令时，F7.0 接通，SUB25 为功能指令，缩写为 DECB，意思是二进制译码，可对 1、2、4 个字节的二进制代码数据译码。指定的八位连续数据之一与代码数据相同，则对应的输出数据位为 1。

如图 3.12-1 所示，在 DECB 译码指令中，A 表示数据类型，可设定为 1、2、4，分别对应 1 字节、2 字节、4 字节数据类型；B 表示需要译码的数据地址；C 表示译码连续 8 个数字的起始数字地址；D 表示译码结果输出地址。

```
R0522.0 ACT
──┤ ├────  SUB 25 | 4   A
           DECB   | F0010 =  B     0
                  | 40       C
                  | R0745 = 00  D
```

图 3.12-1　指令分析

例如，当程序执行 M50 时，此时 F10=50，根据上述译码指令，M48 对应译码输出 R746.0，M49 对应译码输出 R746.1，M50 对应译码输出 R746.2，以此类推连续 8 个数字，因为当前程序执行 M50，故输出 R746.2 线圈。

一个译码功能指令只能连续译码 8 个数字，对于译码比较多的就需要编写多个译码指令。但是，DECB 译码指令有更加简便的方法，可以一次完成全部译码输出，即将译码的数据类型进行更改，由原来的 1、2、4 更改为 ××1、××2、××4 时，可以批量执行译码指令，其中个位数仍然表示数据的字节长度，×× 表示连续译码 8 个数字的数量，若设定为 50，即认定连续译码为 50×8=400 个数字。在图 3.12-2 中，设定起始数字为 0，则可一次性译码 M0~M399，对应译码输出结果为 R800.0~R849.7。×× 可以设定范围为 02~99，设定 00 或 01，默认连续译码 8 个数字与第一种写法相同。

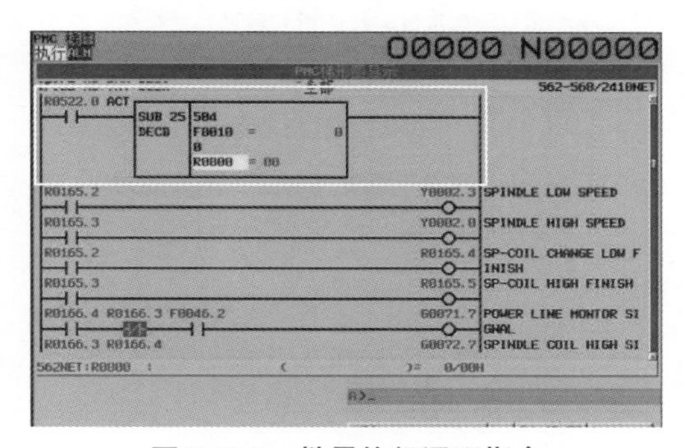

图 3.12-2　批量执行译码指令

三菱滚齿机床梯形图中的 M 代码译码指令如图 3.12-3 所示。

图 3.12-3 中功能块 SUB 25 对应的四行指令含义如下：

1）252：译码两个字节长度数据，一次译码 25×8=200 个数字。

2）F0010：需要译码地址。

3）0：译码为 M00~M199。

4）R0125：输出地址为 R125.0~149.7。

例如，三菱滚齿机在智能生产线改造过程中自编 M 代码，将 M80 定义为设备呼叫机器人指令，当机床执行 M80 时 R110.0 接通。如果按照图 3.12-3 中所示，M 代码 M00~M199 译码输出的地址范围应该为 R125.0~149.7。为什么执行 M80 时，R110.0 会接通呢？因为三菱机床在处理 M 代码译码时还有个特殊地方，在 DECB 译码指令下的梯形图中还运用了另一个功能指令代码——SUB61，缩写为 OR，意思是逻辑或，将指定的两种数据进行 OR 操作后输出，如图 3.12-4 所示。

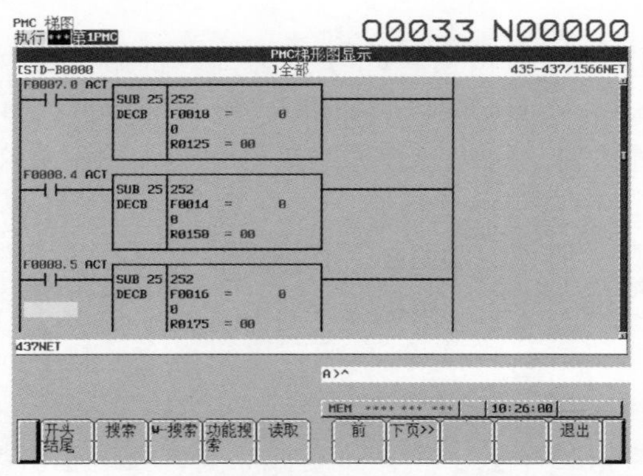

图 3.12-3　三菱滚齿机床梯形图中的 M 代码译码指令

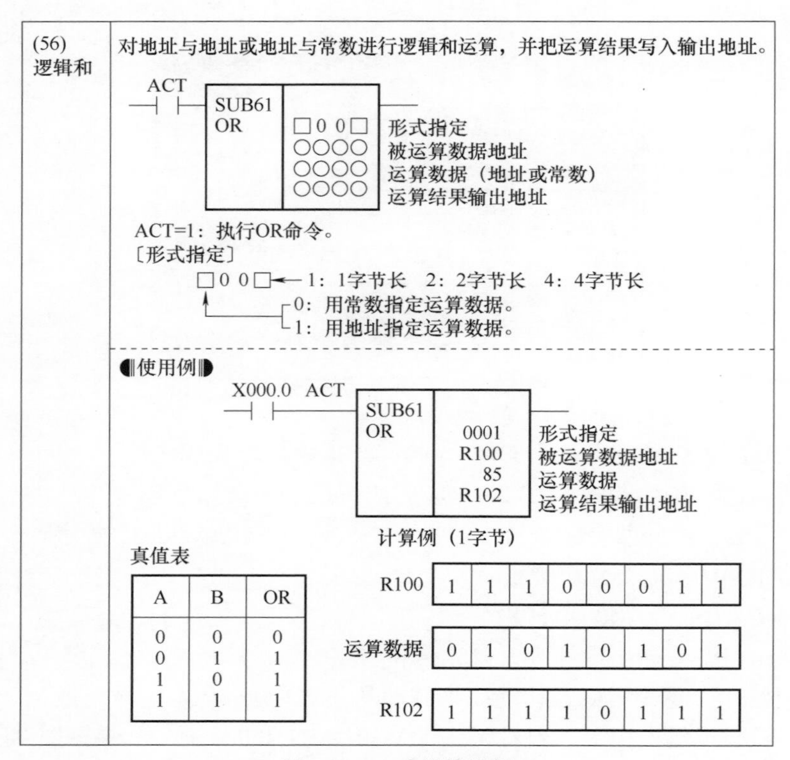

图 3.12-4　功能块逻辑

三菱机床将 M 代码译码后输出的 R 地址通过 OR 运算转换到其他 R 地址输出，如图 3.12-5 所示。

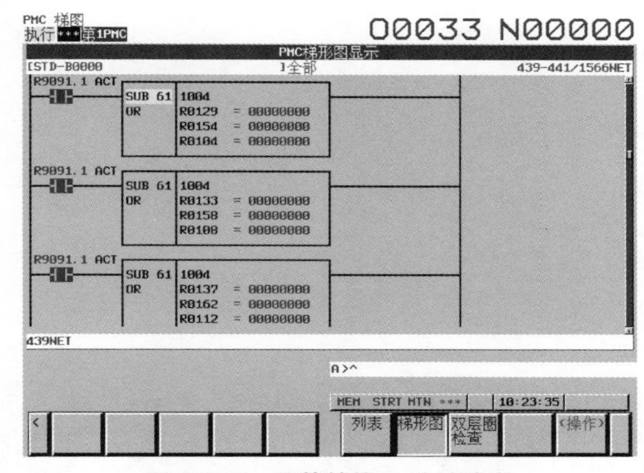

图 3.12-5　运算转换 R 地址输出

注：R9091.1 为 FANUC PMC 中的“始终接通”地址，R9091.1=1。

图 3.12-5 中 SUB 61 对应的四行指令含义如下：

1）1004 代表用地址指定运算长度为 4 个字节的数据。

2）R0129 和 R0154 代表将 R133.0~R136.7 之间的所有数据与 R158.0~R161.7 之间所有的数据进行“或”运算。

3）R0104 代表将运算结果输出到 R108.0~R111.7 之中。

例如，R133=00001111

OR

R158=11110000

那么输出结果为 R108=11111111

R134=01010101

OR

R159=01010101

那么输出结果为 R109=01010101

这样的话，当机床执行 M80 时，通过 DECB 译码，输出结果为 R135.0=1，然后将 R135.0=1 与 R160.0 进行“或”运算，输出结果为 R110.0=1（无论 R160.0=0 还是 =1）。

其他 M 代码译码输出的地址可根据上述内容推导。

FANUC

第4章

机床系统升级与改造

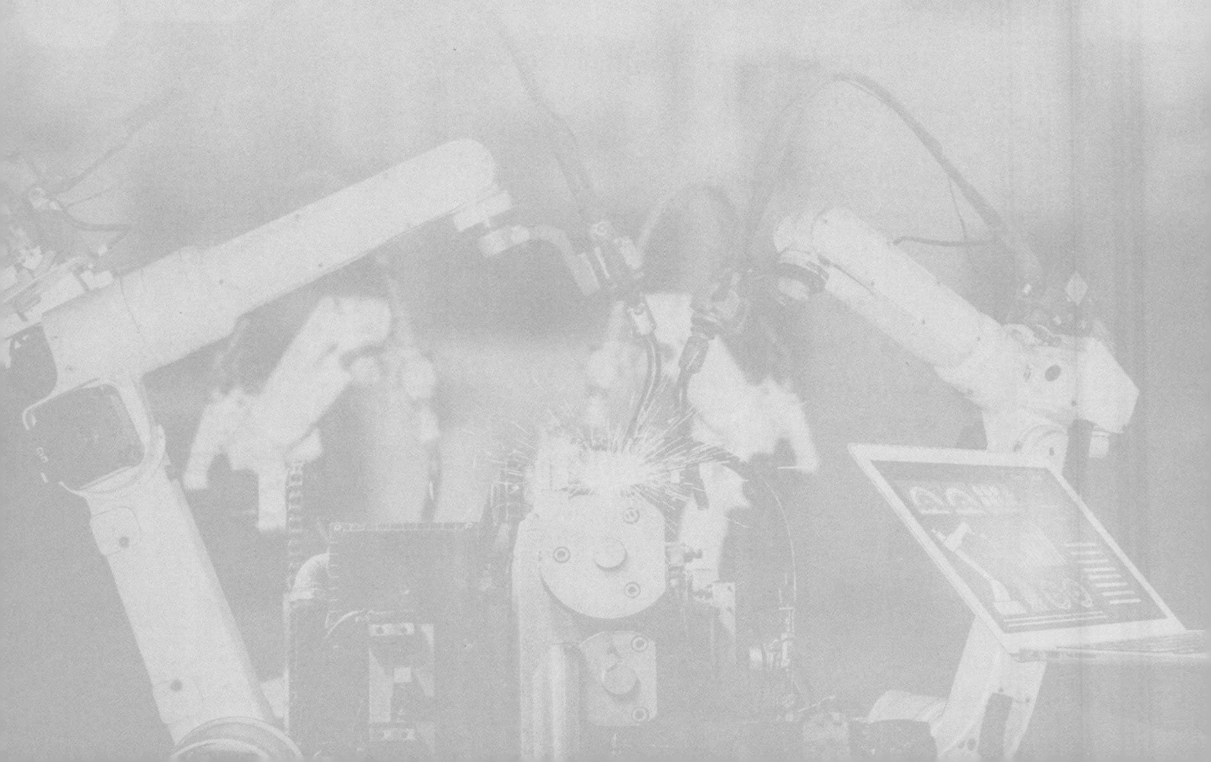

4.1 FANUC 早期系统升级的五个案例

作者：赵智智 单位：苏州屹高自控设备有限公司

由于 FANUC 系统比较稳定，大多用于中高端数控机床。随着技术水平的不断提高，FANUC 早期系统已逐步被新系统取代，但依旧有许多使用早期系统的用户，因此对 FANUC 早期系统进行局部改造或整体改造就显得尤为重要。

1. 显示器升级

早期的 FANUC 0-M、0-T、18-M、21-T 等系统使用的都是 CRT 显示器，如图 4.1-1 所示。

将 CRT 显示器升级为液晶显示器，不仅显示更加清晰，而且不易老化，如图 4.1-2 所示。

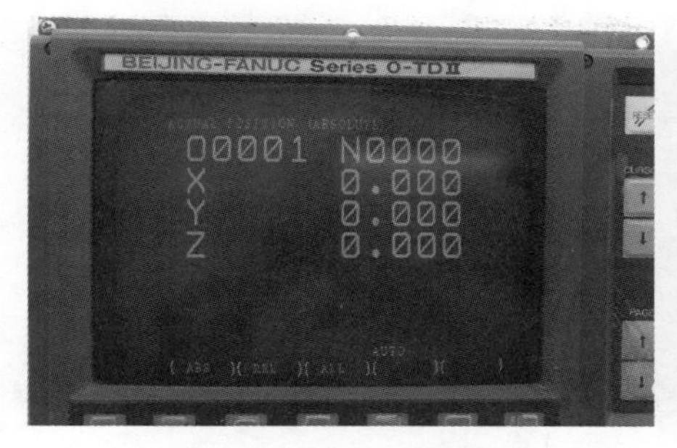

图 4.1-1 CRT 显示器

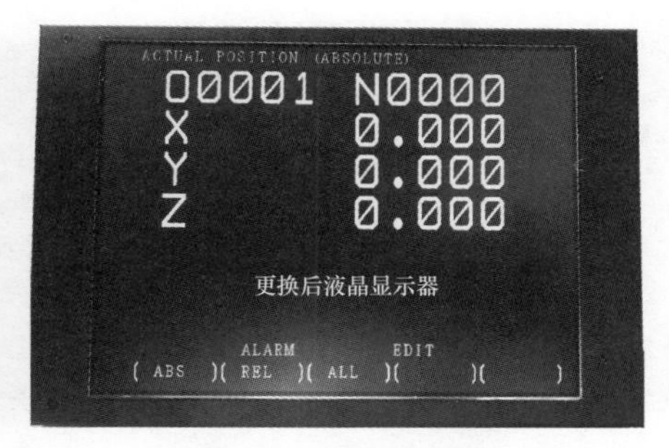

图 4.1-2 液晶显示器

2. 给机床增加 U 盘接口

早期的 FANUC 0-MD、0-TD、0i-A、16、18、21 等系统，都没有 CF 卡接口，只有 RS232 接口。RS232 接口传输不方便，容易烧串口，可以使用 CNC DNCBOX 给机床增加 U 盘接口。232 数据传输盒子如图 4.1-3 所示。

3. 系统升级之简易升级

早期的 FANUC 0i-B、0i-C 系统无论是加工程序容量，还是运行速度，如 AICC2 都不如 0i-D 系统，可以只进行系统的简易升级，只更换 NC，不更换驱动器，性价比极高。系统简易升级效果如图 4.1-4 所示。

图 4.1-3 232 数据传输盒子

图 4.1-4 系统简易升级效果

4. 系统升级之部分升级

早期的 FANUC 0-T、0-M、0i-A、18 等系统用的都是 FANUC α 驱动器，这时可以只更换系统 NC 和伺服驱动器侧板来实现升级。一般都只能升级到 0i-C 系统，不能升级到 0i-D。系统及面板改造前后的效果对比如图 4.1-5 所示。

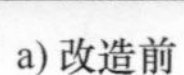

a) 改造前　　b) 改造后

图 4.1-5 系统及面板改造前后的效果对比

5. 系统升级之全部电气更换

针对特别老的 FANUC 系统或其他系统，如 MAZAK、三菱、OKUMA 等，可以进行整体改造，更换所有的系统配件。这种方式费用高，一般用于机械部件良好的国外先进机床。

4.2　对刀仪安装介绍

作者：刘兴瑞　单位：苏州屹高自控设备有限公司

对刀仪，又称刀具预调仪，是用于机外预调中测量和（或）调整各种加工中心、数控机床带轴镗铣刀具切削刃径向和轴向尺寸的测量仪器。常见的对刀仪有Z轴对刀仪、Z轴及直径对刀仪和车床对刀仪三种，还有专门检测破损的断刀检测器。

1. Z轴对刀仪

Z轴对刀仪如图4.2-1所示。其中有两个触发开关，一个是对刀信号，工作时先碰到，如果编程或操作失误，另一个超程保护信号起作用。Z轴对刀仪电路图如图4.2-2所示。

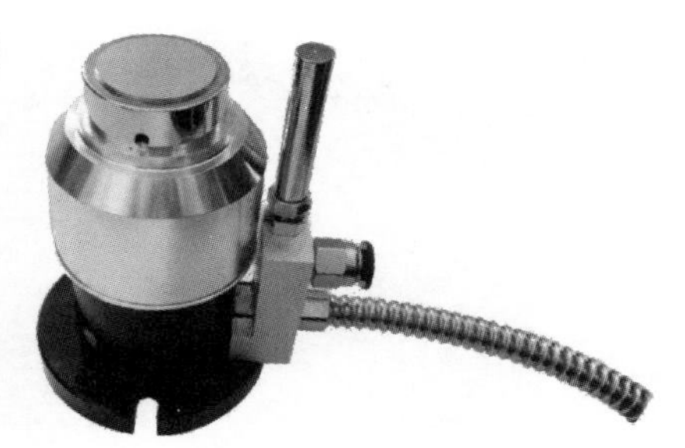

图4.2-1　Z轴对刀仪

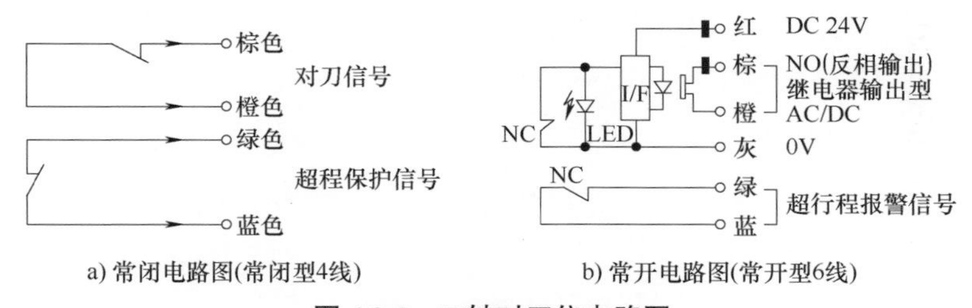

a) 常闭电路图(常闭型4线)　b) 常开电路图(常开型6线)

图4.2-2　Z轴对刀仪电路图

2. Z轴及径向对刀仪

Z轴及径向对刀仪如图4.2-3所示，可用于测量刀具直径及长度。其电路图与Z轴对刀仪相同。

3. 车床用对刀仪

车床用对刀仪如图4.2-4所示，一般都是安装在机械手臂上，安装固定比较麻烦。

图 4.2-3　Z 轴及径向对刀仪

图 4.2-4　车床用对刀仪

4. 断刀检测器（只用于机床断刀检测）

断刀检测器如图 4.2-5 所示。因为由一个长杆触发，所以只有一个检测信号，没有超程信号，检测速度更快，无撞机风险。

图 4.2-5　断刀检测器

FANUC 系统有两种跳过转方式，一种是普通跳过转信号（skip），另一种是高速跳过转信号（high-speed skip），主要用于刀具测量、工件测量等。

1）普通跳过转信号连接在 FANUC I/O 模块上的 X4.7（或者通过偏移到其他点位），它的延迟误差时间是 0~2ms。

2）高速跳过转信号连接在 FANUC 系统主板后面的 JA40 接口上，它的延迟误差时间≤ 0.1ms。

高速跳过转信号与对刀仪的连接如图 4.2-6 所示。

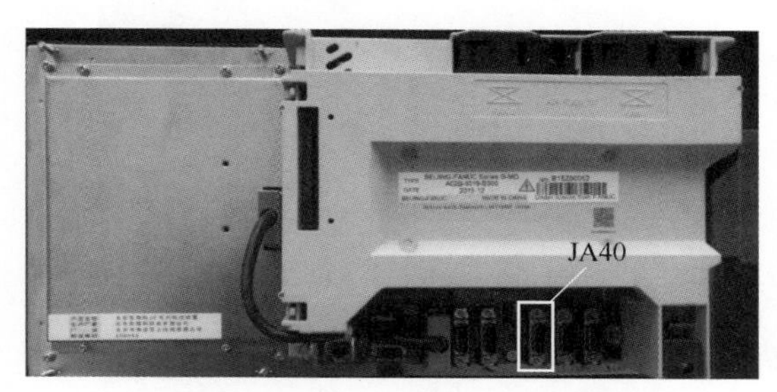

图 4.2-6　高速跳过转信号与对刀仪的连接

系统主板后面的接口 JA40 有 4 组高速跳过转信号，即 HDI0、HDI1、HDI2 和 HDI3。

当采用第一个跳转信号 HDI0 时，把对刀仪接在 JA40 的 1 脚和 2 脚，如图 4.2-7 所示。

JA40

1	HDI0	11	HDI1
2	0V	12	0V
3	HDI2	13	HDI3
4	0V	14	0V
5		15	
6		16	
7		17	
8		18	
9		19	
10	0V	20	

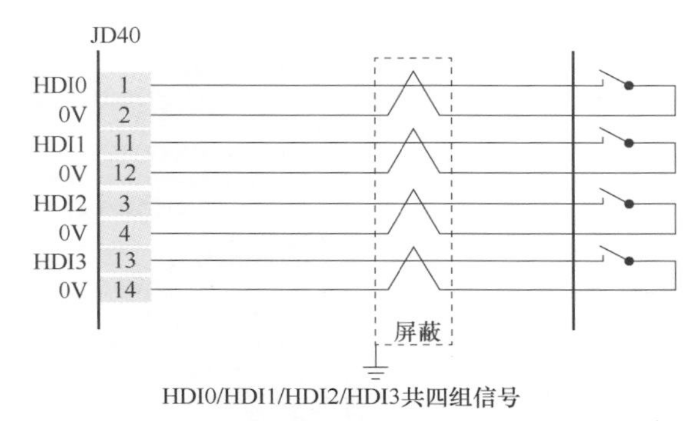

图 4.2-7　JA40 接线图

3）参数设置如图 4.2-8 所示。

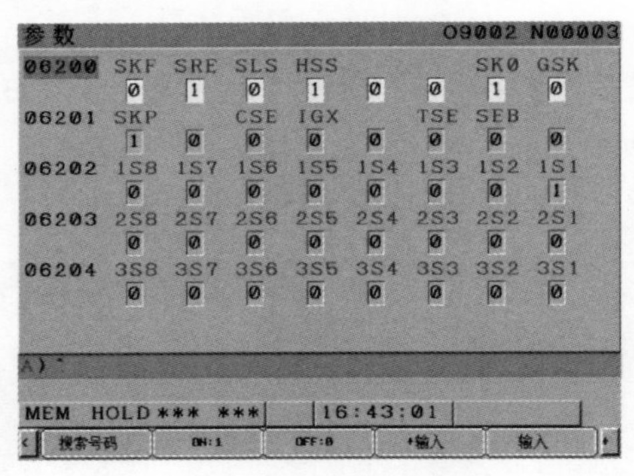

图 4.2-8　参数设置

跳转信号是高电平跳转或低电平跳转可以通过参数改变，见表 4.2-1。

表 4.2-1　参数说明

参　数	说　明
P6200#4=1	在跳转功能中使用高速跳转信号
P6201#7=1	在跳转指令（G31）中，跳转信号 SKIP 无效
P6202#0=1	使用高速跳转信号 HDI0 组
F122.0~F122.3	高速跳转状态信号 HDO0~HDO3

4）对刀宏程序如图 4.2-9 所示。

```
O9002（宏程序号）
#30=#4001
#31=#4003
#32=#4109
#1=200.0（快速移动到安全平面）
#2=200.0（安全平面向下的移动距离，
此段距离有跳转信号）
#3=5.0（刀具初次测量后，需要二次测
量时的抬刀距离）
G28G91Z0.
#4=#5003
G00G90G53X-292.0Y-313.0（对刀仪在
机床的具体位置）
G91G43Z-#1H#11（快速移动段）
#5=#5003-#2
IF[#11GT1]GOTO3
G31Z-[#2*2]F300
G00G91G49Z#3
#6=#5063-#[11000+#11]
IF[#6LE[#5-#2]]GOTO9
#[11000+#11]=#5063-#5
G31G91G43H#11Z-[#3*2]F150
#506=#5023
G00G90G49Z#4
#6=#5063-#[11000+#11]
IF[#6LE[#5-#2]]GOTO9
#[11000+#11]=#5063-#5
#11001=0
N2G#30G#31F#32
M99
N3G31Z-[#2*2]F1200（初次测量段）

#507=#5023
G00G91G49Z#3
#6=#5063-#[11000+#11]

IF[#6LE[#5-#2]]GOTO9
#[11000+#11]=#507-#506
G31G91G43H#11Z-[#3*2]F250
#507=#5023
G00G90G49Z#4
#6=#5063-#[11000+#11]
IF[#6LE[#5-#2]]GOTO9
#[11000+#11]=#507-#506
IF[11GT1]GOTO2
N9#3000=1
```

图 4.2-9　对刀宏程序

5）对刀时调用宏程序，如图 4.2-10 所示。

G65 P9002 H08 中的 P9002 就是调用图 4.2-9 中的 O9002 程序。

G10 L10 P8 R0.0 的目的是将刀补值清零。

6）为了安全使用对刀仪，需要编辑梯形图（对刀仪限位），增加 EX（超程）报警，如图 4.2-11 所示。

硬件上，把对刀仪超程信号连接 I/O 模块上的 X10.7。注意：常开常闭。

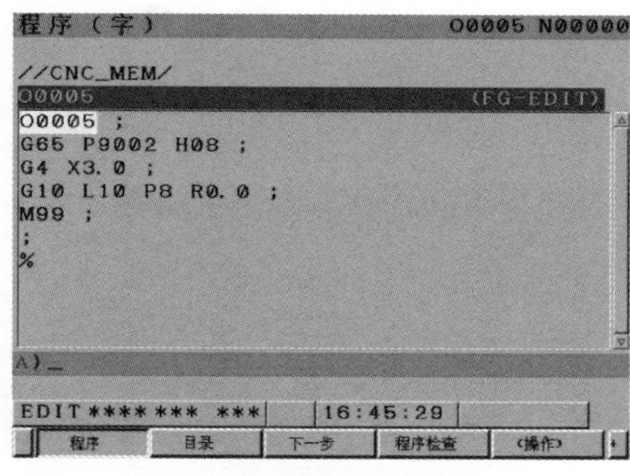

图 4.2-10　调用宏程序

当操作员使用不当时，会出现 EX 报警，如图 4.2-12 所示。

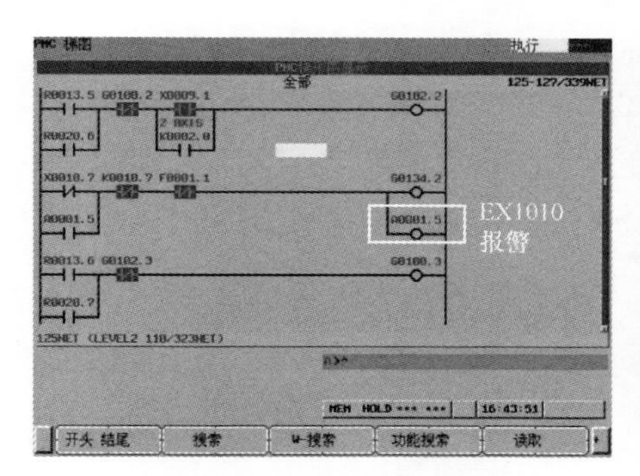

图 4.2-11　增加 EX 报警

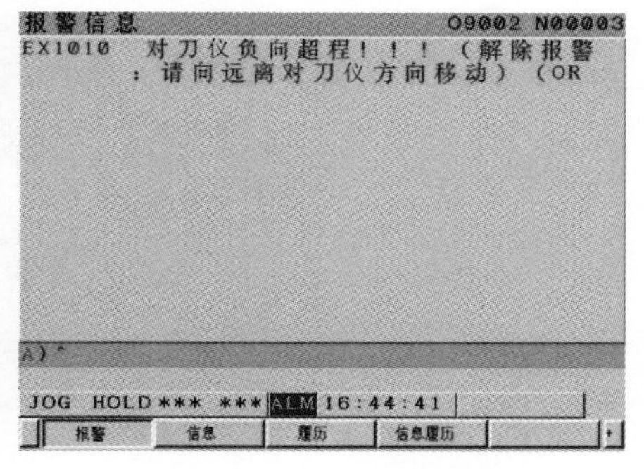

图 4.2-12　EX 报警

4.3　加装断刀检测功能

作者：朱雪峰　姚家凡　单位：比亚迪汽车工业有限公司弗迪动力精工中心

1. 找到机床可用的信号点及可利用的 M 代码

查阅设备资料，找到设备的可用输入信号点和 M 代码：检测代码 M67 控制常开触点，R208.3 闪烁一次；X4.7 为 FANUC 高速跳转信号，用于检测到位；X8.7 原机未使用，用于检测超程；F6.1 为复位。

2. 梯形图编写

对刀仪检测点 X4.7 为常开，超程信号点 X8.7 为常闭。

刀尖点亮对刀仪时，对刀仪常开触点闭合，梯形图常闭触点 X4.7 断开。执行 M67 时，R208.3 闪烁一次，线圈 G196.1 不得电，线圈 A20.2 不得电，不会产生报警。梯形图变化如图 4.3-1 所示。

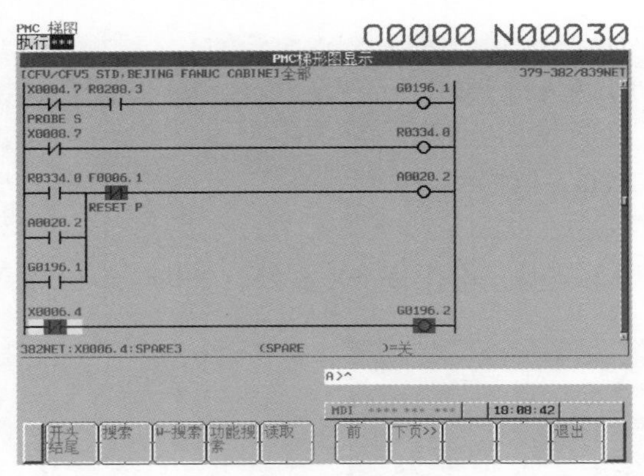

图 4.3-1 梯形图变化

刀尖未点亮对刀仪时，对刀仪常开触点不动作，梯形图常闭触点 X4.7 保持闭合。执行 M67 时，R208.3 闪烁一次，线圈 G196.1 闪烁一次，线圈 A20.2 得电，会产生报警。

刀尖压到超程保护信号时，对刀仪常闭信号断开，梯形图 X8.7 常闭触点闭合，辅助线圈 R334.0 得电，A20.2 得电，会产生报警。

3. 程序编写

PO9002 为检测程序，PO9003 为原点程序。

PO9002：移动 X、Y 轴，将主轴刀具对准对刀仪中心，再将 Z 轴移至对刀仪对刀点，下压 0.5mm，检测是否断刀。断刀后报警，未报警 Z 轴退回，且返回主程序。编写宏程序如图 4.3-2 和图 4.3-3 所示。

4. 安装对刀仪确认原点

对刀仪安装完毕后，将各轴移至刀尖刚好点亮对刀仪，且刀尖在对刀仪中心位置，再将坐标位置 X、Y、Z 分别输入子程序 PO9003 中的 #131、#132、#133 处。

5. 在 MDI 模式下试运行

在 MDI 模式下输入 G65 P9002 T1（T1 为主轴当前刀具号），调用 O9002

宏程序并执行。断刀检测过程如图 4.3-4 所示。

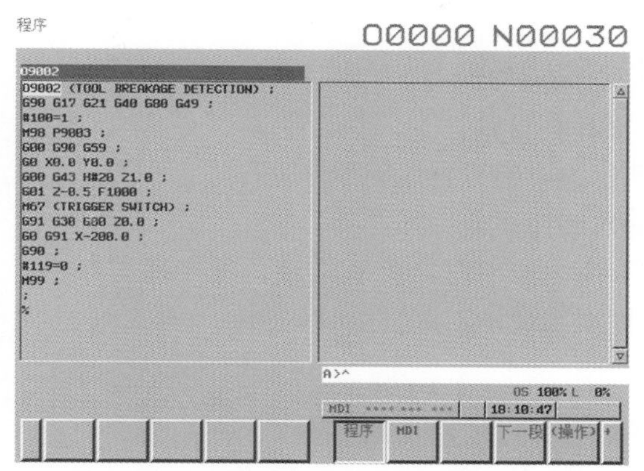

图 4.3-2　编写宏程序（检测程序）

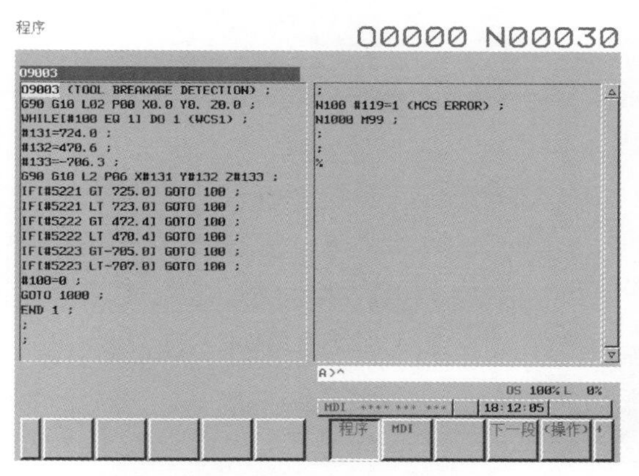

图 4.3-3　编写宏程序（原点程序）

图 4.3-4　断刀检测过程

4.4　将要失业的断刀检测器

作者：赵智智　单位：苏州屹高自控设备有限公司

机床用断刀检测器如图 4.4-1 所示，常用于 CNC 立式加工中心、卧式加工中心、钻铣攻牙机，一般接入机床高速跳转信号，用来检测刀具是否磨损超差、破损、断刀。在程序中要加入 M 代码，并且机床每次要走到检测器表面。

1. 检测器使用时的缺点

1）执行需占用加工时间。

2）断刀检测器因电缆皮磨破而损坏。

3）断刀检测器因撞机而损坏。

在 FANUC 系统中增加刀具负载检测，可直接在 FANUC 0i-F Plus 上运行宏执行器，不用安装硬件，即可实时检测，效率更高，如图 4.4-2~ 图 4.4-4 所示。

图 4.4-1　机床用断刀检测器

实时负载记录　　第1页

	刀号	开始	结束	最大	最小	平均	类型	检测
1	T01	0.0s	0.0s	0%	0%	0%	Real	Off
2	T01	5.0s	9.9s	27%	5%	11%	Real	Off
1	T02	0.0s	0.0s	0%	0%	0%	Real	Off
2	T02	0.0s	0.0s	0%	0%	0%	Real	Off
1	T03	0.0s	0.0s	0%	0%	0%	Real	Off
2	T03	0.0s	0.0s	0%	0%	0%	Real	Off
1	T04	1.0s	3.0s	8%	0%	8%	Real	Off
2	T04	0.0s	0.0s	0%	0%	0%	Real	Off
1	T05	0.0s	0.0s	0%	0%	0%	Real	Off
2	T05	0.0s	0.0s	0%	0%	0%	Real	Off

NUM= 〉

编辑 **** *** ***　12:16:06

图 4.4-2　刀具负载检测（1）

图 4.4-3　刀具负载检测（2）

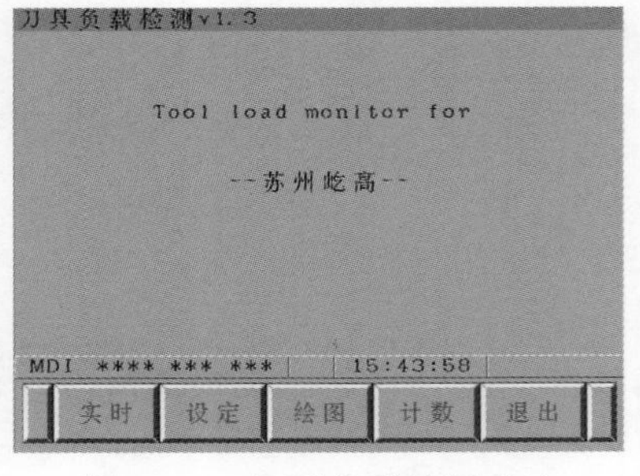

图 4.4-4　刀具负载检测（3）

2. 具体操作

刀具负载检测软件的使用方法可以扫码观看以下视频。

视频：刀具负载检测软件的使用方法

4.5　如何给 FANUC 追加模拟量接口

作者：赵智智　单位：苏州屹高自控设备有限公司

FANUC 系统标准出厂一般是控制一个主轴，一些追加功能的系统可以控制两个主轴。查阅 FANUC 系统规格说明书，可知系统是否支持追加功能，见表 4.5-1 和表 4.5-2。

表 4.5-1　0i-MD 和 0i-TD 规格

功　能	0i-MD		0i-TD	
	Type 1	Type 2	Type 1	Type 2
控制路径数 / 条	1		2	1
最多总控制轴［进给轴（含 PMC 轴）+ 主轴］数 / 根	8		11（两路径合计）/8（单路径）	
最多进给轴数 / 根	7		9（两路径合计）/ 7（单路径）	
最多主轴数 / 根	2		3○ /4☆	
同时控制轴数 / 根	4		4	

表 4.5-2　0i-MF 规格

功　能	0i-MF		
	Type 1	Type 3	Type 5
控制路径数 / 条	2	1	
最多总控制轴（伺服轴 + 主轴）数 / 根	11/9（1 路径）	6	
最多控制伺服轴数 / 根	9☆ /7☆（1 路径）	5○	
最多控制主轴数 / 根	4/3（1 路径）	1	
同时控制轴数 / 根	4	4○	

FANUC 系统控制主轴常用以下方式：

1）通过 FANUC 系统指令线直接控制 FANUC 主轴驱动器，可以通过串联指令线 JA7A、JA7B 扩展主轴，最新的 FANUC 系统可以与伺服系统一起通过 FSSB（串行高速总线）实现通信。

2）采用FANUC系统模拟输出接口，如图4.5-1所示。

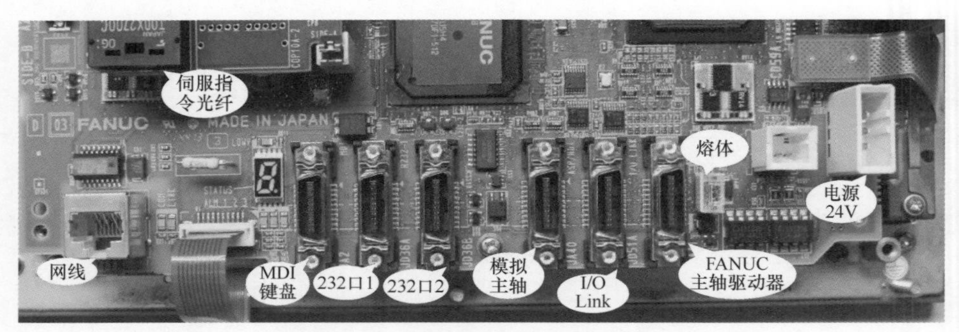

图4.5-1　模拟主轴输出接口位置

3）开通功能。基于伺服电动机的主轴控制，可以用FANUC标准伺服驱动器控制伺服电动机，把伺服电动机当主轴使用。在日本津上走心机上经常使用。

4）用I/O Link驱动器控制，如图4.5-2所示。FANUC的I/O Link轴使用I/O输出点进行动作指令控制，驱动器内置参数，使用I/O通信总线与系统连接，不在FANUC轴数限制行列，所以它是增加附加轴性能最好的选择。优点：①总线通信畅通无阻，抗干扰能力强；②速度可在程序里随意改变；③速度反馈准确；④不用开通功能。缺点：梯形图编写复杂。

5）用FANUC I/O点控制第三方变频器。可以通过I/O点进行档位控制，但不能实现任意速度控制。

6）用模拟量输出模块，如图4.5-3所示。

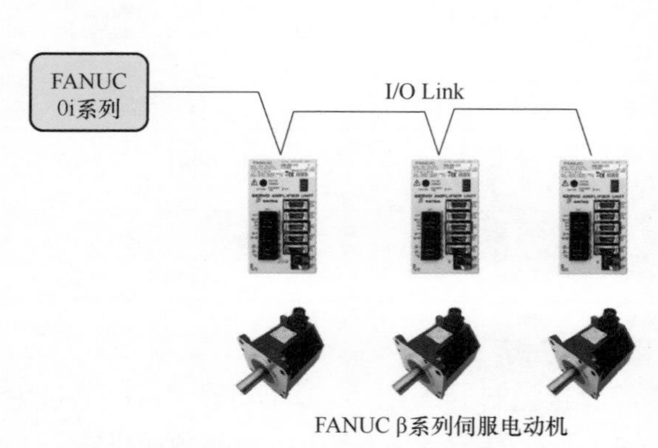

图4.5-2　I/O Link驱动器控制

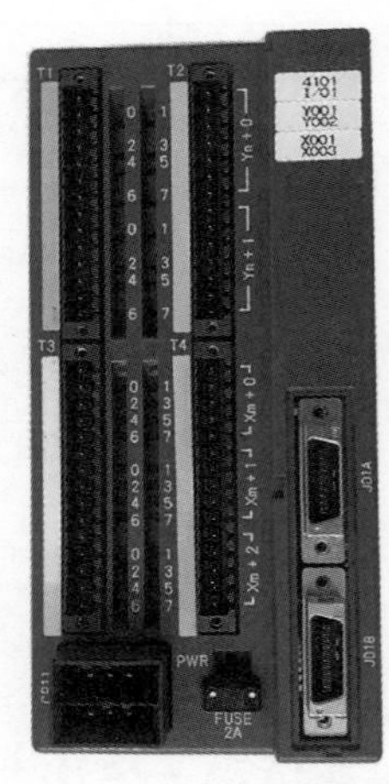

图4.5-3　FANUC模拟量输出模块（A03B-0823-C006）

该模块增加了一组数 / 模转换装置（驱动变频器），I/O 点通过该装置转换为模拟电压，给变频器指令以变换速度。优点：①通用性好，在出现故障时可以随时采购物品进行替换；②可以通过程序变换转速；③成本低。

另外，也可以使用屹高模拟量输出模块 YG19-DA5，成本更低，如图 4.5-4 所示。

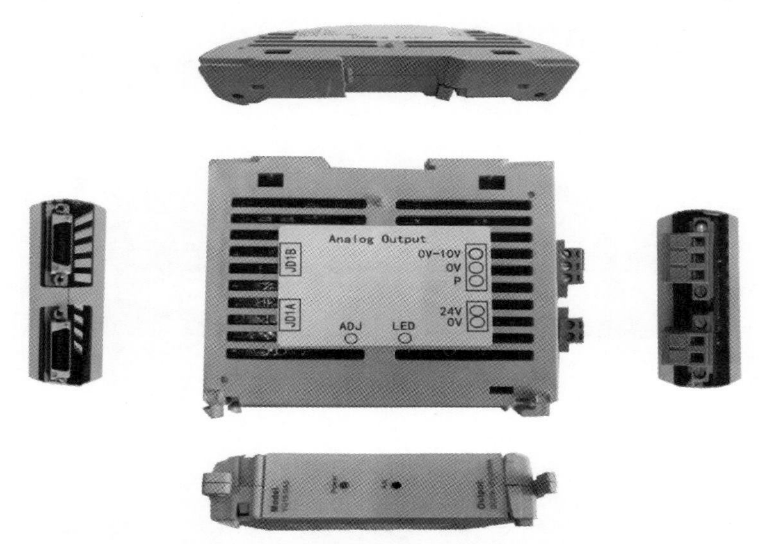

图 4.5-4　屹高模拟量输出模块 YG19-DA5

4.6　追加第四轴——功能与选型

作者：史博　单位：渤海大学

1. 功能开通

FANUC 0i Mate-MD 系统中的 4 轴功能是选项功能，可以通过 FANUC 诊断，查看其是否开通。

1）在 PARAMETER（参数）界面中单击 DIAGNOSIS（诊断），进入诊断界面，如图 4.6-1 所示。

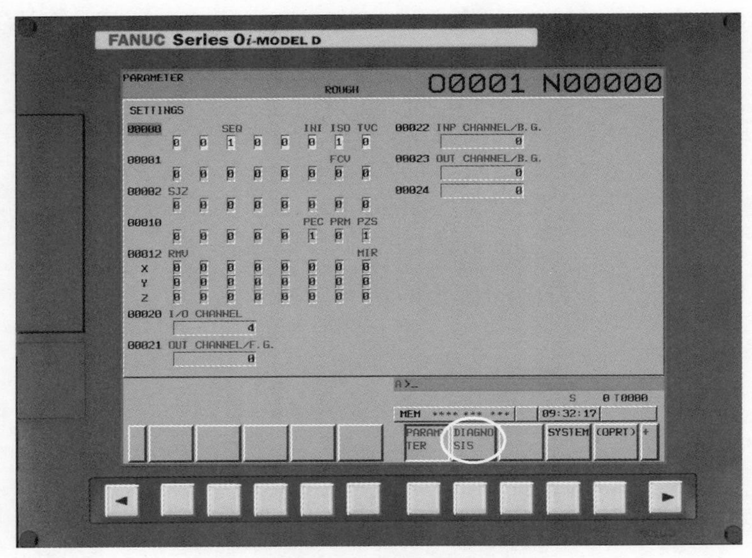

图 4.6-1　进入诊断界面

2）在 DIAGNOSIS 界面的 A>_ 输入 1148，然后单击 NO.SRH（搜索），查询第四轴诊断号，如图 4.6-2 所示。

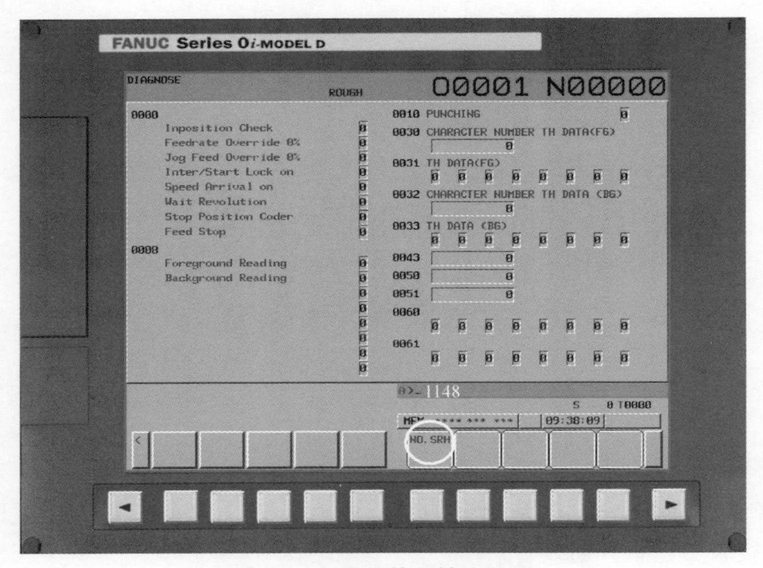

图 4.6-2　查询第四轴诊断号

3）查看诊断号，当 1148#7=1 时，第四轴功能开通，如图 4.6-3 所示。

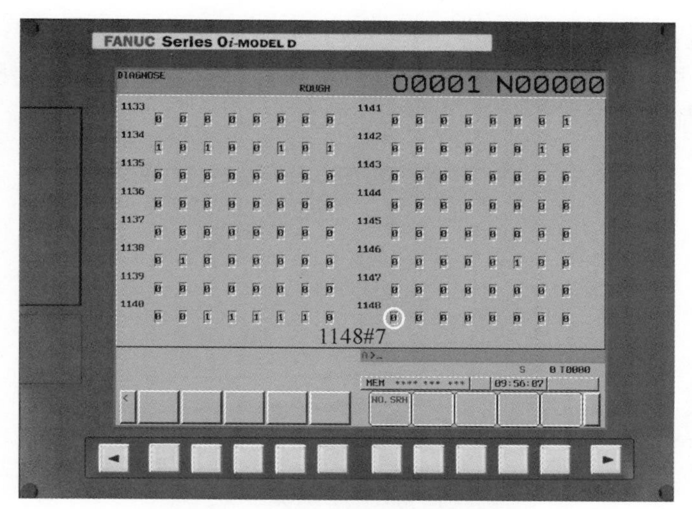

图 4.6-3　确认第四轴功能开通

2. 安装第四轴前部件选购流程

（1）确认机械部件第四轴本体（见图 4.6-4）

图 4.6-4　第四轴本体

1）第四轴主要分为任意角度和分度盘第四轴。常用的第四轴都是任意角度，里面由蜗杆传动，可以做 4 轴联动。分度盘第四轴不能做联动，也不能任意角度，但其重复定位精度高，切削量大。

2）选择第四轴大小。常用的数值是 120mm、170mm、200mm、250mm、320mm、400mm，这些数值代表圆盘直径。一定要慎重考虑 3 个数值，即 Z 轴高度、工作台宽度和工件尺寸。

3）选择尾座。第四轴尾座有两种，一种是顶针尾座，如图 4.6-5 所示，主要用于加工圆柱体；另一种是圆盘尾座，如图 4.6-6 所示。选择圆盘尾座时，一般都要定制 L 板和中间的桥板。

图 4.6-5　顶针尾座

图 4.6-6　第四轴及圆盘尾座

（2）机床功能确定

如果要追加第四轴，FANUC 系统必须有 4 轴功能。如果没有功能，就需要开通，笔者总结的常见 4 轴功能对应的系统见表 4.6-1。

表 4.6-1　4 轴功能的对应系统

系统版本	是否可以实现	是否要开通功能	是否可以4 轴联动	备注
0i Mate-MC	否			更换主板
0i-MC	是	自带	自带	
0i Mate-MD（3 包）	是	开通功能	开通功能	
0i Mate-MD（5 包）	是	开通功能	开通功能	
0i-MF（1 包、3 包、5 包）	是	自带	自带	

（续）

系统版本	是否 可以实现	是否 要开通功能	是否可以 4 轴联动	备注
31i-A（FANUC 小黄机）	是	开通功能	开通功能	
31i-A 标准	是	自带	自带	
31i-B（FANUC 小黄机）	是	开通功能	开通功能	
18i-MB	是	自带	自带	

有的机床没有 4 轴功能，如果不用插补运动，只是定位，可以选择 I/O Link 驱动器或第三方的第四轴。

（3）电动机和驱动器的选择

1）电动机的选择。第四轴出厂时，基本都会在选型手册中标出需要的电动机扭矩和功率。FANUC 常用的第四轴电动机的扭矩是 4N · m、8N · m、12N · m 和 22N · m。因为价格因素，常用的电动机是 b8 和 b12/2000。通常情况下，如果做联动，并且带有圆盘尾座，这时第四轴电动机的扭矩需要选大一点，不然只能通过降低运行速度和延长加减速时间来解决问题。

2）驱动器的选择。b8 和 b12 用的第四轴驱动器是 A06B-6130-H002（0i-B、0i-C、0i-D 选用），如图 4.6-7 所示，或者用 A06B-6160-H002（31i-B、0i-F 必选，可以替代 6130）。

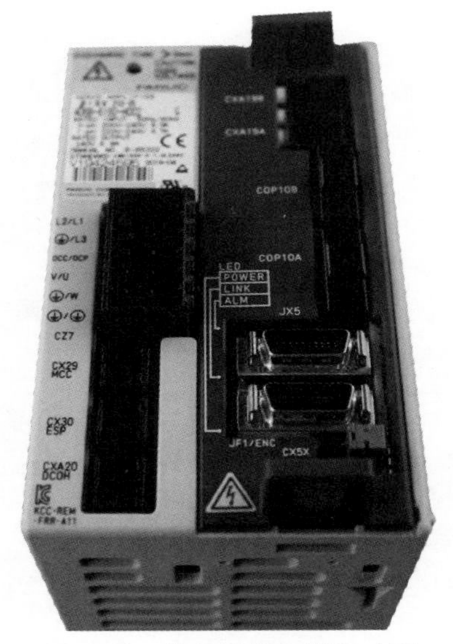

图 4.6-7　常用的第四轴驱动器 A06B-6130-H002

3）夹紧方式的选择。第四轴如果不参与切削，只是定位，这时要考虑采用的是气动锁紧还是液压锁紧。一般液压锁紧的力大，缺点是要增加液压油站，成本高、安装复杂。

4）电动机回零方式的选择。第四轴建议用绝对式编码器，使用方便，安装方便，关键是有的转台不能 360° 旋转。所有的 βiS 电动机都是绝对式编码器，只有 αi 电动机才有增量。切记，一定要用绝对式编码器。

5）部件检查。检查手轮是否有 4 轴选择；检查操作面板是否有 4 轴按钮。

6）线长测量。为了拆卸方便，一般把一根电缆剪切成三段，通过连接器连接第四轴。4 轴线缆分为第四轴内部线缆（转台厂家出厂配好）、机床内带防护线缆和电器柜线缆等，如图 4.6-8 所示。

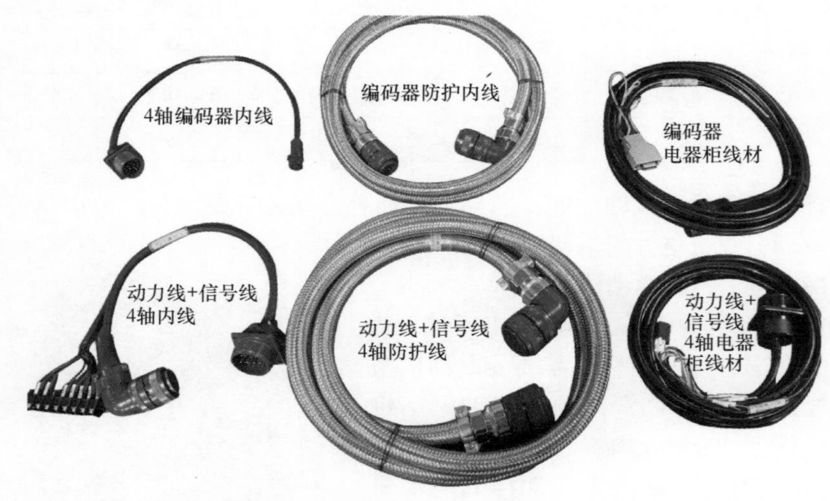

图 4.6-8　4 轴线缆

4.7　追加第四轴——接电与参数设置

作者：赵智智　单位：苏州屹高自控设备有限公司

1. 伺服电动机选择

最常用的分度盘规格有 170mm、210mm、250mm 和 320mm 几种，这些数值代表分度盘的直径，对应伺服电动机和驱动器的规格见表 4.7-1。

表 4.7-1　不同分度盘对应的伺服电动机和驱动器的规格

分度盘规格	伺服电动机规格	驱动器规格
ϕ170mm	αi4F/β8is	αiSV 40/βiSV20
ϕ250mm	αi4F/β8is	αiSV 40/βiSV20
ϕ320mm	αi8F/β12is	αiSV 40/βiSV20

如果转台带动的工件比较重，或者还有圆盘尾座，可以把伺服电动机型号加大一个规格。FANUC 伺服电动机选型说明如图 4.7-1~ 图 4.7-4 所示。

伺服电动机　αiF伺服电动机

αiF伺服电动机规格

伺服电动机名称	额定转速/(r/min)	最高转速/(r/min)	额定功率/kW	堵转扭矩/(N·m)	最大扭矩/(N·m)	旋转惯量/(kg·m^2)
αiF 1/5000	5000	5000	0.5	1	5.5	0.00031
αiF 2/5000	4000	5000	0.75	2	8.3	0.00053
αiF 4/4000	4000	4000	1.4	4	15	0.0014
αiF 8/3000	3000	3000	1.6	8	29	0.0026
αiF 12/3000	3000	3000	3	12	35	0.0062
αiF 22/3000	3000	3000	4	22	64	0.012
αiF 30/3000	3000	3000	7	30	83	0.017
αiF 40/3000	2000	3000	6	38	130	0.022
αiF 40/3000 FAN	2000	3000	9	53	130	0.022

图 4.7-1　FANUC 伺服电动机选型说明（1）

对应放大器(αi SV)	伺服电动机订货号	订货号说明														
		x						y				z			abcd	
		0	1	2	3	4	5	0	1	2	3	0	1	2	0000	0100
20	A06B-0202-Bxyz#abcd	▲	▲	▲	▲	▲	▲	◎				▲	▲	▲	◎	▲
20	A06B-0205-Bxyz#abcd	▲	▲	▲	▲	▲	▲	◎				▲	▲	▲	◎	▲
40	A06B-0223-Bxyz#abcd	▲	▲	▲	▲	▲	▲	◎				▲	▲	▲	◎	▲
40	A06B-0227-Bxyz#abcd	▲	▲	▲	▲	▲	▲	◎				▲	▲	▲	◎	▲
80	A06B-0243-Bxyz#abcd	▲	▲	▲	▲	▲	▲	◎				▲	▲	▲	◎	▲
80	A06B-0247-Bxyz#abcd	▲	▲	▲	▲	▲	▲	◎				▲	▲	▲	◎	▲
160	A06B-0253-Bxyz#abcd	▲	▲	▲	▲	▲	▲	◎				▲	▲	▲	◎	▲
160	A06B-0257-Bxyz#abcd	▲	▲	▲				◎				▲	▲	▲	◎	▲
160	A06B-0257-Bxyz#abcd				▲	▲	▲	◎		◎		▲	▲	▲	◎	▲
160	A06B-0257-Bxyz#abcd	▲	▲	▲					◎			▲	▲	▲	◎	
160	A06B-0257-Bxyz#abcd				▲	▲	▲		◎		◎	▲	▲	▲	◎	
轴类型	0：锥轴															
	1：直轴		1													
	2：直轴带键			2												
	3：锥轴，带制动				3											
	4：直轴，带制动					4										
	5：直轴带键，带制动						5									
制动及风扇	0：标准型							0								
	1：带风扇								1							
	2：高扭矩制动									2						
	3：高扭矩制动，带风扇										3					
编码器	0：αiA 1000											0				
	1：αiI 1000												1			
	2：αiA 16000													2		

注：◎、▲表示可选。

伺服电动机　αiF伺服电动机

图 4.7-2　FANUC 伺服电动机选型说明（2）

伺服电动机　βiS伺服电动机

βiS伺服电动机规格

伺服电动机名称	额定转速 /(r/min)	最高转速 /(r/min)	额定功率 /kW	堵转扭矩 /(N·m)	最大扭矩 /(N·m)	旋转惯量 /(kg·m^2)
βiS 2/4000	4000	4000	0.5	2	7	0.00029
βiS 4/4000	3000	4000	0.75	3.5	10	0.00052
βiS 8/3000	2000	3000	1.2	7	15	0.0012
βiS 12/2000	2000	2000	1.4	10.5	21	0.0023
βiS 12/3000	2000	3000	1.8	11	27	0.0023
βiS 22/2000	2000	2000	2.5	20	45	0.0053
βiS 22/3000	2000	3000	3	20	45	0.0053
βiS 30/2000	2000	2000	3	27	68	0.00759
βiS 40/2000	1500	2000	3	36	90	0.0099

图 4.7-3　FANUC 伺服电动机选型说明（3）

伺服电动机　βiS伺服电动机

对应放大器(βi SV)	伺服电动机订货号	订货号说明																		
		x						y				z					abcd	
		0	1	2	3	4	5	0	1	2	3	0	1	2	3	7	0000	0100
20	A06B-0061-Bxyz#abcd	▲	▲	▲	▲	▲	▲	◎							▲		◎	◎
20	A06B-0063-Bxyz#abcd	▲	▲	▲	▲	▲	▲	◎							▲		◎	◎
20	A06B-0075-Bxyz#abcd	▲	▲	▲	▲	▲	▲	◎							▲		◎	◎
20	A06B-0077-Bxyz#abcd	▲	▲	▲	▲	▲	▲	◎							▲		◎	◎
40	A06B-0078-Bxyz#abcd	▲	▲	▲	▲	▲	▲	◎							▲		◎	◎
40	A06B-0085-Bxyz#abcd	▲	▲	▲	▲	▲	▲	◎							▲		◎	◎
80	A06B-0082-Bxyz#abcd	▲	▲	▲	▲	▲	▲	◎							▲		◎	◎
80	A06B-0087-Bxyz#abcd	▲	▲	▲	▲	▲	▲	◎							▲		◎	◎
80	A06B-0089-Bxyz#abcd	▲	▲	▲	▲	▲	▲	◎							▲		◎	◎
轴类型	0：锥轴	0																
	1：直轴		1															
	2：直轴带键			2														
	3：锥轴，带制动				3													
	4：直轴，带制动					4												
	5：直轴带键，带制动						5											
抱闸及风扇	0：标准型							0										
	1：带风扇								1									
	2：高扭矩制动									2								
	3：高扭矩制动，带风扇										3							
编码器	0：αiA 1000											0						
	1：αiI 1000												1					
	2：αiA 16000													2				
	3：βiA 128														3			
	7：βiA 128															7		
abcd	0000：标准型																0000	
	0100：IP67防护																	0100

注：◎、▲表示可选。

图 4.7-4　FANUC 伺服电动机选型说明（4）

2. 线缆布局

以FANUC常用的SVSPβi驱动器为例，驱动器安装图和接线图如图4.7-5

和图 4.7-6 所示。

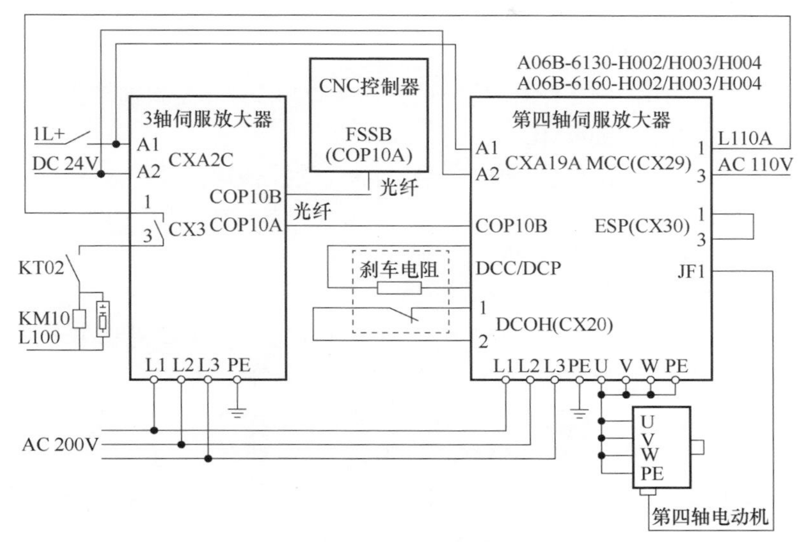

图 4.7-5　驱动器安装图

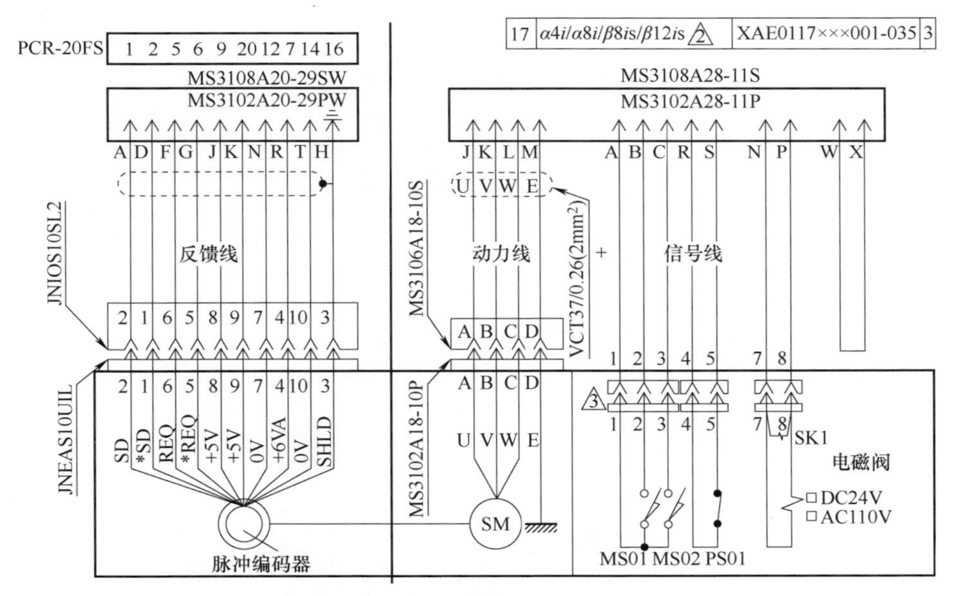

图 4.7-6　驱动器接线图

3. 参数设定

连接好硬件，打开加工中心电源，按【OFS/SET】键，找到并选择 PARAMETER WRIT（参数可修改状态）=1，按以下步骤设定参数，启动第四轴功能。

（1）设定第四轴参数

FANUC 0i-MB/MC：

#9900=4，#1010=4（CNC 受控轴数），#9943.3=1（控制轴扩张）。

FANUC 0i-MD/Mate-MD：

#8130=4（总控制轴数），#1010=4（CNC 受控轴数）。

FANUC 0i-MF：

#987=4（总控制轴数）。

（2）其他参数设定

OFSSB（FANUC 串行伺服总线，用光纤连接一台主控机和多台从控机，NC 与伺服放大器通过高速串行总线实现通信的技术）设定：

1）第 1 步：1920.0=0，FSSB 设定方式：0—自动，1—手动。

1920.1=0，FSSB 自动设定：0—没完成，1—完成。

2）第 2 步：选择 SYSTEM →【+】→ FSSB → AMP（放大器）（根据系统控制轴顺序设定），设定 AXIS。

X：1

Y：2

Z：3

A：4

按 SETTING 键。

3）第 3 步：选择 SYSTEM →【+】→ FSSB → AXIS（轴），设定 TNDM

X：1

Y：2

Z：3

A：4

按 SETTING 键，重新启动电源。

伺服电动机号设置见表 4.7-2。

表 4.7-2 伺服电动机号设置（参数 2020）

型号	电动机号	型号	电动机号
*αi*F 2/5000	255	*βi*S 2/4000	253/254
*αi*F 4/4000	273	*βi*S 4/4000	256/257
*αi*F 8/3000	277	*βi*S 8/3000	258/259
*αi*F 12/3000	293	*βi*S 12/2000	272
*αi*F 22/3000	297	*βi*S 22/2000	274

（3）伺服常用参数

1620~1627 为加减速时间常数，与机床设定相同。

伺服参数依实际设备条件不同，可能需调整设定数值，方可正确动作，并非参数错误。具体参数设置见表 4.7-3。

表 4.7-3 伺服常用参数设置

参数	内容	设定数值
0i		**齿数比：1/90**
N1020	第四轴名称（65 → A，66 → B）	65
N1022	辅助轴控制地址设定	4
N1023	伺服轴控制地址设定	4
N1005#1	原点复归时减速动作由碰块控制	0
N1006#0	旋转轴设定（1：旋转轴 0：直线轴）	1
N1008#0	旋转轴 Over~roll 机能有效	1
N1008#1	以最短距离移动	0
N1008#2	相对坐标值每转循环	1
N1260	旋转轴最大行程（一圈 =0~360°）	360.000
N1320	最大正行程	99999.999
N1321	最大负行程	–99999.999
N1420	快动速度设定值（G00）	8000
N1421	F0 时快动速度设定值	500
N1423	寸动速度设定值	4000
N1424	手动快动速度设定值	8000
N1425	原点复归动作时减速速度	200
N1428	原点复归速度	4000
N1430	切削进给速度最高极限值	8000
N1620	快动速度的加、减速时间（T1）	50
N1621	快动速度的加、减速时间（T2）	100
N1622	切削速度状态的加、减速时间	10
N1624	寸动速度的加、减速时间	20
N1815#4	增量式电动机（※ 绝对式电动机，请设「I」）	0
N1815#5	增量式电动机（※ 绝对式电动机，请设「I」）	0
N1816	参考计数器容量及检出倍率设定值	01110000

（续）

参数	内容	设定数值	
0i		齿数比：1/90	
N1820	指令倍率设定值	2	
N1821	参考计数器设定值	4000	
N1825	位置增益值	3000	
N1826	快动模式定位宽度设定值	20	
N1827	切削模式定位宽度设定值	20	
N1828	移动状态位置偏差量极限值	8000	
N1829	停止状态位置偏差量极限值	500	
N1850	原点位置补正值		
1800#4	G00/G01 背隙补正值分开设定	1	0
N1851	G00 背隙补正值		
N1851	G01 背隙补正值		
N1852	G00 背隙补正值		
N2020	第四轴伺服电动机规格代号		
N2021	第四轴伺服电动机惯性比	128	
N2022	第四轴伺服电动机旋转方向设定（111：正转，-111：反转）	111	
N2023	第四轴伺服电动机速度检出脉波数	8192	
N2024	第四轴伺服电动机位置检出脉波数	12500	
N2084	第四轴伺服电动机传动比设定值	1	
N2085	第四轴伺服电动机传动比设定值	250	

0i-MD 控制轴数的参数是 N8130，0i-MF 则是参数 N987。

4. 梯形图编写

第四轴运动有手动，手轮，自动运行等方式，第四轴的放松，夹紧等，第四轴信号地址说明见表 4.7-4。

表 4.7-4　第四轴信号地址说明

序　号	信　号	说　明
1	G100.3	第四轴正向移动信号
2	G102.3	第四轴负向移动信号
3	Y3.0	第四轴放松电磁阀输出

（续）

序　号	信　号	说　明
4	X9.3	放松信号
5	X9.4	夹紧信号
6	G18.2	轴选信号

案例梯形图如图 4.7-7~ 图 4.7-9 所示。

```
| F0003.2  R0203.6  R0121.0                                   G0100.3 |
*--| |--*--| |----| |--------------------------------------------( )--* B AXIS +DIRECT SELECK SIGNAL
|   MJ   | AXIS_4  AXIS_4+                                        +JB   |
| F0003.0 |                                                             |
*--| |--*                                                               |
|  MINC                                                                 |
| F0003.2  R0208.3  R0122.0                                   G0102.3 |
*--| |--*--| |----| |--------------------------------------------( )--* B AXIS –DIRECT SELECT SIGNAL
|   MJ   |AXIS_4–  AXIS_–4                                        –JB   |
| F0003.0 |                                                             |
*--| |--*                                                               |
|  MINC                                                                 |
```

图 4.7-7　B 轴正反转的 PMC 程序梯形图

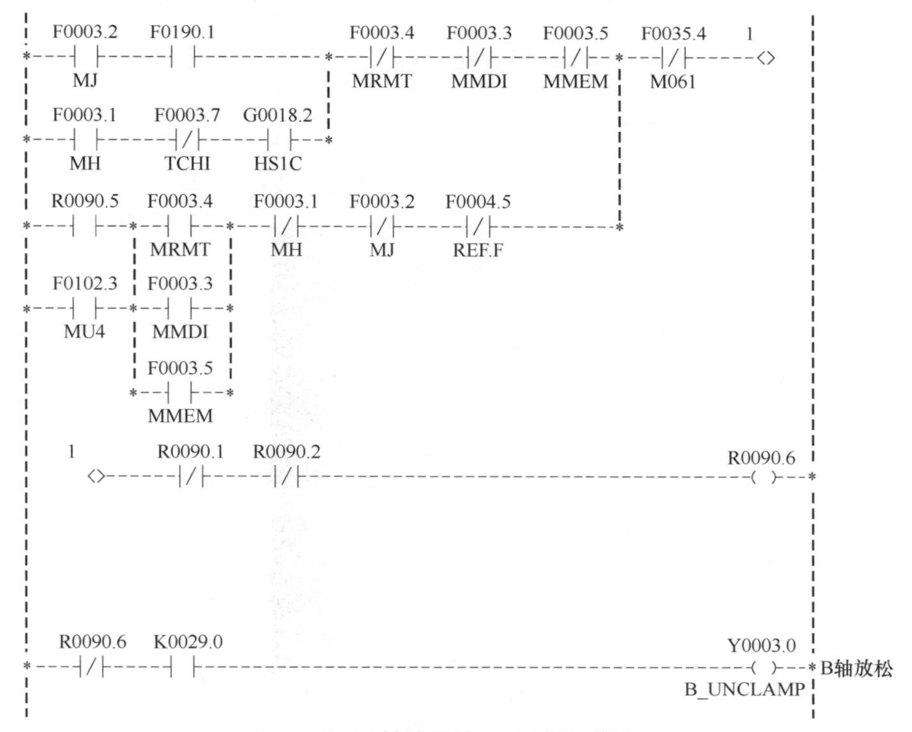

图 4.7-8　B 轴放松的 PMC 程序梯形图

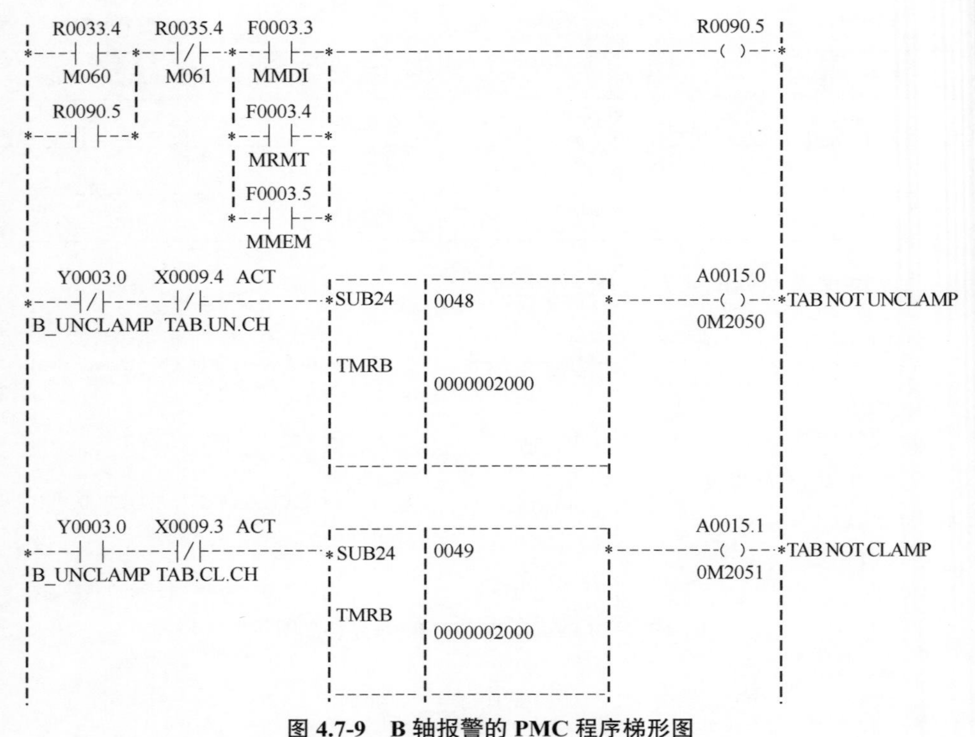

图 4.7-9　B 轴报警的 PMC 程序梯形图

5. 第四轴虚拟反馈与脱开功能

轴的屏蔽，即伺服电动机的脱开，在不使用该电动机的情况下，去掉该电动机及其动力电缆、反馈电缆，如图 4.7-10 所示。轴的屏蔽有以下两种方法。

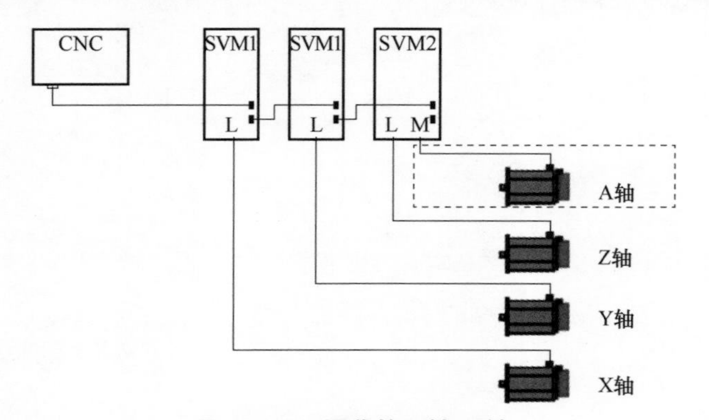

图 4.7-10　屏蔽第四轴 A 轴

注：1023 参数保持原状（如果相关轴设定为 -1，会出现 368 报警）。

（1）虚拟反馈功能设置

第四轴参数：2009#0=1，2165=0；第四轴伺服电动机反馈电缆接口 JFX 11、12 短接。

此时屏蔽仍然显示 4 轴，被封住的轴如果移动会出现 411 报警，未被封住的轴可正常移动。如果设定了这两个参数但未加反馈封头，则出现 401 报警。

当需要把第四轴还原时，可在硬件安装的同时恢复上述两个参数。（图 4.7-10 中任一伺服电动机都可以通过此种方法脱开，放大器的连接无须更改，仅需一个封头连接于 JFX）

（2）轴脱开功能（控制轴的拆除）

1005#7 RMB 设为 1（轴脱开功能有效）。

轴脱开功能有下面两种方式实现：

1）12#7 RMV 设为 1，使用参数实现轴脱开功能，将需要脱开的轴的轴脱开参数置为 1，如图 4.7-10 所示，去掉第四轴，则将该轴参数的 12#7 RMV 置为 1（不设将出现 368# 报警）；恢复时，将 12#7 RMV 置为 0。

2）使用 PMC 轴脱开信号 G124#n 将需要脱开的轴的轴脱开信号置为 1，如图 4.7-10 所示，去掉第四轴，则将 G124#3 置为 1（不使用将出现 368# 报警）；恢复时，将 G124#3 置为 0。

与此同时，需要将伺服电动机反馈电缆接口 JFX 11、12 短接（不使用将出现 401# 报警），移动相关轴时在自诊断界面出现自锁。

6. 注意事项

1）对于刚刚安装的第四轴，一定要添加润滑油。

2）第四轴一定要在放松的情况下运行，注意观察负载。

3）对于刚刚装好的第四轴，初次运行时负载可能较大，应先低速运行 1h（观察负载）。

4）第四轴有加紧放松检测 X 信号，检测到放松后，要延迟 0.5s 左右的时间，没有完全放松的第四轴，很容易烧坏驱动器。

4.8 如何将点对点手轮改造成二进制手轮

作者：冯凯 单位：无锡名匠自动化科技有限公司

最常用的 FANUC 手轮如图 4.8-1 所示。它的轴选择和倍率选择都是点对点控制模式，但有的机床厂，如韩国起亚、中国海天等机床厂，它们的轴选择开关是二进制，这样可以节约系统 X 点。

如何把标准的点对点手轮改造成二进制手轮呢？具体可以扫码观看以下视频。

图 4.8-1 FANUC 手轮

视频：点对点手轮改造成二进制手轮

接线示意图如图 4.8-2 所示。

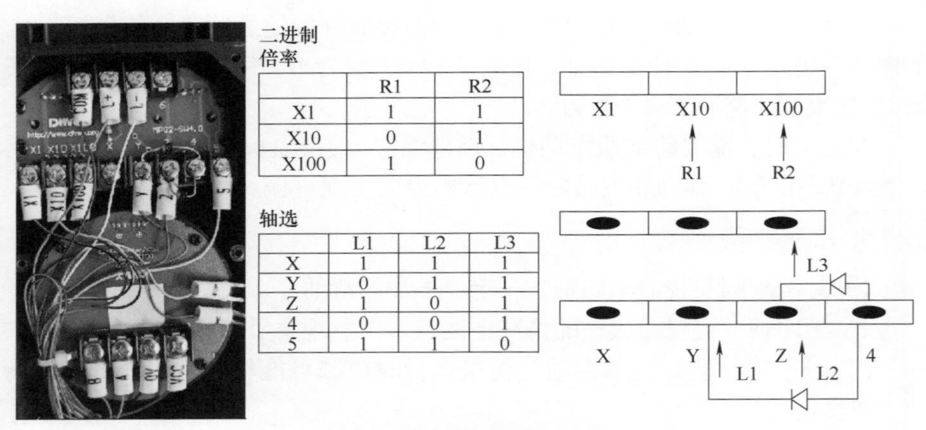

二进制倍率

	R1	R2
X1	1	1
X10	0	1
X100	1	0

轴选

	L1	L2	L3
X	1	1	1
Y	0	1	1
Z	1	0	1
4	0	0	1
5	1	1	0

图 4.8-2 接线示意图

4.9 如何给 FANUC 机床远程修改刀补

作者：周朋涛 单位：苏州屹高自控设备有限公司

随着我国工业 4.0 的推进，越来越多的工厂进入了“机器换人”工业 4.0 的时代，推动智能制造向前迈进，越来越多的工业机器人进入工厂代替了人力操作。工业机器人自动化生产线如图 4.9-1 所示。

图 4.9-1　工业机器人自动化生产线

工业机器人的应用，大幅度提高了生产率，但也带了一些操作上的不便。机器人有自己的工作区域，为了保证车间人员的安全，通常将这部分工作区域封闭起来，当机器人的工作区域占据了机床正常的操作区域时，机床的数据修改（如刀偏、刀补等）变得极不方便。远程手动刀补系统（见图 4.9-2）解决了这一问题，使机器人的应用更加智能化。

手动刀补系统　苏州屹高

斗山3号

手动补偿登陆

登陆密码：　确定

斗山3号　斗山4号　斗山5号

磨耗

	X	Z	R	T
W 001	0	0	0	0
W 002	0	0	0	0
W 003	0	0	0	0
W 004	0	0	0	0
W 005	0	0	0	0
W 006	0	0	0	0
W 007	0	0	0	0
W 008	0	0	0	0
W 009	0	0	0	0
W 010	0	0	0	0
W 011	0	0	0	0
W 012	0	0	0	0

图 4.9-2　“手动刀补系统”窗口

FANUC 机床远程手动刀补系统的使用可以扫码观看以下视频。

视频：FANUC 机床远程手动刀补系统的使用

4.10 MODBUS 机床通信介绍与应用

作者：周朋涛 单位：苏州屹高自控设备有限公司

1. FANUC 系统与机器人连接

随着工业自动化程度的提高，FANUC 系统与机器人之间的配合越来越紧密，常见的是给 FANUC 系统主板增加扩展板，与第三方 PLC 通信的方式有 CC-LINK、DeviceNET、EtherCAT、Ethernet/IP、ModbusTCP、PROFIBUS、PROFINET，但这些方式的成本都较高，所以 90% 的自动化公司通过 FANUC I/O 点与第三方 PLC 通信。如图 4.10-1 所示，这是一个典型的自动化生产线的布局。

总控 PLC 和 FANUC 系统之间一般是通过 I/O 点来连接的，但这种方式有以下痛点：

1）需要查找设备不用的 I/O 点，这对工程技术人员有相当高的技能要求，且有一定的风险。

2）需要根据 I/O 点数量来调整电缆的规格，预留太少后续扩展麻烦，预留太多会造成成本浪费。

3）个别极端案例，如电器柜中的布线凌乱，如图 4.10-2 所示，根本无从下手。相信很多人都有这样的体会。

图 4.10-1 自动化生产线的布局

图 4.10-2 电器柜中的布线

针对以上痛点，在此推出了 IO-MODBUS 模块，如图 4.10-3 所示，试图解决上述的问题。

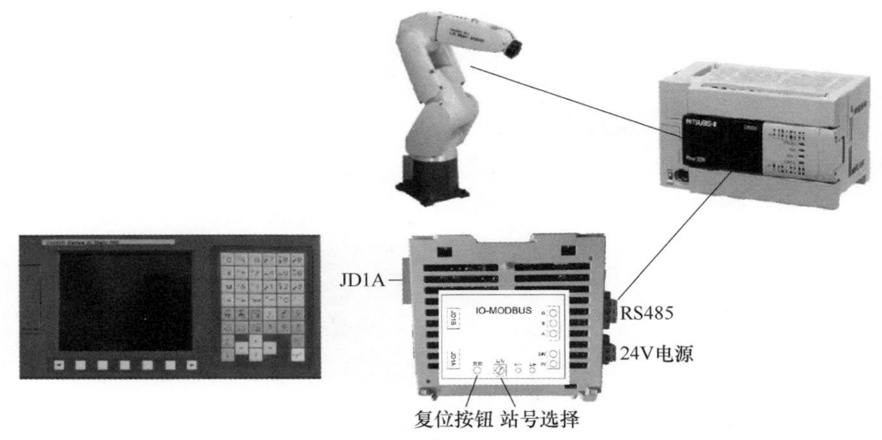

图 4.10-3　IO-MODBUS 模块连接

2. 如何与机床 MODBUS 通信

（1）模块接口说明

屹高 MODBUS 模块接口说明如图 4.10-4 和图 4.10-5 所示。

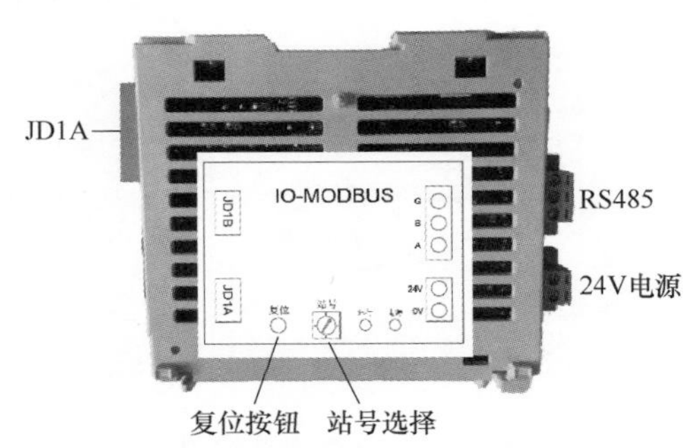

图 4.10-4　屹高 MODBUS 模块接口说明（1）

图 4.10-5　屹高 MODBUS 模块接口说明（2）

本模块可通过 RS485 MODBUS RTU 协议获取 FANUC 梯形图的输入输出信号，可获取 16 点输入信号，可控制 24 点输出信号，站号设置可选择 0~16。

（2）模块连接方法

1）将本模块安装在导轨上。

2）连接 I/O Link 电缆，从上一级 I/O 模块的 JD1A 接口连接到本模块 JD1B。

3）连接 DC 24V 电源，注意 0V 和 24V 的端子顺序。

4）连接 RS485 通信电缆，注意 A/B/G 的端子顺序。

5）通过拨码开关设置本模块的站号。

6）本模块通电，观察电源指示灯是否点亮，然后观察运行指示灯是否点亮。

3. FANUC PMC 设定

通过 LADDER Ⅲ软件打开设备 PMC 文件，在 I/O Module 中按照如下设置，如图 4.10-6 所示。注意 I/O 模块组号的设置，建议 X 和 Y 的偏移都设置为 100。

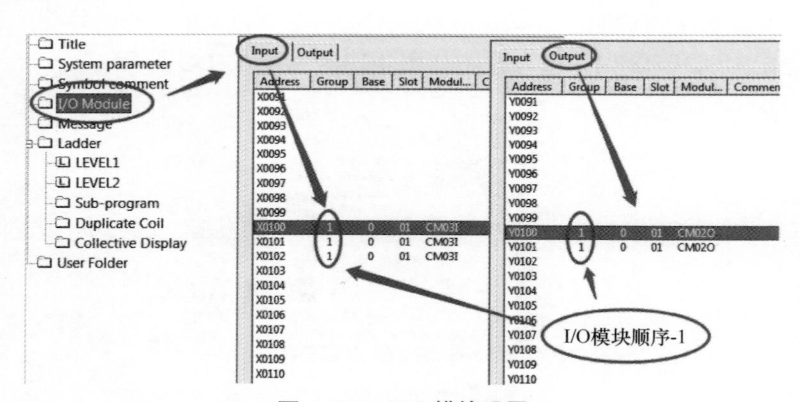

图 4.10-6　I/O 模块设置

编译 PMC 并保存，将修改后的文件导入 FANUC 系统。

4. MODBUS 通信

（1）读取输入信号

以本模块输入地址偏移 100 为例，读取 FANUC 系统 Y100.0~Y101.7 这 16 个点的当前信号状态（见图 4.10-7），减去偏移实际地址为 Y0.0~Y1.7 这 16 个点，起始地址为 0x00，数量为 0x10。

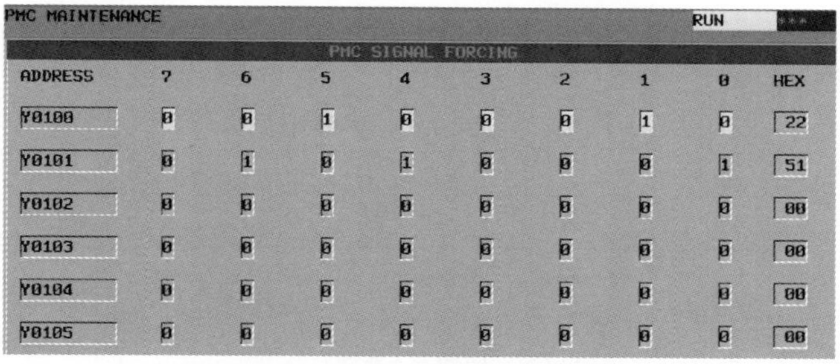

PMC MAINTENANCE　RUN

PMC SIGNAL FORCING

ADDRESS	7	6	5	4	3	2	1	0	HEX
Y0100	0	0	1	0	0	0	1	0	22
Y0101	0	1	0	1	0	0	0	1	51
Y0102	0	0	0	0	0	0	0	0	00
Y0103	0	0	0	0	0	0	0	0	00
Y0104	0	0	0	0	0	0	0	0	00
Y0105	0	0	0	0	0	0	0	0	00

图 4.10-7　读取输入信号

发送信号 01 02 00 10 00 10 78 03 和返回信号见表 4.10-1。

表 4.10-1　信号发送与返回

动作	站点号（1Byte）	功能码（1Byte）	起始地址高位（1Byte）	起始地址低位（1Byte）	数据总位数高位（1Byte）	数据总位数低位（1Byte）	CRC（1Byte）	（1Byte）
发送	01	02	00	10	00	10	78	03
动作	站点号（1Byte）	功能码（1Byte）	字节数（1Byte）	X100 状态 0010 0010	X101 状态 0101 0001	CRC（1Byte）	（1Byte）	
返回	01	02	02	22	51	60	E4	

（2）控制输出信号

以本模块输出地址偏移 100 为例，控制 FANUC 系统 X100.0~X102.7 中任意一个点的当前信号状态，如图 4.10-8 所示。

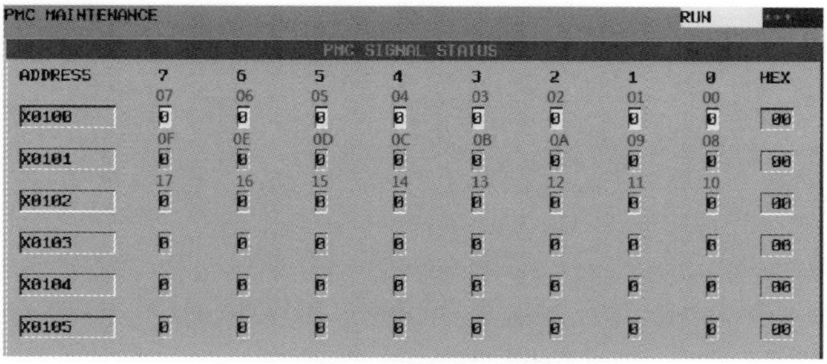

PMC MAINTENANCE　RUN

PMC SIGNAL STATUS

ADDRESS	7	6	5	4	3	2	1	0	HEX
	07	06	05	04	03	02	01	00	
X0100	0	0	0	0	0	0	0	0	00
	0F	0E	0D	0C	0B	0A	09	08	
X0101	0	0	0	0	0	0	0	0	00
	17	16	15	14	13	12	11	10	
X0102	0	0	0	0	0	0	0	0	00
X0103	0	0	0	0	0	0	0	0	00
X0104	0	0	0	0	0	0	0	0	00
X0105	0	0	0	0	0	0	0	0	00

图 4.10-8　控制输出信号

以表 4.10-2 为例，需要设置 FANUC 系统 X101.0，减去偏移实际地址为

X1.0，从 X0.0 开始，第 8 个点地址为 0x08。

- 设置信号为 1，发送 01 05 00 08 FF 00 0D F8。
- 设置信号为 0，发送 01 05 00 08 00 00 4C 08。

表 4.10-2　MODBUS 示例

动作	站点号（1Byte）	功能码（1Byte）	线圈地址高位（1Byte）	线圈地址低位（1Byte）	强制状态（ON/OFF）		CRC（1Byte）	（1Byte）
发送 ON	01	05	00	08	FF	00	0D	F8
发送 OFF	01	05	00	08	00	00	4C	08
动作	站点号（1Byte）	功能码（1Byte）	线圈地址高位（1Byte）	线圈地址低位（1Byte）	返回状态（ON/OFF）		CRC（1Byte）	（1Byte）
返回 ON	01	05	00	08	FF	00	0D	F8
返回 OFF	01	05	00	08	00	00	4C	08

4.11　FANUC PICTURE 功能介绍

作者：周朋涛　单位：苏州屹高自控设备有限公司

经常会看到森精机、牧野、辛辛拉那提、FANUC 钻铣攻牙机等国外设备的显示器具有一些个性定制界面，可以方便操作员操作及维护机床。图 4.11-1 和图 4.11-2 所示为定制的换刀管理界面。

这个界面被 FANUC 公司命名为 PICTURE 功能。下面以增加一个自动刚性攻丝的界面为例，简要说明如何修改功能。

1）从 FANUC 公司开通 PICTURE 功能，FANUC 0i-F plus 系统已为标配功能。

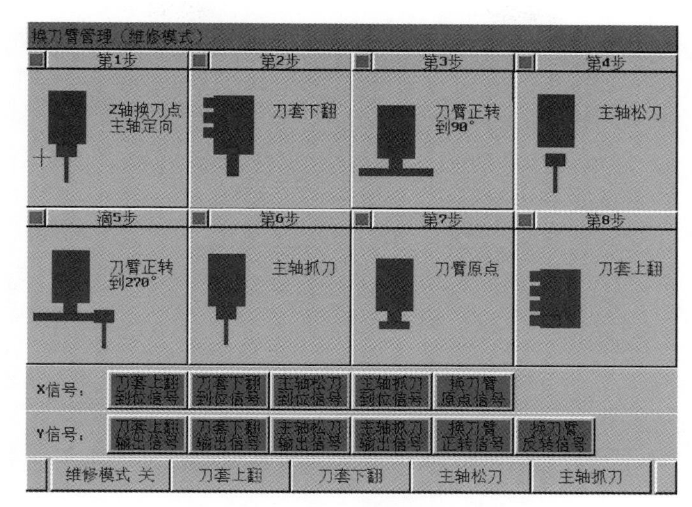

图 4.11-1 【换刀臂管理】界面

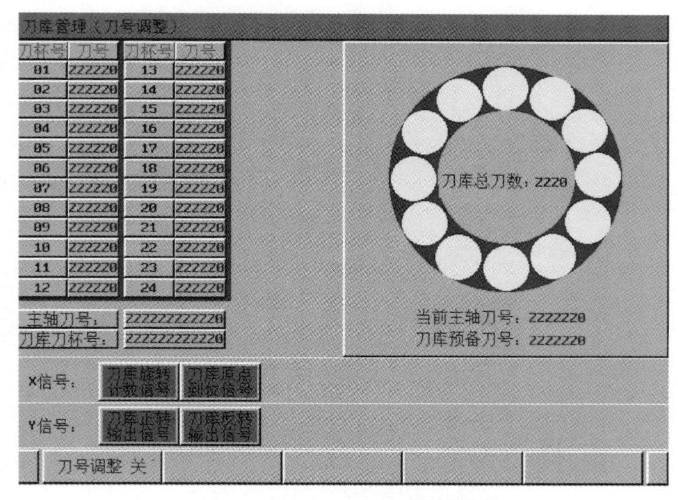

图 4.11-2 【刀库管理】界面

2）修改参数。

6051=210（执行 G210，调用 9011 号宏程序）

8661=59

8662=4

8781=64

3202.4=1（打开 9000 号宏程序编辑功能）

3）编写宏程序，如图 4.11-3 所示。

```
O9011                              X#710Y#711
G90G#802X#700Y#701                 IF[#808EQ6]GOTO100
G43H#809Z20M08                     X#712Y#713
M29S#807                           IF[#808EQ7]GOTO100
G84Z#803R#804P#805F#806            X#714Y#715
IF[#808EQ1]GOTO100                 IF[#808EQ8]GOTO100
X#702Y#703                         X#716Y#717
IF[#808EQ2]GOTO100                 IF[#808EQ9]GOTO100
X#704Y#705                         X#718Y#719
IF[#808EQ3]GOTO100                 N100G80M09
X#706Y#707                         G91G0G28Z0M05
IF[#808EQ4]GOTO100                 N110M99;
X#708Y#709
IF[#808EQ5]GOTO100
```

图 4.11-3 编写宏程序

4）用 PICTURE 软件编写攻丝模块和攻丝参数，如图 4.11-4 和图 4.11-5 所示。

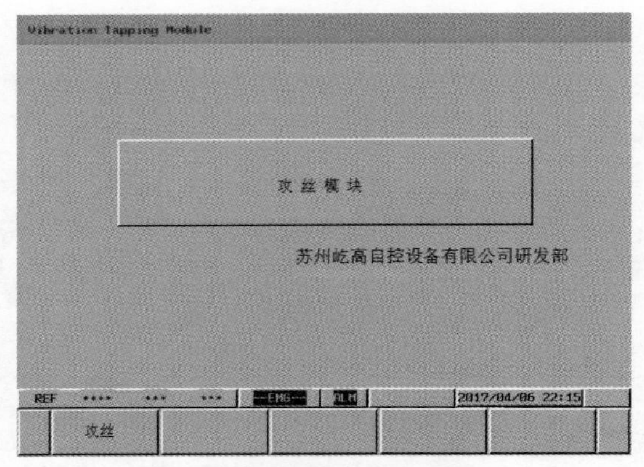

图 4.11-4 【攻丝模块】界面

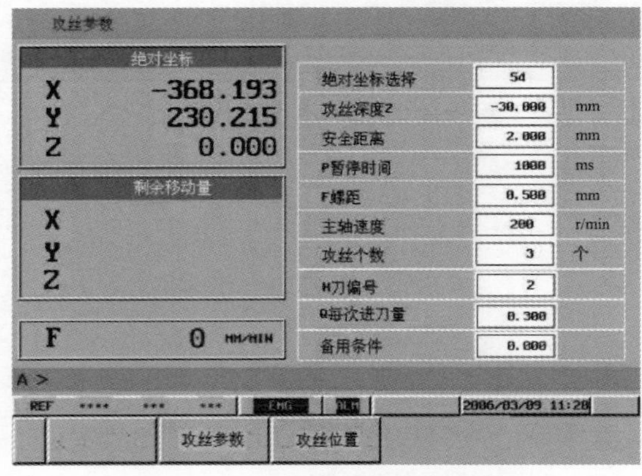

图 4.11-5 【攻丝参数】界面

5）把编辑好的界面和程序从计算机上复制到 CF 卡里，然后通过 BOOT 界面的 SYSTEM DATA LOADING 上传到 FANUC 系统。

6）在攻丝时，输入图 4.11-6 中的数据，并执行 G210，即可完成刚性攻丝作业。

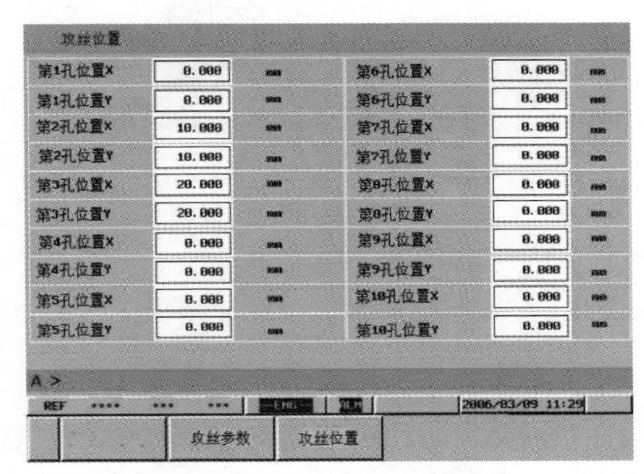

图 4.11-6 【攻丝位置】界面

4.12　加工中心硬轨改线轨的原因

作者：陈军　单位：苏州屹高自控设备有限公司

1. 背景：

客户有一台 MV-1890 加工中心，机床使用 3 年后，每年都要贴塑 / 铲刮，钱花了不少，修好的机床用不了多久就需要大修，产品精度不稳定，还延误生产进度，卖掉又不值几个钱，这种问题可以通过升级改造来解决。

首先需要了解什么是硬轨和线轨？

2. 硬轨

硬轨如图 4.12-1 所示。加工中心在加工时是滑动摩擦，属于面接触，接触面大，摩擦力大，快速移动的速度慢。因为硬轨是面与面接触，接触面大，吸振性较好，机床运行更加平稳，适合重切削。图 4.12-2 所示为工人在铲刮硬轨。

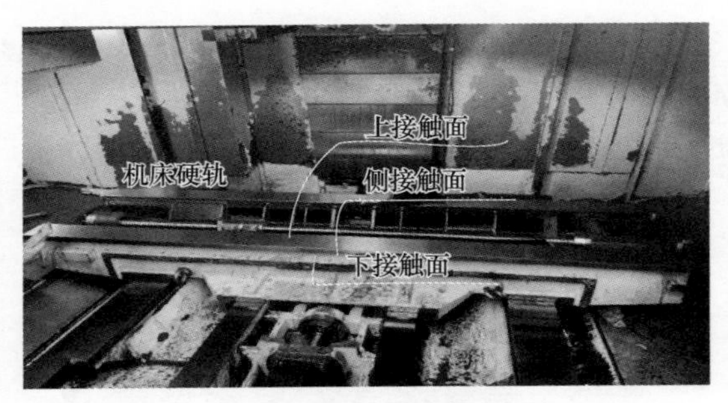

图 4.12-1 硬轨

3. 线轨

使用线轨的加工中心运动速度快，而且滚动阻力小，没有爬行现象，润滑也方便。长时间使用后，精度损失较小。线轨安装如图 4.12-3 所示。

图 4.12-2 铲刮硬轨

图 4.12-3 线轨安装

镶钢（有的贴塑）导轨在重载的情况下用得较多，润滑对它来说是个很重要的事情。线轨加工中心加工时，线轨是滚动摩擦，点或线接触，接触面小，摩擦力也小，所以无论是传动效率还是使用寿命，线轨都要较硬轨理想很多。线轨主要应用于高速加工和模具行业，以及切削量小，快速走刀的机械加工。

线轨和硬轨的比较见表 4.12-1。

表 4.12-1 线轨和硬轨的比较

项　目	线　轨	硬　轨
精度	高	低
速度	快	慢

（续）

项　目	线　轨	硬　轨
动态性能	好	中等
阻力	小（滚动摩擦）	大（滑动摩擦）
承载能力	低	高
刚性	中 / 低	高
成本	高	低
维护保养	简单方便（维护润滑）	比较复杂（润滑、整体斜铁）
维修	简单	复杂（拆解、贴塑、铲刮）
主轴扭矩	中低	高
适用范围	小型机床（精密加工）	中大型机床（模具加工 / 镗铣床 / 龙门 Z 轴）

通过表 4.12-1 可以看出，硬轨是传统技术，线轨是新技术。在同等规格和精度下，线轨要比硬轨便宜。现在有许多机床厂已经放弃了硬轨，转而采用了线轨。

4. 案例

通过对客户产品的充分了解，制订了 MV-1890 加工中心工作台的改造方案，如图 4.12-4 所示。

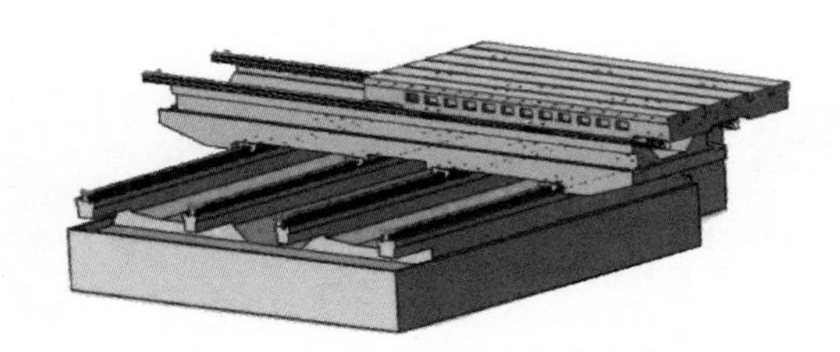

图 4.12-4　工作台的改造方案

1）机床 X 轴、Y 轴硬轨改为线轨，Z 轴贴塑铲刮。
2）修复机床 X 轴、Y 轴、Z 轴丝杠。
3）更换机床 X 轴、Y 轴、Z 轴轴承。
4）重新定制防护罩。
5）重新设计并更换机床油路。
6）使用激光干涉仪和、球杆仪和伺服 GUIDE 对机床参数优化。
7）试加工：圆 / 菱方 / 打孔 / 攻丝 / 曲面加工。

4.13 FANUC 系统位置开关功能在自动化产线中的应用

作者：义锐　单位：陕西法士特齿轮有限责任公司

在自动化产线设计或改造过程中，常常需要让机床的一个或多个轴退回到具体的安全位置后，机器人才能进入机床内部。那么，如何能让机器人或其他辅助设备知道轴已经回到了安全位置呢？最常用的做法是应用 FANUC 数控系统位置开关功能。

下面以加工中心（该加工中心为 FANUC 0i-F PLUSE 系统）为例来讲解该功能应用，具体操作步骤如下。

1. 确定加工中心各轴的安全位置

注意，产线要求加工中心的三个轴移动到如下位置时机器人才可以进入加工中心内部进行操作：X 轴移动到 –400.1~-399.9mm 之间；Y 轴动动到 –200.1~–199.9mm 之间；Z 轴移动到 –5.00~0.00mm 之间。

如图 4.13-1 所示，三个轴均达到了机床所要求的位置。

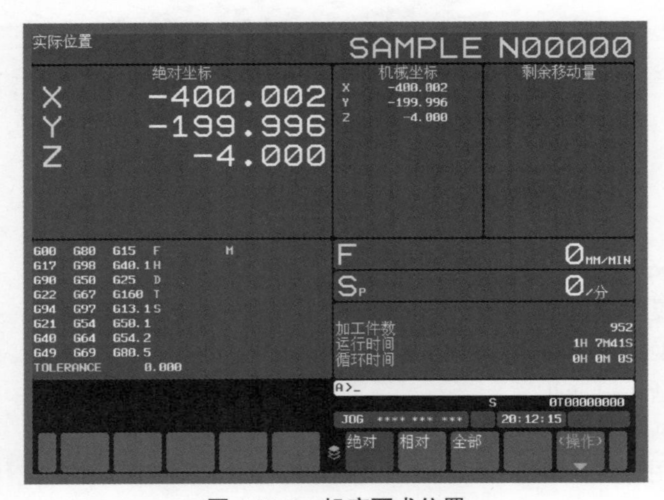

图 4.13-1　机床要求位置

2. 开通功能设置参数

（1）对应轴号设定

- 6910=1（X 轴）；
- 6911=2（Y 轴）；
- 6912=3（Z 轴）。

对应轴号设定如图 4.13-2 所示。

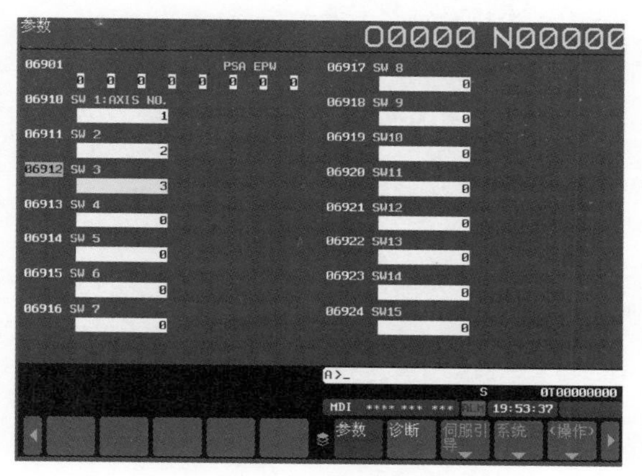

图 4.13-2　对应轴号设定

（2）对应轴的最大坐标值设定

- 6930=–399.9（X 轴最大值）；
- 6931=–199.9（Y 轴最大值）；
- 6932=0.00（Z 轴最大值）。

对应轴的最大坐标值设定如图 4.13-3 所示。

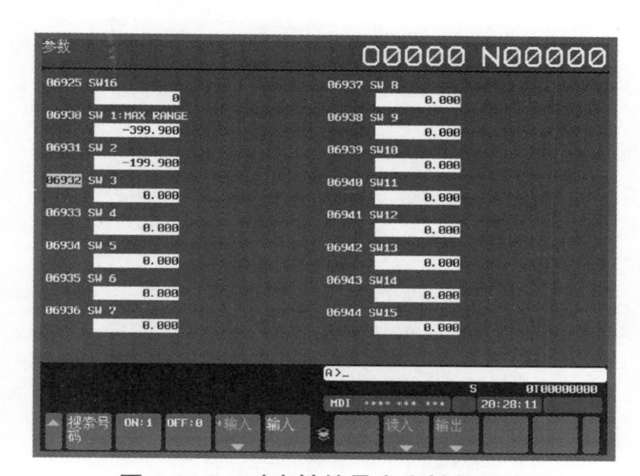

图 4.13-3　对应轴的最大坐标值设定

（3）对应轴的最小坐标值设定

- 6950=–400.100（X 轴最小值）；
- 6951=–200.100（Y 轴最小值）；
- 6952=–5.000（Z 轴最小值）。

对应轴的最小坐标值设定如图 4.13-4 所示。

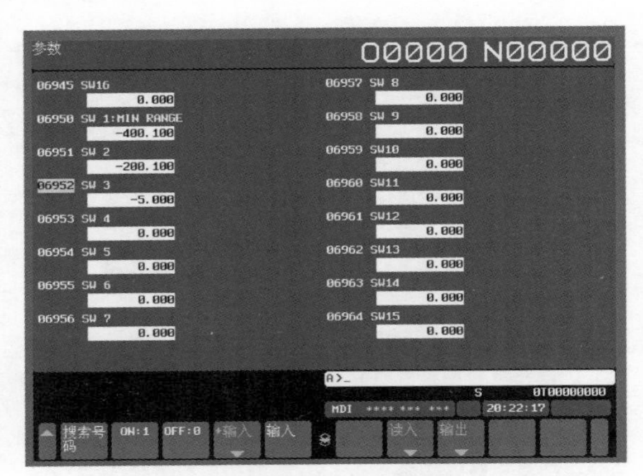

图 4.13-4　对应轴的最小坐标值设定

以上参数含义：

- 当机械坐标 X 轴在 –400.1~–399.9mm 范围内时，F70.0 信号为 1；
- 当机械坐标 Y 轴在 –200.0~–199.9mm 范围内时，F70.1 信号为 1；
- 当机械坐标 Z 轴在 –5.0~0.0mm 范围内时，F70.2 信号为 1。

如图 4.13-5 所示，当三个轴机械坐标符合要求时，F70.0（X 轴）=1，F70.1（Y 轴）=1，F70.2（Z 轴）=1。

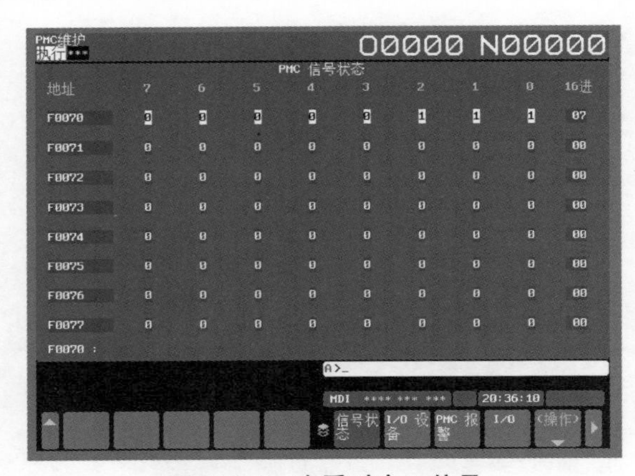

PMC维护　O0000 N00000

PMC 信号状态

地址	7	6	5	4	3	2	1	0	16进
F0070	0	0	0	0	0	1	1	1	07
F0071	0	0	0	0	0	0	0	0	00
F0072	0	0	0	0	0	0	0	0	00
F0073	0	0	0	0	0	0	0	0	00
F0074	0	0	0	0	0	0	0	0	00
F0075	0	0	0	0	0	0	0	0	00
F0076	0	0	0	0	0	0	0	0	00
F0077	0	0	0	0	0	0	0	0	00

F0070 :

A>_

MDI　20:36:10

信号状态　I/O 设备　PMC 报警　I/O　(操作)

图 4.13-5　查看对应 F 信号

3. 自动化改造时机床梯形图

图 4.13-6 所示为自动化改造时机床梯形图修改实例。

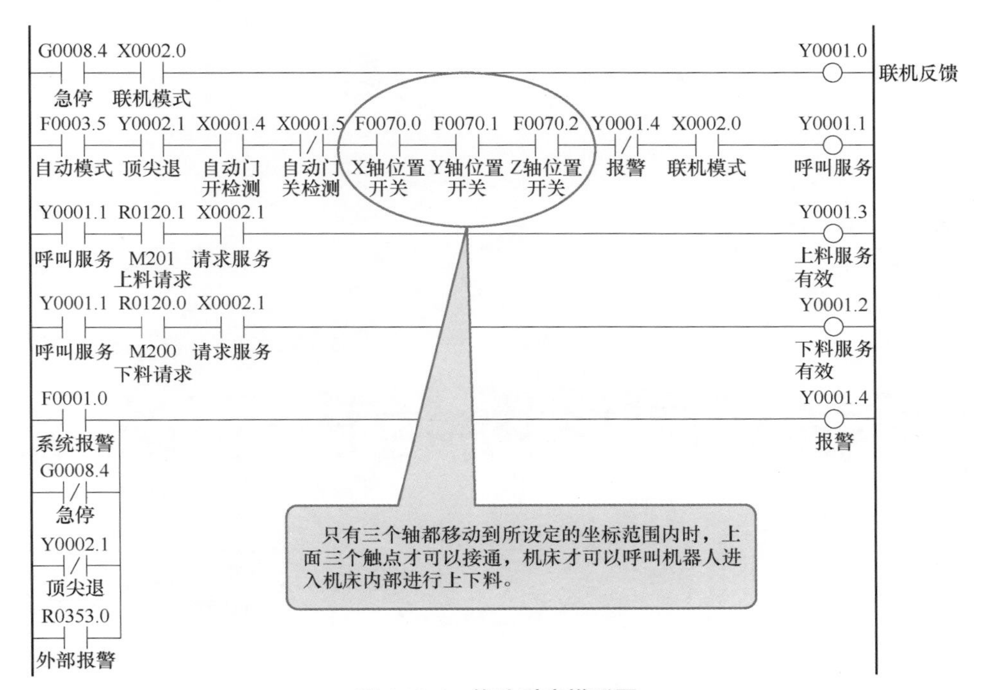

图 4.13-6　修改对应梯形图

FANUC

第5章 综合故障诊断与机床保养

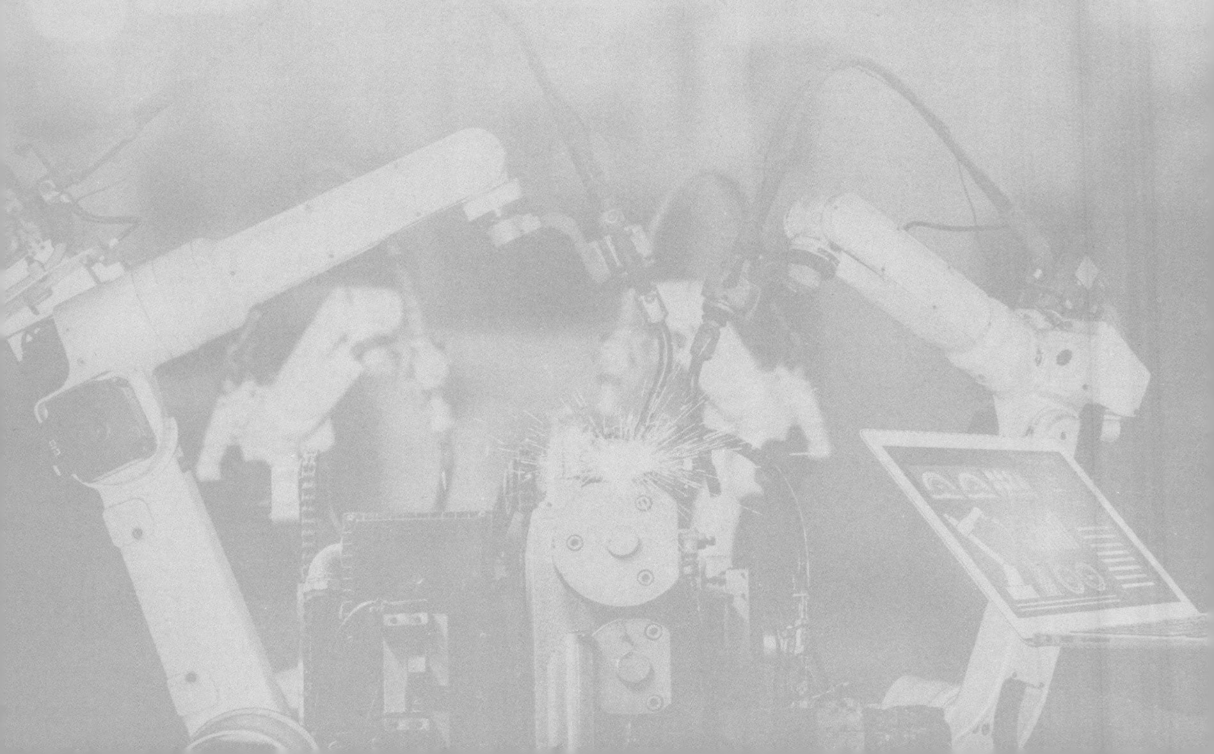

5.1　长时间停机引起的故障

作者：胡定国　单位：宁波亚德客自动化工业有限公司

由于无法抗拒事件影响，很多企业无法开机复工。数控机床是精密设备，平时应按照操作手册进行维护保养，如果长时间停机，会造成数据丢失或电路板老化等故障。开机后，一般常见的故障如下。

1. 风扇报警

当机床停机后，机床内部的风扇一般比较脏，会有很多油污。如图 5.1-1 所示，当风扇停转之后，油污会流到风扇轴承里，导致风扇短路，或者停转，引起机床风扇报警，或者电源短路。

图 5.1-1　6130-H002 散热风扇

FANUC 风扇报警主要出现在两个位置。

（1）系统风扇

系统背面布局如图 5.1-2 所示，图中上方两个黑色部分为风扇。

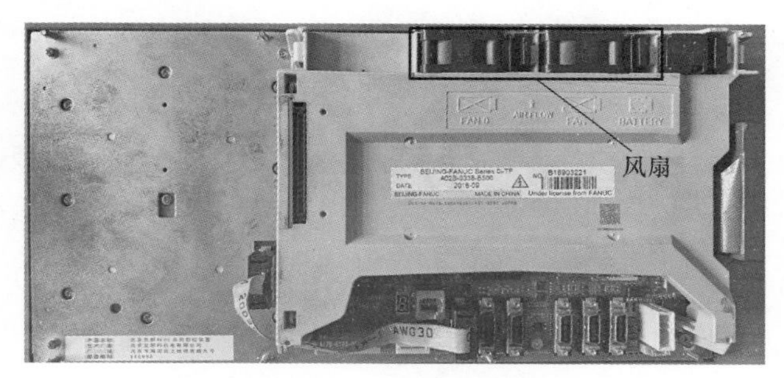

图 5.1-2　系统背面布局

0i-C 系列系统风扇故障报警（此报警可以屏蔽）如图 5.1-3 所示。

0i-D 系列系统风扇故障报警如图 5.1-4 所示。

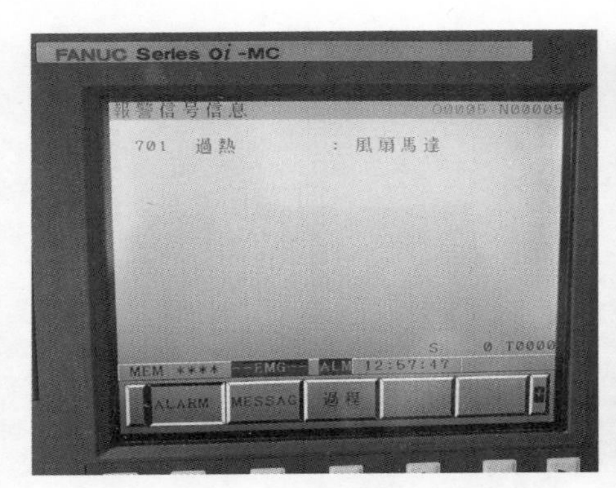

图 5.1-3 0i-C 系列系统风扇故障报警

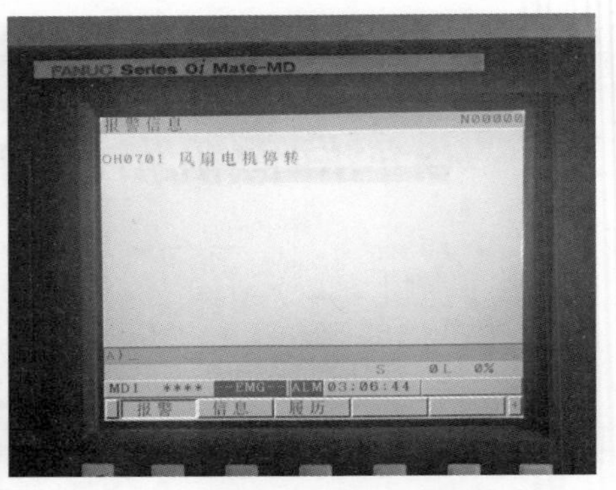

图 5.1-4 0i-D 系列系统风扇故障报警

对于 0i-F 系统来说，开机时会对风扇进行检测，若风扇存在故障，会有报警提示，如图 5.1-5 所示。

图 5.1-5 中的 0/1 代表风扇位置号，这里是指 0 号位置风扇出现故障。风扇位置号在系统背面外壳上可以看到，如图 5.1-6 所示。

图 5.1-5 风扇故障报警提示

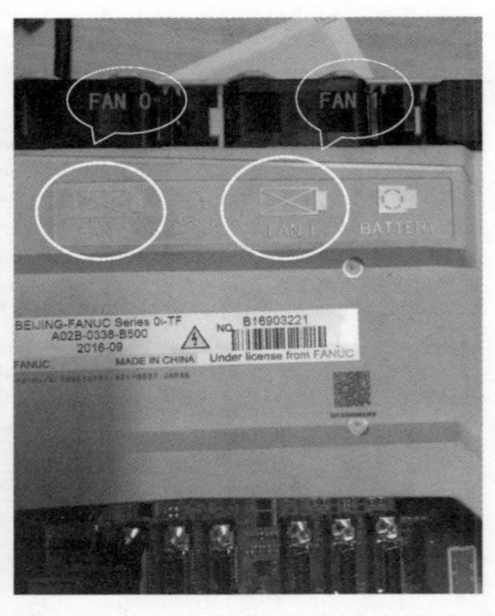

图 5.1-6 0i-F 系列系统对应风扇号

（2）驱动器风扇报警

驱动器的风扇报警时，显示器上也有报警号，可分为下述三种情况。

1）内部风扇报警号如图 5.1-7 所示。

内部风扇位置如图 5.1-8 所示。

2）外部风扇报警如图 5.1-9 所示。

外部风扇位置如图 5.1-10 所示。

图 5.1-7　内部风扇报警号

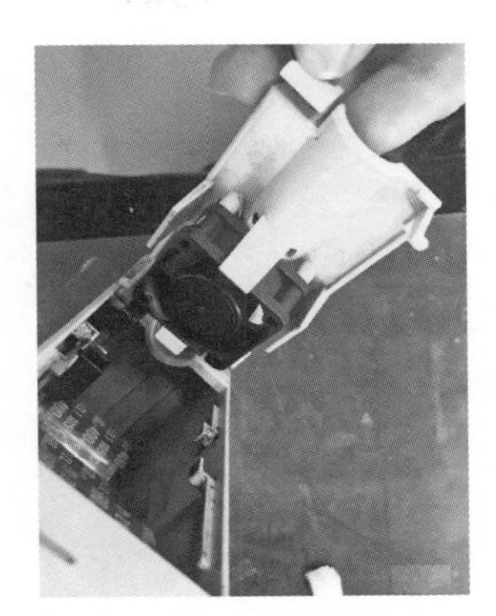

图 5.1-8　内部风扇位置

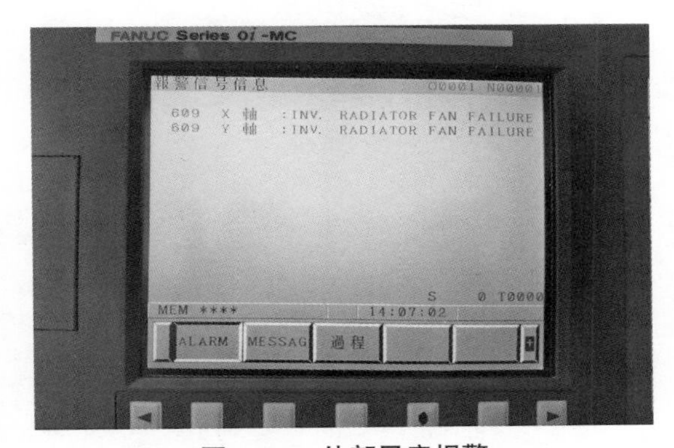

图 5.1-9　外部风扇报警

图 5.1-10　外部风扇位置

3）电源控制板风扇报警如图 5.1-11 所示，电源控制板风扇报警号如图 5.1-12 所示。

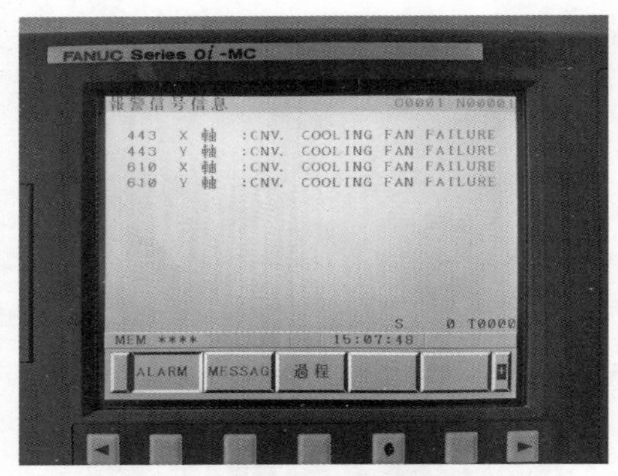

图 5.1-11 电源控制板风扇报警

电源控制板风扇位置如图 5.1-13 所示。

图 5.1-12 电源控制板风扇报警号

图 5.1-13 电源控制板风扇位置

2. 电池报警

（1）系统电池（BAT）电压低报警

当出现这个报警（见图 5.1-14）时，表示 CNC 的系统电池电压低，该电池用于保存 CNC 中的 SRAM 数据（包含 CNC 参数、PMC 参数、加工程序等）。建议立即更换 CNC 系统上的电池，以免造成数据丢失。

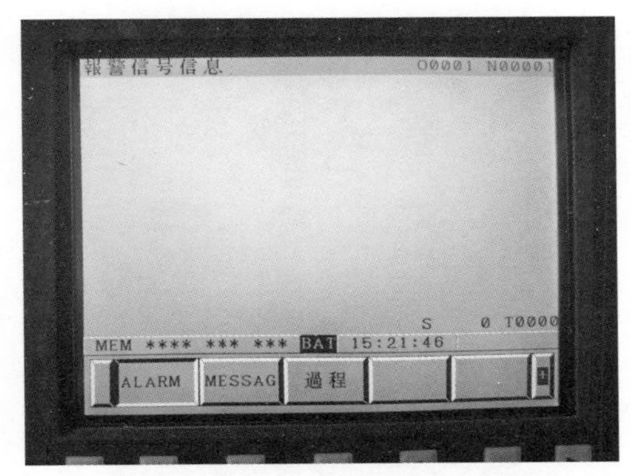

图 5.1-14　系统电池电压低报警

因为没有及时更换系统电池，彻底没电会导致系统参数丢失报警，如图 5.1-15 所示。

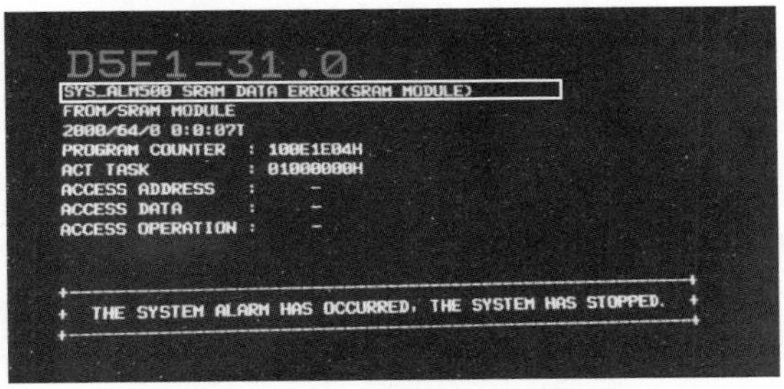

```
D5F1-31.0
SYS_ALM500 SRAM DATA ERROR(SRAM MODULE)
FROM/SRAM MODULE
2000/64/0 0:0:07T
PROGRAM COUNTER  : 100E1E04H
ACT TASK         : 01000000H
ACCESS ADDRESS   :    -
ACCESS DATA      :    -
ACCESS OPERATION :    -

THE SYSTEM ALARM HAS OCCURRED, THE SYSTEM HAS STOPPED.
```

图 5.1-15　系统参数丢失报警

这时需要恢复备份的参数，或者开机时按下 DEL+RESET 键消除报警。

（2）编码器电池报警

编码器电池电压低，APC 会闪烁报警，如图 5.1-16 所示。

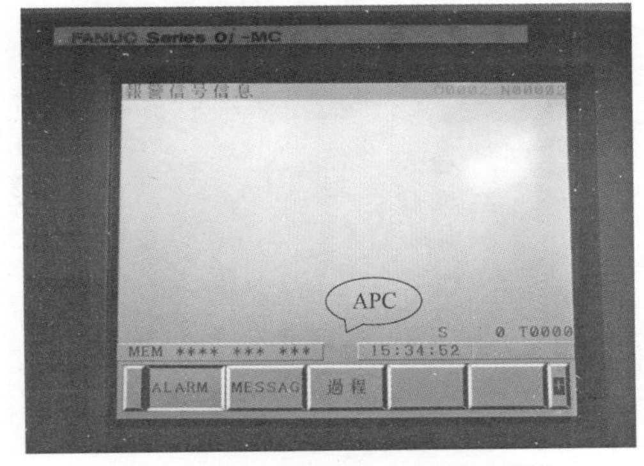

图 5.1-16　编码器电池电压低报警

电池彻底没电或损坏报警如图 5.1-17 所示。

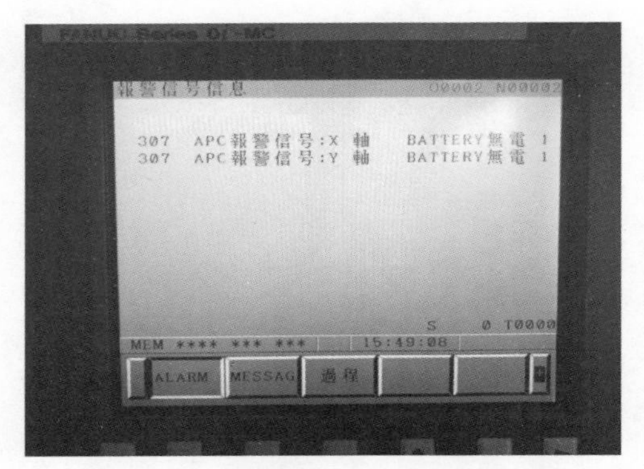

图 5.1-17 电池彻底没电或损坏报警

3. 5136 报警（放大器数量不足）

5136 报警如图 5.1-18 所示。

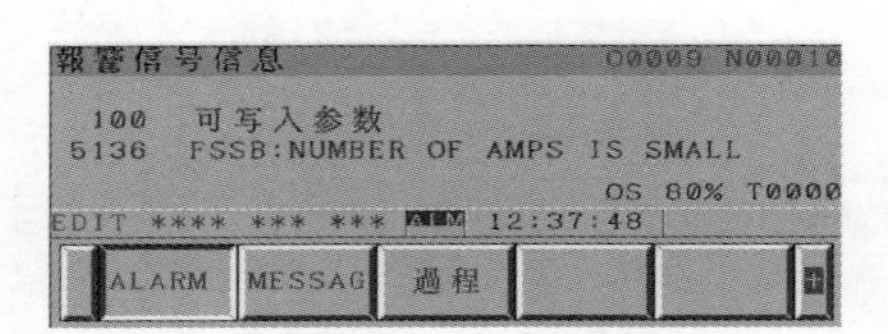

图 5.1-18 5136 报警

电器柜用的 *αi* 伺服驱动器的排列如图 5.1-19 所示。

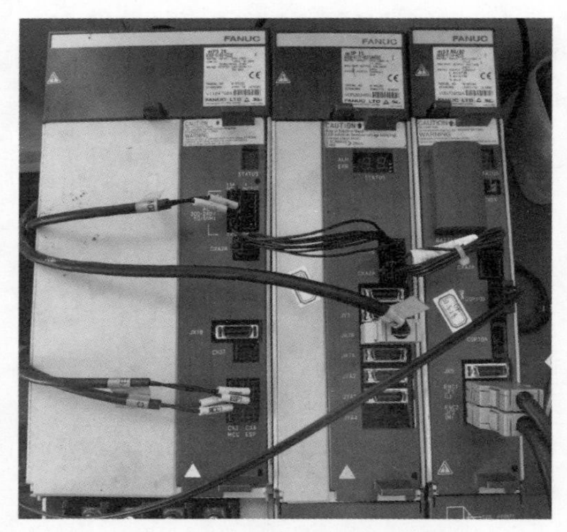

图 5.1-19 电器柜用 *αi* 伺服驱动器的排列

关机几天后开机出现的5136报警，如图5.1-18所示。请检查电源控制板（见图5.1-20），可以用一个好的电源控制板来替换以判断好坏。

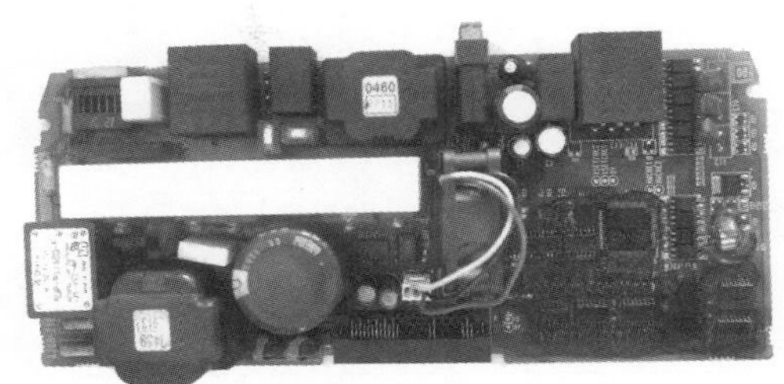

图5.1-20　电源控制板

4. 其他故障

1）密封件。一般的密封件都是橡胶制品，由于密封件老化或液压油不流动，密封圈会硬化，从而导致机床漏油。

2）油路堵塞。因为机床长时间停机，油路中的脏物沉积，导致油路堵塞。

3）机床行程开关类产品里面有弹簧，由于长时间停机，导致机械卡死，弹簧失去作用，开关失效。

4）驱动器电源、主板等电路板上有大量的电容，长时间不通电，电路板电容会老化，容量变低，导致机床电路损坏。

5.2　立式加工中心保养

作者：白斌　单位：苏州屹高自控设备有限公司

随着制造业的快速发展，加工中心作为重要的生产设备，其保养就显得尤为重要。合理的保养既能确保加工中心的稳定运行，提高加工质量，又能延长设备的使用寿命，降低生产成本。立式加工中心如图5.2-1所示。

图5.2-1　立式加工中心

依据工作量的大小和难易程度，保养分为日保养、周保养、半年保养和年保养，加工中心的保养项目见表5.2-1~表5.2-4。

表 5.2-1 加工中心日保养项目

序号	名称	保养方法	检查标准	保养人员
1	主轴气幕保护及打刀吹气功能检查	听、试车	气幕保护及打刀吹气功能正常	操作者
2	主轴内锥孔检查	棉布擦拭	主轴内锥孔无油污、水渍，并喷上轻质油，防止生锈	操作者
3	空气过滤器压力表检查	目测	压力在 6MPa ± 0.5MPa 范围内	操作者
4	液压站压力表检查（有此配置时）	目测	压力在液压站压力要求范围	操作者
5	冷却箱液位检查	目测	水箱、螺旋排屑器时液位不得低于液位计的 1/2；链式排屑器时液位不得低于液位计的 1/3	操作者
6	水 / 油冷机液位检查	目测	水 / 油冷机液位位介于视窗镜面的 1/2	操作者
7	润滑泵液位检查	目测	液位不得低于润滑泵的低位	操作者
8	空调收集盒冷凝水检查	清理	清理冷凝水，冷凝水不得外流	操作者
9	刀柄、筒夹、刀库换刀臂及刀具检查	棉布擦拭或清洗	保证刀柄、筒夹、刀库刀臂及刀具清洁	操作者
10	机床卫生检查	清理铁屑、杂物	机床内部及四周环境整洁	操作者

表 5.2-2 加工中心周保养项目

序号	名称	保养方法	检查标准	保养人员
1	储气罐检查（有此配置时）	手动排水	储气罐压力在正常范围内，无积水	操作者
2	各管路检查	目测	管路无破损、无泄漏	操作者
3	刀库运转检查	目测、试车	刀库换刀臂动作或刀盘回转顺畅，紧固刀具拉钉	操作者、保养者

表 5.2-3 加工中心半年保养项目

序号	名称	保养方法	检查标准	保养人员
1	X、Y、Z 三轴导轨及丝杠润滑情况检查	目测	各导轨、丝杠润滑良好	操作者
2	主轴打刀缸油杯中的油量检查	目测	油量不得低于油杯 1/3 容积（油量占油杯 2/3 容积）	操作者
3	系统面板、操作面板及手轮上控制开关和按键的功能动作检查	目测、试车	无破损、固定无松动，控制开关和按键功能动作正常	操作者、保养者
4	冷却箱检查	清洗	清洗过滤网，清理水箱内杂质	操作者
5	检查机床保护接地性	万用表	测量接地电阻在规定的指标内（<4Ω）	保养者
6	定期清理电柜、数控装置的散热通风装置，清理电动机风扇	清理，擦拭，干燥	无灰尘、无油污、干燥	保养者
7	存储器用电池的定期检查和更换	每隔半月开机一次，在空气温度较大的梅雨季节，应每天给 CNC 系统通电	当电池电压下降到限定值或出现电池电压报警时，就要及时更换电池。更换电池时，一般要在 CNC 系统通电状态下进行，这样才不会造成存储参数丢失	保养者
8	定期对电箱内的接线头、线缆插头的牢固性、可靠性进行检查，避免虚接情况出现	紧固接线端子和线缆插头	无松动、无虚接情况出现	保养者
9	定期检查接触器，继电器和断路器	目视，触摸（断电后），手动进行断路器通断切换，紧固端头	电器元件整洁无变化，无异常发热情况，通断按压正常，端头接线紧固	保养者
10	对外围检测设备进行检查	目测、按压、功能检查	检查安装是否紧固，功能是否正常	保养者
11	X、Y、Z 三轴伸缩防护罩及各轴导轨面或滑块的刮屑板检查	听、目测	伸缩防护罩运行声音正常，导轨面或滑块刮屑效果良好	保养者、操作者

（续）

序号	名称	保养方法	检查标准	保养人员
12	配重块链条磨损情况检查（有此配置时）	目测	配重块链条无磨损，并添加油脂润滑配重链条	保养者
13	热交换器、油冷机、空调的过滤网检查，保持清洁	清洗后干燥	保证过滤网清洁	保养者、操作者
14	中心出水过滤机检查（有此配置时）	清洗、更换滤袋	水箱无沉积物、更换滤袋（报警开关发出信号）	保养者、操作者
15	润滑泵滤网检查	目测、清理	润滑泵内部无油污及杂质	保养者、操作者
16	检查机床水平	水平仪	要求水平仪行程中点0.02/1000	保养者

表 5.2-4　加工中心年保养项目

序号	名称	保养方法	检查标准	保养人员
1	主轴同步带检查	目测及按压	磨损和涨紧情况，及时调整或更换	保养者
2	伺服电动机与联轴器连接状况检查	听	声音无异响	保养者
3	更换换刀机构凸轮箱、转台、交换台的润滑油（有此配置时）	更换新润滑油		保养者

加工中心保养清单见表 5.2-5。

表 5.2-5　加工中心保养清单

序号	保养部位	检查内容	检查要求
1	操作面板	1）检查电气装置是否有异味、变色 2）接触面是否有磨损及接触螺钉的松紧情况 3）脏物检查并清理	要求清洁、安全可靠
2	强电柜	1）换气扇清洁清洗 2）油雾清洗 3）灰尘清洗 4）整理线路 5）检查并紧固各接线螺钉	

（续）

序号	保养部位	检查内容	检查要求
3	电气装置	1）检查传感器和电磁阀安装螺钉和接线螺钉 2）通过具体的操作检查其功能和动作情况	要求可靠、安全
4	伺服电动机	检查轴承等处的不正常声音、不正常的温升情况	
5	工作台	1）台面及T形槽 2）对于可交换工作台，检查托盘上下表面及定位销	要求清洁、无毛刺
6	主轴装置	1）主轴锥孔 2）主轴拉刀机构 3）主轴冷却风扇 4）主轴箱内更换润滑油和清洗滤网检查 5）检查轴承等处的不正常声音、不正常的温升情况 6）检查带外观，松紧度检查，并清理带轮 7）主轴电动机声音及振动、温升、绝缘电阻	要求在正常范围内，清洁、安全可靠
7	各坐标轴进给传动装置	1）检查、清洁各坐标传动机构及导轨和毛毡或刮屑器 2）各坐标限位开关、减速开关、零位开关及机械保险机构 3）调整丝杆螺母副的反向间隙 4）检查丝杆支承与床身的连接 5）支承与轴承是否损坏 6）丝杆与拖板连接是否良好	要求清洁无污、无毛刺，安全可靠
8	自动换刀装置	1）检查刀库的回零位置是否正确 2）机床主轴换刀点的位置是否到位，必要时进行调整 3）检查各行程开关和电磁阀能否正常动作 4）检查刀具在机械手上锁紧是否可靠，必要时进行处理 5）检查气压是否符合要求	
9	液压系统	1）检查减压阀、溢流阀、过滤器和油箱，必要时清洗、更换或过滤液压油 2）更换液压油，清理过滤器，漏油检查 3）检查油箱，油泵有无异响噪声，压力表指示是否正常，工作油面高度是否正常 4）检查平衡油压系统平衡压力指示正常，快速移动时平衡阀工作是否正常	要求清洁、无污，压力指示符合规定，指示灵敏、准确

（续）

序号	保养部位	检查内容	检查要求
10	气动系统	1）检查气动控制系统压力是否在正常范围内，必要时进行调整 2）清洗或更换空气滤清器 3）清理分水器中滤出的水分，保证自动空气干燥器工作正常 4）检查气液转换器和增压器油面	要求清洁无污，无泄漏，在正常范围内
11	冷却系统	1）清洗冷却液箱，必要时更换冷却液 2）检查冷却泵、液路，清洗滤网 3）清洗、清理切屑，检查有无卡堵 4）排屑器上各按钮开关工作是否正常	要求清洁无污、无泄漏。位置正确，排屑器运行正常
12	中心润滑系统	1）检查油表、油量，添加润滑油 2）检查管路是否漏油、堵塞和破裂 3）检查、清理润滑油池底，必要时更换过滤器 4）检查主轴润滑恒温油箱，确保油量充足并工作正常，润滑油温在控制范围内。检查过滤器箱体，必要时清洗、更换润滑油	要求无泄漏，压力指示灵敏、准确，清洁无污，油路畅通、无泄漏，润滑油必要时加至游标上限
13	导轨	1）清除切屑和脏物，检查润滑油是否充分，导轨有无划伤 2）检查各导轨上镶条、压紧滚轮的松紧状态 3）导轨、机床防护罩等无松动	要求在正常范围内无松动
14	机床NC系统	1）NC控制器外观和功能检查 2）I/O PCB背板、操作面板MDI、系统程序检查、应用程序检查 3）检查CNC装置内各个印制线路板是否紧固，各个插头有无松动 4）检查CNC装置与外界之间的全部连接电缆是否按提供的连接手册的规定正确而可靠的连接 5）检查CNC装置内的各种硬件设定是否符合CNC装置的要求 6）检查CNC装置所用电网电压是否符合要求 7）检查存储器电池是否失效，必要时更换	要求安全可靠，无松动，在正常范围内
15	机床精度的检查	1）X、Y、Z轴反向间隙检查 2）机床精度失效检查 3）水平的校正 4）机床数据的备份	检查是否在机床精度范围内，并提出整改意见
16	整机外观	1）全面擦拭机床表面及死角 2）清理、清洁机床周围环境	要求清洁无污

5.3 SYS_ALM129（926）黑屏报警案例

作者：赵智智 单位：苏州屹高自控设备有限公司

在FANUC系统中，同样的故障原因，产生的报警代码可能不一样，如老系统（0i-B、0i-C、18i等）的926黑屏报警（见图5.3-1），其原因和新系统（0i-D、0i-F、31i）的SYS_ALM129报警是一致的，如图5.3-2所示。

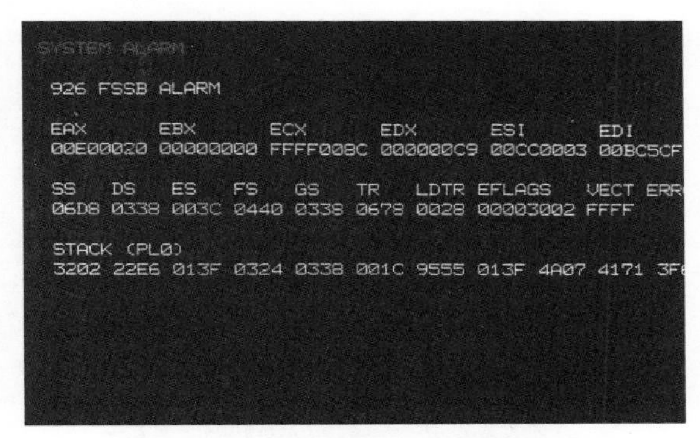

图5.3-1 老系统的926黑屏报警

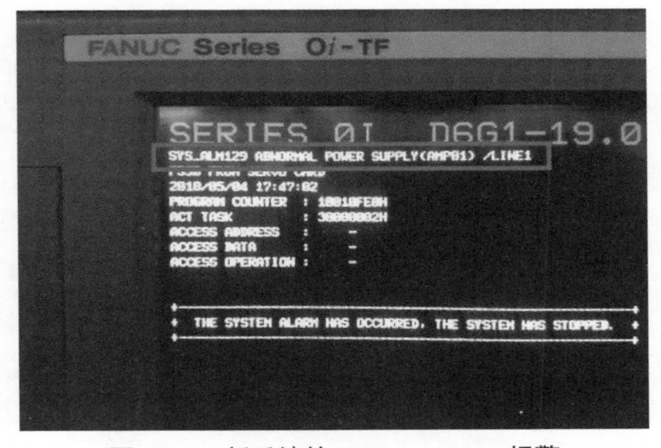

图5.3-2 新系统的SYS_ALM129报警

如何检查该故障，FANUC 0i-B、0i-C、18i系列维修说明书中的解决方案如图 5.3-3 所示。

926报警
（FSSB报警）

● 原因和处理

连接CNC和伺服放大器的FSSB（伺服串行总线）发生故障。

如果连接轴控制卡的FSSB光缆和伺服放大器出现问题，就会发生此报警。

● 确认故障位置

使用伺服放大器上的LED判断。
使用伺服放大器上的7段LED可以确认故障的位置。

FSSB连接举例

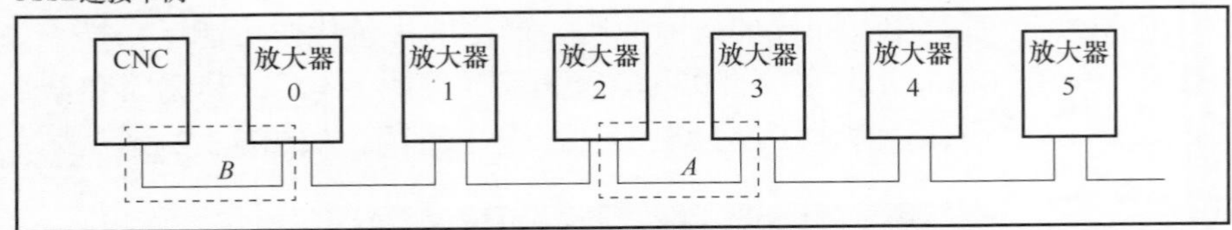

如虚线所示的*A*部分出现了故障，伺服放大器上的LED显示如下

放大器号	放大器0	放大器1	放大器2	放大器3	放大器4	放大器5
LED显示	“–”	“–”	“L”或“–”	“U”	“U”	“U”

这种情况，下列地方可能出现故障：

1) 从那些LED显示为“L”或“–”的到那些LED显示为“U”的伺服放大器之间的连接光缆。图中，*A*部分的连接光缆可能不良。

2) 从那些LED显示为“L”或“–”的到那些LED显示变为“U”的伺服放大器间两侧的任何一个放大器。图中，放大器2或3中有一个可能出故障。

如虚线所示的*B*部分出现了故障，伺服放大器上的LED显示如下

放大器号	放大器0	放大器1	放大器2	放大器3	放大器4	放大器5
LED显示	全部显示“–”或全部显示“U”					

这种情况，下列地方可能出现故障：

1) 连接到CNC的光缆。图中，*B*部分的连接光缆可能不良。

2) CNC中的轴控制卡。

3) 连接的第一个伺服放大器（图中的放大器0）可能出现故障。

图 5.3-3 《FANUC 系统维修说明书》中 FSSB 报警详解

在现实维修中，以下相关经验可供参考。

ALM129（926）FSSB 报警是光纤突然中断的报警，电器柜内驱动器的光纤连接如图 5.3-4 所示。

故障点：

1）偶发性 X、Y、Z 轴运行时报警，一般是该轴的反馈线皮磨破，导致短路，引起驱动器突然断电，出现 ALM129（926）报警。可以通过反复移动轴或更换反馈线来判断。

2）如果光纤后面还接了 FANUC 全闭环光栅尺转换盒，如图 5.3-5 所示。

图 5.3-4 电器柜内驱动器的光纤连接

图 5.3-5 全闭环光栅尺转换盒

如果外部的全闭环电缆或读数头有短路，也会产生偶发性 926 报警，可以通过反复移动轴来判断是哪个轴的光栅尺。

3）驱动 24V 输入突然掉电或电压过低也会引起 ALM129（926）报警。可以通过检查电源输入或更换该电源来判断。（有的机床外部三色灯或继电

器损坏，因为与驱动器共用 24V，也会导致这个故障）

4）24V 开关电源，输出电压不稳定（24V 输出电压低，可以用万用表测量），电压中谐波多都可能产生故障，所以直接用新的电源更换最快、最靠谱。

5）系统轴卡坏，需要交换判断。

5.4　SYS_ALM130 报警案例

作者：赵智智　单位：苏州屹高自控设备有限公司

1. 背景

FANUC 0i-MD 系统数控机床只要在 MEM、RMT、MDI 方式下执行循环启动，即出现报警：SYS_ALM130 ABNORMAL POWER SUPPLY（SERVO：PULSE MODULE01）/LINE1，FSSB FROM SERVO CARD 报警。

2. 排查过程

1）启动自动运行，即出现 SYS_ALM130 ABNORMAL POWER SUPPLY（SERVO：PULSE MODULE01）/LINE1 报警。

2）现场检查，只要在 MEM、RMT、MDI 模式下执行指令，按循环启动，即出现 SYS_ALM130 报警。

3）因为 SYS_ALM130 报警提示的是分离型检测器方面的报警，所以现场通过修改参数，并重新进行 FSSB 设定，隔离了分离型检查接口单元 SDU。试机执行循环启动，出现 SYS_ALM197，PC050 I/O Link ER1 CH1：GROO00：03 报警。

4）据此，初步锁定故障为第 0 组 I/O 相关回路问题。

5）对调第 0 组 I/O 模块 A20B-2002-0521 试机问题依旧，可以排除 I/O 模块引起故障，怀疑为第 0 组 I/O 外围线路故障。

6）查看梯形图，循环启动相关的程序：X43.0 为循环启动开关输入点，按下循环启动按钮，输出 G7.2 接通，正常。继续往下查，发现系统循环启动执行后，梯形图有一步是处理系统给出的自动运行启动中信号 F0.5，该信号输出到两个 Y 信号：Y10.0 和 Y3.0，如图 5.4-1 所示。查看电气图发现，这两 Y 信号分别是循环启动开关的灯和机床三色灯的绿色灯。

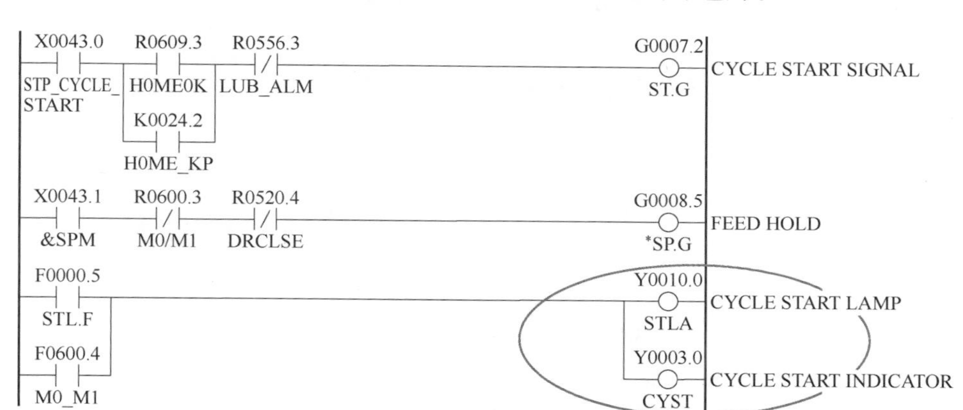

图 5.4-1 查看 Y 信号

7）根据线路图检查，Y10.0 输出回路正常；检查 Y3.0 输出回路，中间有一标号为 _Z25 的继电器，如图 5.4-2 所示，只要该继电器一吸合，即出现故障。

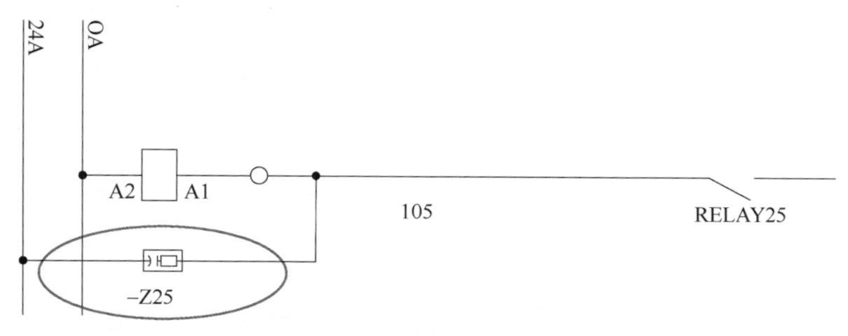

图 5.4-2 继电器位置

8）检查继电器到三色灯的 105 号接线，发现在三色灯下方的管道处有破皮的现象，只要继电器一接通，DC 24V 直接与 0V 短路，瞬间把 24V 拉低，继电器断开，从而发生报警。把该线重新用绝缘胶布包好后，试机正常，故障排除。

3. 结论

由于 SYS_ALM130 的响应速度比 SYS_ALM197 PC050 要快，故先进行了 SYS_ALM130 报警，此时可以通过屏蔽相关回路，进一步确定故障的位置。当锁定故障位置之后，再沿着相关模块查找相关的信号，最终找到故障点，解决问题。

5.5 六种常见系统报警案例

作者：赵智智 单位：苏州屹高自控设备有限公司

1. 编码器断线报警 368

编码器断线报警 368 如图 5.5-1 所示。

图 5.5-1 中所示的 368 报警及相关编码器报警的原因有：

1）伺服电动机后面的编码器有问题，如果客户的加工环境很差，有时会有切削液或液压油浸入编码器中，从而导致编码器故障。

图 5.5-1 编码器断线报警 368

2）编码器的反馈电缆有问题，电缆两侧的插头没有插好。由于机床在移动过程中，坦克链会带动反馈电缆一起动，这样就会造成反馈电缆被挤压或磨损而损坏，从而导致系统报警。尤其是偶然的编码器方面的报警，很大可能是反馈电缆损坏所致。

3）伺服放大器的控制侧电路板损坏。

解决方案：

1）把此伺服电动机上的编码器与其他伺服电动机上的同型号编码器进行互换，如果互换后故障转移，说明编码器本身已经损坏。

2）把伺服放大器与其同型号的放大器互换，如果互换后故障转移，说明放大器有故障。

3）更换编码器的反馈电缆。注意，有时反馈电缆损坏后会造成编码器或放大器烧坏，所以最好先确认反馈电缆是否正常。

2. 风扇故障报警 443、610

电源控制板风扇故障报警如图 5.5-2 所示。

图 5.5-2 所示报警是电源模块控制板内风扇损坏导致的报警（使用 αi 电源模块时），报警时电源模块 PSM 的 LED 显示“2”，主轴放大器 SPM 的 LED 显示“59”。拆下电源模块控制板后，风扇位置如图 5.5-3 所示。

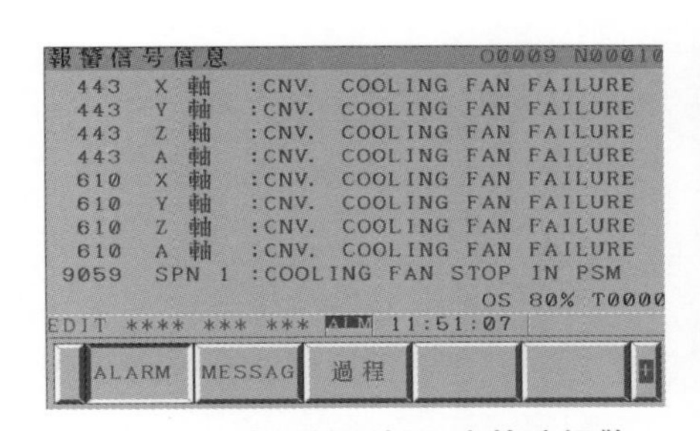

图 5.5-2　电源控制板风扇故障报警

图 5.5-3　电源控制板风扇位置

3. 伺服放大器 SVM 内冷风扇报警 608、444

伺服风扇故障报警如图 5.5-4 所示。

图 5.5-4 中的所示报警表示伺服放大器 SVM 的内冷风扇出现了故障（Z 轴和 A 轴同时出现报警是因为 Z 轴和 A 轴是同一个放大器控制的）。图 5.5-4 中的报警出现时，对应的伺服放大器上的 LED 显示“1”。

4. 主轴和伺服的报警 750、5136

主轴和伺服放大器断开连接报警如图 5.5-5 所示。

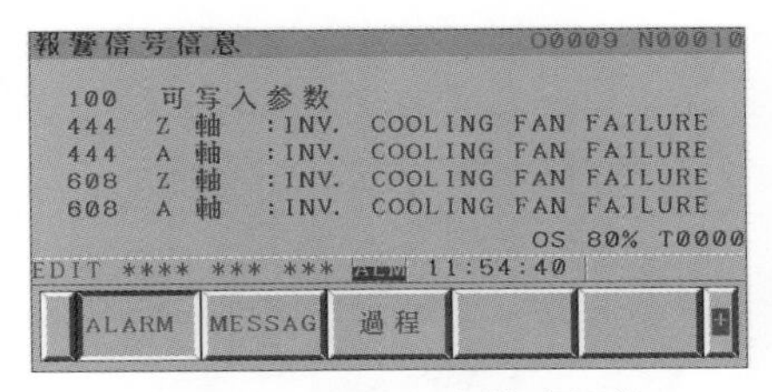

图 5.5-4　伺服风扇故障报警

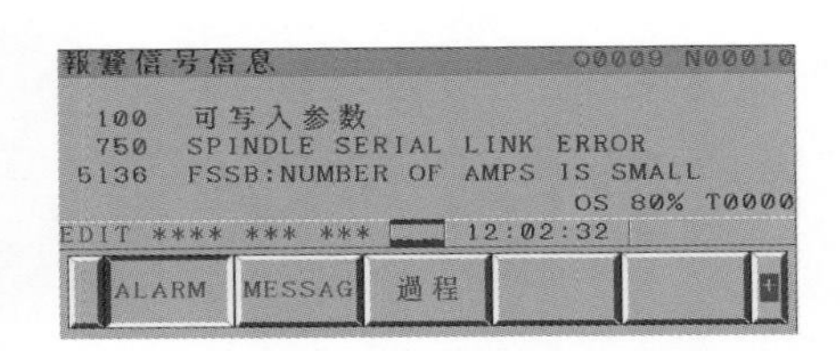

图 5.5-5　主轴和伺服放大器断开连接报警

如果开机出现图 5.5-5 所示的报警，电源模块、主轴放大器、伺服放大器的 LED 一般都无显示。请检查电源模块 PSM 的 CX1A 插头是否有 200V 输入，如果 200V 输入正常，更换电源模块 PSM 的控制板。

5. 光纤通信报警 5136（伺服放大器故障）

如图 5.5-6 所示，出现光纤通信报警 5136。

处理方法：

1）检查每个伺服放大器 SVM 的控制电源 24V 是否正常，LED 是否有显示，如果 LED 没有显示而 24V 电源输入正常，可以判断伺服放大器有故障。

2）如果 LED 有显示，检查 FSSB 光缆接口 COP10A 和 COP10B 下方的一个光口是否发光，如果不发光，可以判断是放大器有故障。

3）检查连接伺服放大器和系统轴卡的 FSSB 光缆是否有故障。检查的办法是用手电筒照向光缆的一头，如果另一头的两个光口都有光发出，则可以确认光缆正常，否则不正常。

4）确认参数是否有更改，恢复机床的原始参数。

6. 伺服无法准备报警 401

伺服无法准备报警 401 如图 5.5-7 所示。

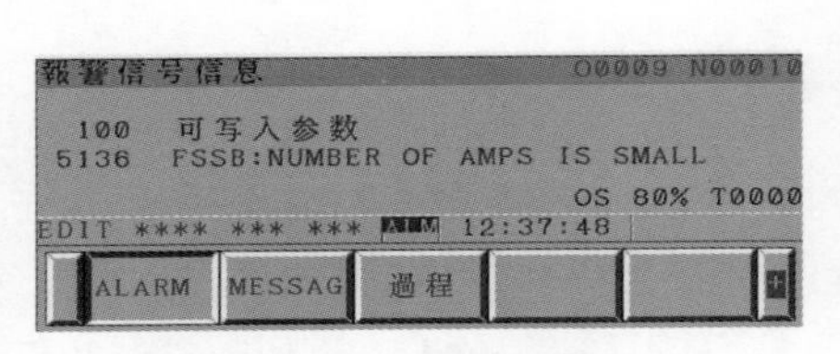

图 5.5-6　光纤通信报警 5136

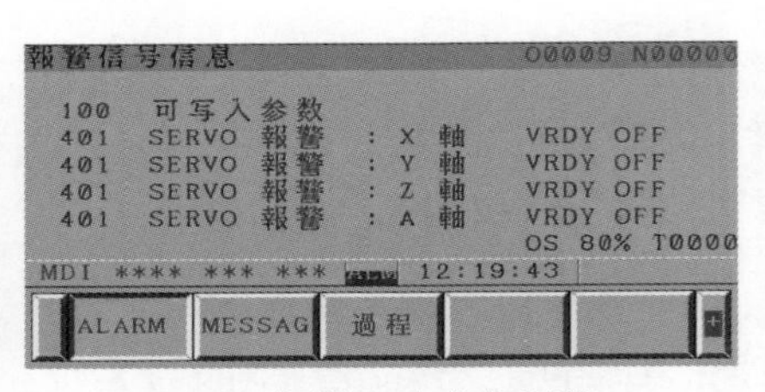

图 5.5-7　伺服无法准备报警 401

在图 5.5-7 中，如果所有轴都出现 401 报警，可检查电源模块 PSM 的插头 CX3（MCC 控制信号）和 CX4（外部急停 *ESP）是否正常。请参考上面 αi 放大器连接中对 CX3 和 CX4 连接的详细定义。正常时，CX4 的两个接线点应该导通（也就是两个接线点都有 24V 电压）。如果 CX3 和 CX4 外部接线正常，可检查电源模块 PSM 本身或主轴放大器和伺服放大器是否有故障。

5.6　开关电源故障案例

作者：王勇　单位：苏州工业职业技术学院

开关电源是机床的必备部件，它是将 AC 220V 或 110V 变为 DC 24V，不仅 FANUC 系统自身需要稳定的 DC 24V，机床外围一些部件也需要 DC 24V 控制，如 DC 24V 继电器、接触器、电磁阀、接近开关等。早期的 FANUC 系统，如 FANUC 6、10、11、15、0 系统需要的开关电源都是

FANUC 自带的一个开关电源，如图 5.6-1 所示。

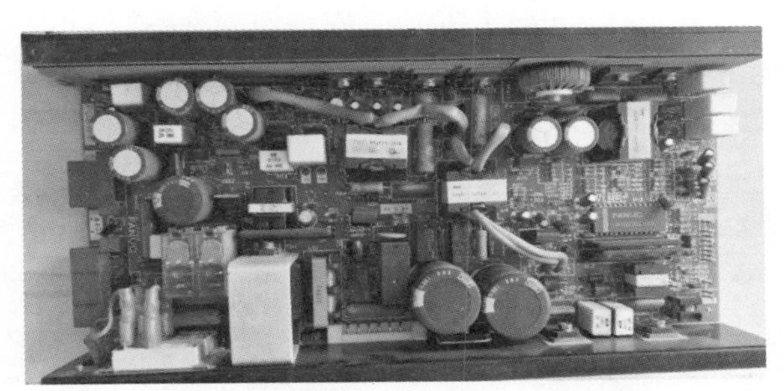

图 5.6-1　FANUC 0i 系统自带的开关电源

从 FANUC 0i-A 系统开始，都是由外部一个单独的开关电源提供 DC 24V 给 FANUC 系统。从 αi-B 驱动器，βi-B 驱动器开始，都是由外部提供 DC 24V 给伺服驱动器。常用的开关电源如图 5.6-2 所示。

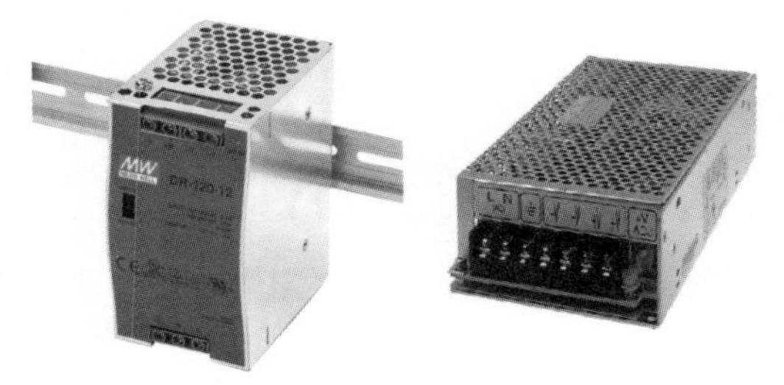

图 5.6-2　常用的开关电源

1. 案例一

一台 FANUC 0i Mate-TD 系统的斜导轨数控车床，现场工人反映偶发性的 X 轴、Z 轴 SV449 伺服报警。为了排除伺服驱动器的故障，带驱动器到客户现场后，更换驱动器，故障依旧。

发现并不只是简单的 SV449 伺服报警，系统启动过程中会有反复重新启动的现象，即 RESET 状态。

发现伺服准备好信号发出后，系统马上重启，重启后有 X 轴、Z 轴 SV449 报警，放大器后 LED 显示“8”。而系统重启故障，一般是给数控系统供应的 DC 24V 被瞬间拉低导致的。打开电气柜，检查到本机只有一个 DC 24V 电源，同时给 I/O、数控系统、伺服驱动器供电，容量为 8.3A，如图 5.6-3 所示。

用万用表测量系统启动及重启过程中伺服、系统的 DC 24V 电压数值，未见异常。怀疑是系统与其他部件共用一个开关电源而容量不足，或者电源不良导致，现场找了一个 10A 容量的开关电源，如图 5.6-4 所示。

换好开关电源后送电，系统启动过程中还是出现反复重新启动的现象，并且出现系统 SYS_ALM129：检测出伺服第 n 组电源异常，依旧是 DC 24V 被拉低所致，怀疑外部 I/O 有短路。

检查该台机床的控制梯形图，随 F0.6 伺服准备好信号输出动作的继电器只有 Y4.0（液压站启动）和 Y6.6（X 轴伺服电动机制动器打开）两个，确认安全后依次拔掉 Y4.0、Y6.6 输出继电器线，如图 5.6-5 所示，发现不接 Y6.6 时数控系统能正常启动，没有反复重新启动的现象，可以怀疑是 X 轴伺服电动机制动器线圈有问题。

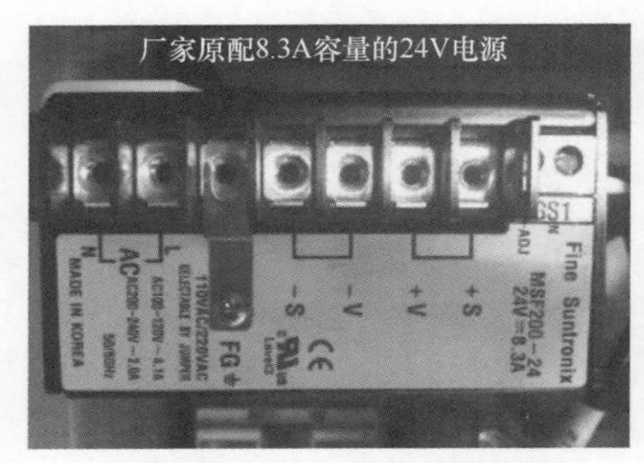

图 5.6-3　厂家适配的开关电源

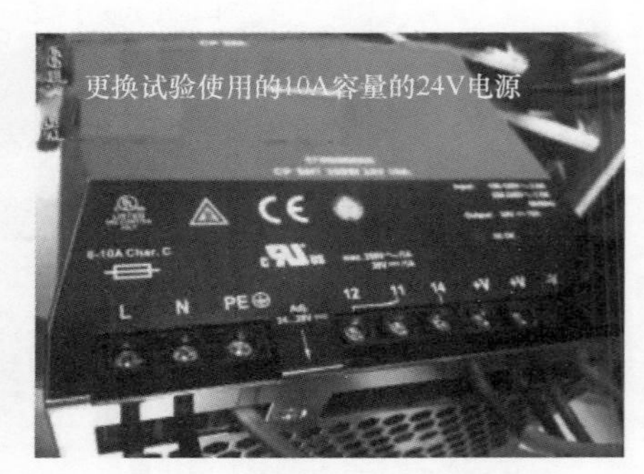

图 5.6-4　更换大电流开关电源

该机型为斜床身机床，X 轴伺服电动机有制动器，但没有使用 FANUC 标准制动器伺服电动机，而是采用了第三方的机械制动器作为制动装置，断电时测量制动器线圈的电阻为 20Ω，属于正常数值，基本上没有短路。使用软木支撑 X 轴工作台，断开机床所有供电后，给制动器线圈单独连接 4A 空气开关，并给制动器提供 DC 24V 电压，通电后用手转动伺服电动机也正常（见图 5.6-6），说明制动器基本上是好的。

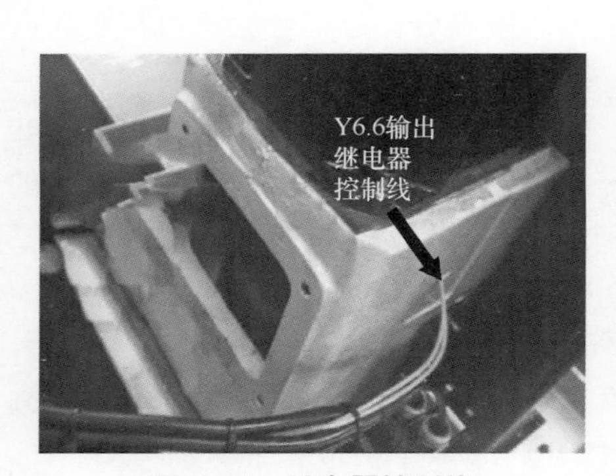

图 5.6-5　继电器控制线

图 5.6-6　查看制动器

考虑之前工人反映为偶发性故障，因此判断可能是制动器线圈在使用中性能不良，偶尔电流过大，将 DC 24V 拉低了，制动器机械部分重新活动磨合后，重新连接，启动系统正常，故障排除。

2. 案例二

一台 FANUC 0i-Mate-MD 系统的法道加工中心，加工过程中屏幕上突然出现 SV0432（X）、SV0432（Y）、SV0432（Z）变频器控制电压低，SV0449（X）逆变器 IPM 报警，SP9012（S）SSPA：12 DC LINK 电路过流报警，如图 5.6-7 所示。关机再开机报警就没有了，又加工了 5min 左右，系统自己又重新启动了，出现 SV0432（A）变频器控制电压低报警，如图 5.6-8 所示。

这种情况一般是 DC 24V 异常，电压被瞬间拉低导致的，但大部分时间系统都是正常的，用万用表测 DC 24V 也是正常的，这种偶发性的故障比较难查。该台机床使用的是斗笠式刀库，刀库的护罩全部都没有了，几个传感器的转接插头都裸露在外面，上面堆了一些加工的铝屑，怀疑是不是这些铝屑在加工过程中抖动与插头里面的 24V 短接在一起，又与机床外壳短接在一起，拉低 DC 24V。用气枪将铝屑全部吹净，再次加工。

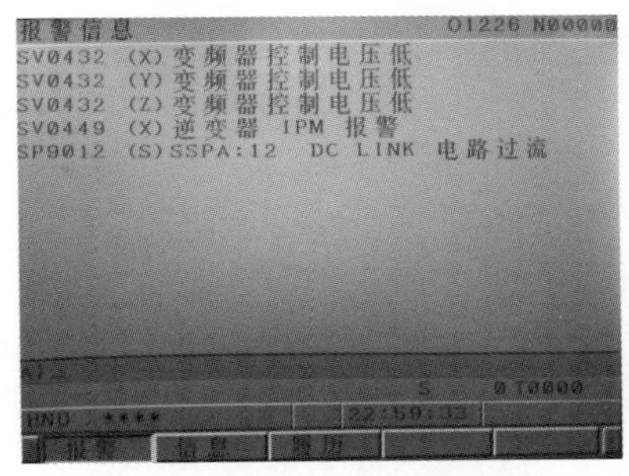

图 5.6-7　低电压相关报警内容

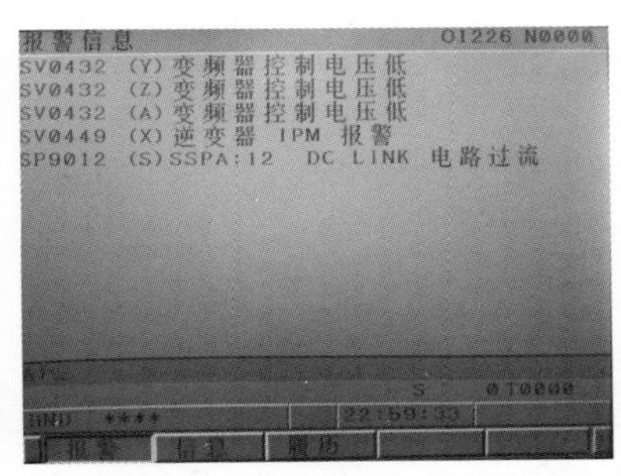

图 5.6-8　SV0432（A）变频器控制电压低报警

过了两天又出现上述问题。按下系统上电按钮后，屏幕有时不亮，有时会启动一下，而且机床内的 DC 24V 照明灯一开始会闪一下，有时会亮，即使亮的话也会闪烁（说明电压不稳）。用万用表进行测量，此时直流稳压电源的输出电压只有 18V 左右，如果不按下系统上电按钮，输出电压为 24V 左右，怀疑外围有 24V 的负载短路。在通电的情况下，用电阻档测量接线排上 +24V 负载线与 0V 之间的阻值，为 180Ω 左右，负载基本上没有短路，还是怀疑外围 24V 负载有问题。将负载线一根一根拆掉，有时电压为 23V，关机再开机还是同样的问题，最后将直流开关电源输出端的线拆掉，通电测量开关电源的输出电压，有时显示为 21.2V，而且万用表上的数字会跳，在 20.1~21.2V 之间变化，很不稳定，之前从没见过这样的开关电源输出，同时听到开关电源里面有吱吱的声响，而且比较大，断定是开关电源有问题。于是，更换了一个同功率的开关电源，如图 5.6-9 所示，问题得到解决。

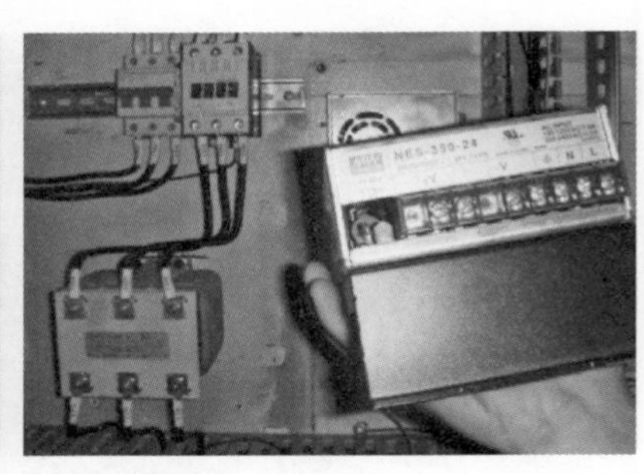

图 5.6-9　更换开关电源

尽管开关电源的电压输出是 24V 左右，但开关里面的器件已经老化，带载能力下降，从而导致输出电压不稳定。

3. 结论

案例一中，CNC 数控系统与负载波动较大的设备共用一个开关电源。案例二是因为开关电源用的时间久了，内部器件老化，带载能力下降，从而导致输出电压不稳定。

电源连接应尽量避免这两种配置。当因外部配套设备影响 CNC 供电时，定位故障会比较烦琐，因为 CNC 此时不能正常运行，也不会显示出报警以提供参考。如果因空间局限或其他原因使得 CNC 不得不与其他装置共用电源时，必须考虑冲击电流及电压波动对 CNC 的影响。此外，为了防止外来噪声干扰，必须在 CNC 电源接入前加装静噪滤波器（FANUC 推荐采用 TDK 公司供应的 ZGB2203-01U 型号的静噪滤波器）。

1）发生 SV0449 报警时，一般首先考虑可能是放大器本身故障，但案例一实际上是系统自动重启后发生的 SV0449 报警，本质还是因为 DC 24V 被拉低了，短路瞬间伺服驱动器中的 IPM 的 DC 24V 控制电压也被拉低，从而发生 SV0449 报警。

2）无论是之前的 SV0449，还是后面的 SYS-129ALM 报警，都是因为伺服 DC 24V 控制电压被拉低所致，再加上数控系统重启，都指向了过电流；如果报警是在释放急停后发生的，就要考虑外围哪些配套部件是随松开急停进行工作的。案例一在急停按钮释放后，输出继电器工作后，Y6.6 信号点由于抱闸不良引起过电流，而且所有 24V 负载都使用同一个开关电源，瞬间拉低了整体的 24V 电压水平导致报警。而一旦报警，外部继电器输出不动作，瞬间过电流消除，故使用万用表测量时，由于反应速度和灵敏度而不易观察到（可以使用较高灵敏度的仪表查出瞬间电压的拉低现象）。

3）本例机型所有 DC 24V 都由一个开关电源提供，一般不推荐这种做法。建议厂家对 DC 24V 线路进行改装，对系统、伺服与 I/O 的 DC 24V 进行独立供电。

4）FANUC 系统 CNC 部件，驱动器控制强电部分，IO 控制弱电部分，如果整台机床只有一个 DC 24V，外部的继电器、接触器、电动机制动器等通断会释放高压电弧，损坏 FANUC 系统，从而产生电压不稳定。开关电源的连接与规格如图 5.6-10 所示。

控制器的DC 24V电源，由外部电源进行供给。交流侧的控制回路设计如下：

🕮 为了避免噪声和电压波动对CNC的影响，建议采用独立的电源单元对CNC进行供电。另外，在使用PC功能的场合，停电等瞬间断电的情况都可能造成数据内容遭到破坏，所以建议考虑配置后备电源。

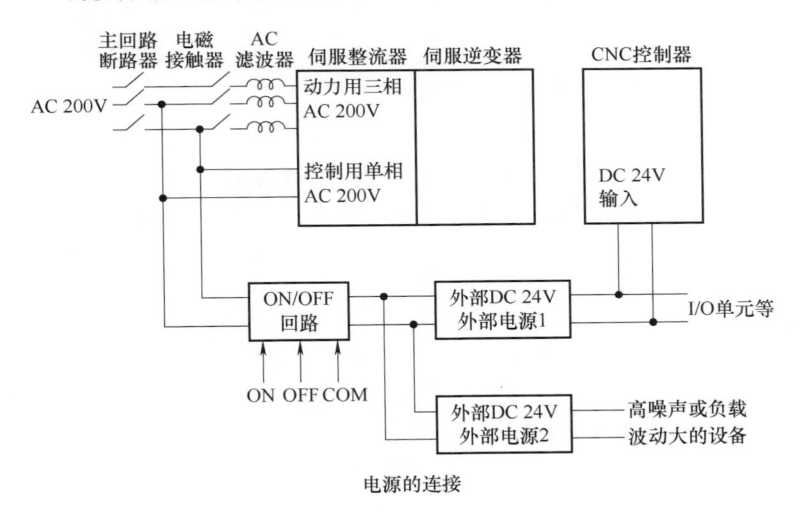

电源的连接

项目	规定	备注
输出电压	+24V±2.4V	21.6 ~26.4V
输出电流	连续负载电流在CNC 单元所需电流以上	
负载变动	上述输出电压范围之外	
AC输入	10ms（−100%时） 20ms（−50%时）	
DC 24V	0.5ms（21.6V未满）	

🕮 使用重力轴时，停电时重力轴将会有下落，需要选择交流电源切断之后保持时间长的后备直流电源。CNC的供电电压在21.6V以下时伺服励磁将会被关断。AC电源关断后，DC 24V电源如果保持的时间过短，重力轴的下落量可能较大。一般来说，建议选用充足的电源容量。

电源的规格

图 5.6-10　开关电源的连接与规格

5.7　机床外围（EX）报警故障分析

作者：赵智智　单位：苏州屹高自控设备有限公司

在数控维修中，最常见的机床故障是外围故障。这类故障通常是机床厂家的自定义报警，不是FANUC系统的标准报警，每个厂家的机床都不一样，那么如何处理这类故障呢？

1. EX开头的报警故障

选择MESSAGE→【报警】，弹出【报警信息】界面，如图5.7-1所示。其中显示的报警信息为EX1003和EX1000，即EX开头的报警故障。报警故障一般是EX 1000~EX 1999，报警故障的优先级别高，出现报警故障，机床都会停止工作。

2. 信息提示故障

信息提示故障一般是No.2000~ No.2999，如图5.7-2所示。因为有的故障不是非常紧急，可以稍后处理，如电池电压低、机床润滑油位低，为了不使正在加工时的机床突然停下来，可以设计为图5.7-2所示操作的信息提示报警。

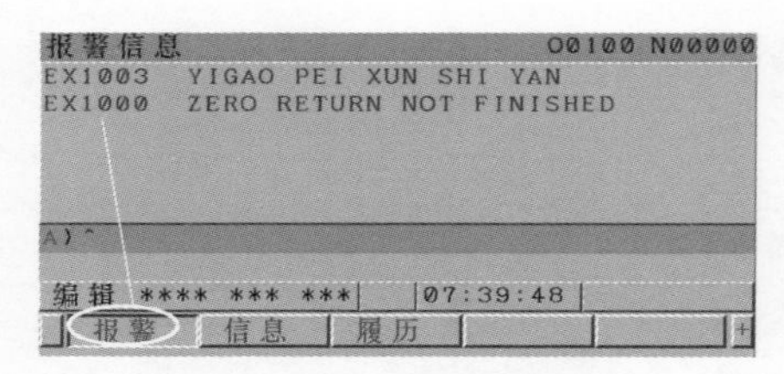

图5.7-1　【报警信息】界面

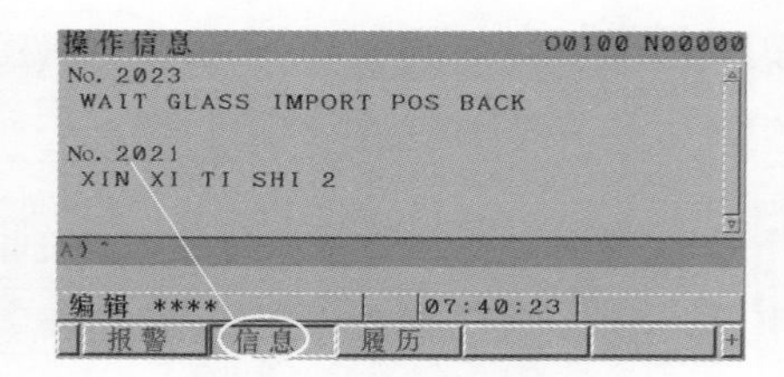

图5.7-2　信息提示故障

3. 宏变量报警

宏变量报警都是No.3000以上的报警，由加工程序中编写。这里着重介绍EX开头的报警故障和信息提示故障的解决方法。

（1）查找机床维修说明书

判断一台机床质量的优势还有一种方法，就是看厂家提供的资料，如机床维修说明书，如图 5.7-3 所示。说明书中列出了地址（Address）、信息（Message）和注释（Remarks）。

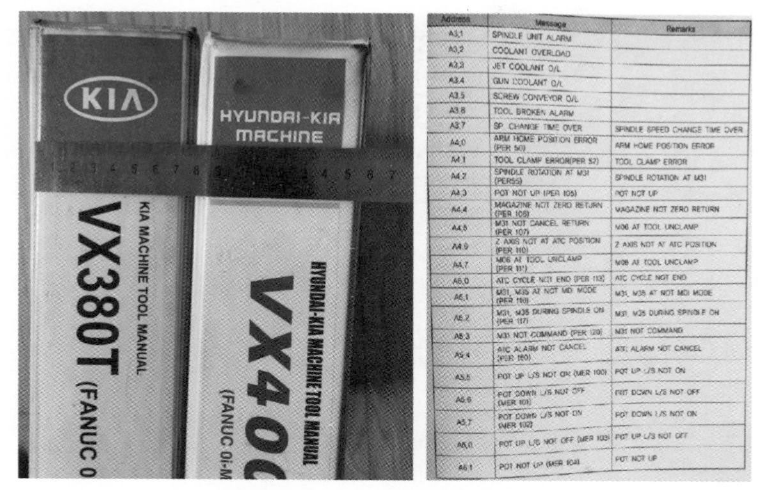

Address	Message	Remarks
A3,1	SPINDLE UNIT ALARM	
A3,2	COOLANT OVERLOAD	
A3,3	JET COOLANT O/L	
A3,4	GUN COOLANT O/L	
A3,5	SCREW CONVEYOR O/L	
A3,6	TOOL BROKEN ALARM	
A3,7	SP. CHANGE TIME OVER	SPINDLE SPEED CHANGE TIME OVER
A4,0	ARM HOME POSITION ERROR (PER 50)	ARM HOME POSITION ERROR
A4,1	TOOL CLAMP ERROR(PER 57)	TOOL CLAMP ERROR
A4,2	SPINDLE ROTATION AT M31 (PER55)	SPINDLE ROTATION AT M31
A4,3	POT NOT UP (PER 105)	POT NOT UP
A4,4	MAGAZINE NOT ZERO RETURN (PER 106)	MAGAZINE NOT ZERO RETURN
A4,5	M31 NOT CANCEL RETURN (PER 107)	M06 AT TOOL UNCLAMP
A4,6	Z AXIS NOT AT ATC POSITION (PER 110)	Z AXIS NOT AT ATC POSITION
A4,7	M06 AT TOOL UNCLAMP (PER 111)	M06 AT TOOL UNCLAMP
A5,0	ATC CYCLE NOT END (PER 113)	ATC CYCLE NOT END
A5,1	M31, M35 AT NOT MDI MODE (PER 116)	M31, M35 AT NOT MDI MODE
A5,2	M31, M35 DURING SPINDLE ON (PER 117)	M31, M35 DURING SPINDLE ON
A5,3	M31 NOT COMMAND (PER 120)	M31 NOT COMMAND
A5,4	ATC ALARM NOT CANCEL (PER 150)	ATC ALARM NOT CANCEL
A5,5	POT UP L/S NOT ON (MER 100)	POT UP L/S NOT ON
A5,6	POT DOWN L/S NOT OFF (MER 101)	POT DOWN L/S NOT OFF
A5,7	POT DOWN L/S NOT ON (MER 102)	POT DOWN L/S NOT ON
A6,0	POT UP L/S NOT OFF (MER 103)	POT UP L/S NOT OFF
A6,1	POT NOT UP (MER 104)	POT NOT UP

图 5.7-3　机床维修说明书

（2）根据梯形图诊断分析

1000 多号的报警和 2000 多号的信息提示，都是通过触发梯形图 A 信号实现的。当机床出现报警时：

1）找到对应的 A 信号，如图 5.7-4 所示。

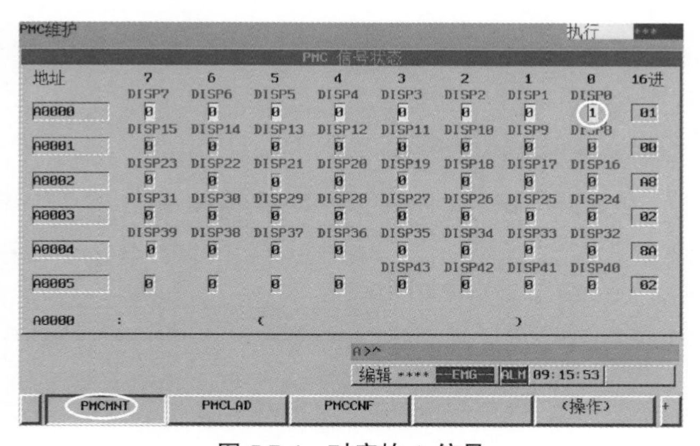

图 5.7-4　对应的 A 信号

在数控系统操作面板的 MDI 键盘区按 SYSTEM，在功能软键区单击 PMCMNT，进入【PMC 维护】界面，如图 5.7-4 所示。在其中找出哪个 A 信号是 1，如图 5.7-4 所示，当前 A0.1 是 1。

2）在梯形图界面搜索“A0.1”，然后找出产生故障的原因。

查找 FANUC 系统 A 信号可以扫码观看以下视频。

视频：查找 FANUC 系统 A 信号

5.8　机床轴锁故障案例

作者：孙常君　单位：宁波亚德客自动化工业有限公司

在实际的机床运行过程中，机床显示正在运行，指示灯为绿灯，但机床的各个轴却没有移动。这是为什么，怎么去解决呢？

造成此问题的原因是多方面的，但解决起来也是有迹可循的。遇到此问题时，要把系统当前的各个状态搞清楚，通过当前机床展现的状态来进行分析。

在 FANUC 数控系统上提供了几个状态显示，通过这些状态显示提供的信息可以找到问题所在，找到问题发生的原因。

1. 查看系统显示下方运行状态

如图 5.8-1 所示，白圈标示位置为系统当前的运行状态，MEM 表示自动运行（存储器运行），STRT 表示系统正在运行，MTN 表示轴在移动中，*** 表示其他状态。FIN 表示当前所执行的 M 代码没有执行完成，系统没有识别到当前 M 代码所执行完成后的确认完成信号 FIN，则认为该动作没有完成，将不会执行下一句，直至收到该信号的完成信号才会向下继续执行。遇到此问题时，应查看 PMC 程序，检查该动作为何不能向系统发出完成信号，检查该动作的完成条件。

2. 查看各轴当前的运行状态

如图 5.8-2 所示，各轴的坐标前面都有一个 I，I 表示互锁（INTERLOCK）。

对于互锁，系统提供了三种互锁方式。

1）所有轴互锁 *IT G8.0。该信号为低电平有效，当该信号为 0 时，所有轴锁住。

2）各轴互锁 *IT1~*IT5 G130.0~G130.4（该信号根据系统可控轴数多少不同）。此信号为各个轴的单独锁住信号，同样为低电平有效。

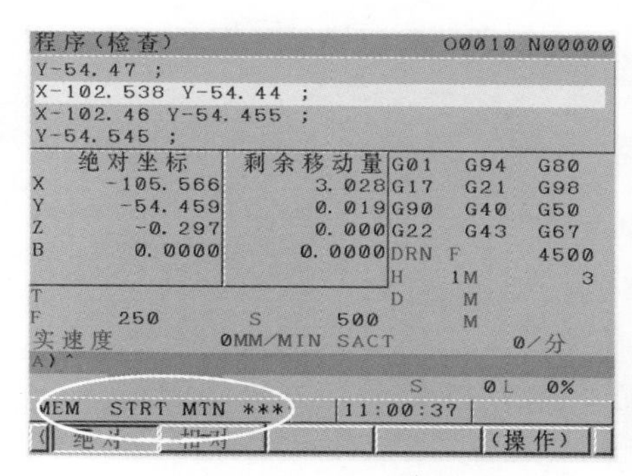

图 5.8-1　查看模式急停等状态栏显示的内容

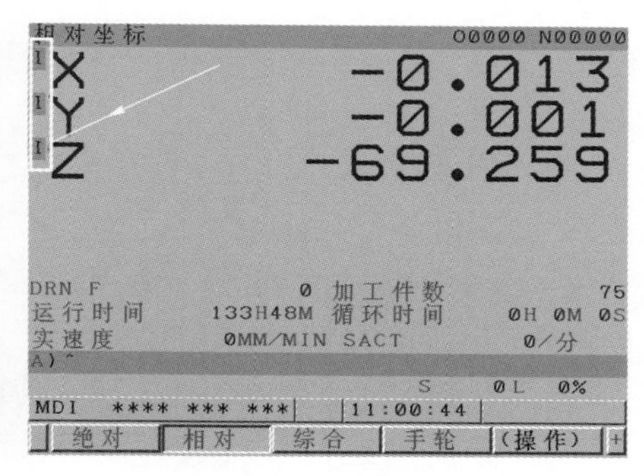

图 5.8-2　轴状态

3）各轴各方向互锁 M 系列（铣床、加工中心）+MIT1~+MIT5 G132.0~G132.4，–MIT1~–MIT5 G134.0~G134.4。该信号为高电平有效。T 系列（车床）信号为 X4.2~X4.5，该信号为高电平有效。

由于各个机床厂家设计机床功能的差异性，在使用上述功能时，应根据不同的需要进行不同的处理。对于使用者，要根据上述三种不同的互锁方式，检查导致该轴锁住的原因。

当机床各轴互锁时，有时想将轴移动到安全位置再进行故障的分析，可以设置以下参数，如图 5.8-3 所示。

图 5.8-3　轴锁参数

使其设置 #0 和 #2 为 1，让锁住信号不生效，进而移动机床到一个安全位置。移动结束后进行恢复，再进入 PMC 中检查互锁发生的原因，从根本上排除互锁故障，以免影响正常的机床动作，发生不必要的误动作，损坏机床。

3. 查看系统的自诊断状态

系统提供了一个【诊断】界面，如图 5.8-4 所示。通过诊断界面，可以看到当前系统处在何种状态，系统内部的一些运行信息也一目了然。

白框中给出了常见的一些系统发出的移动指令，而实际轴没有移动的状态显示为如下情况。

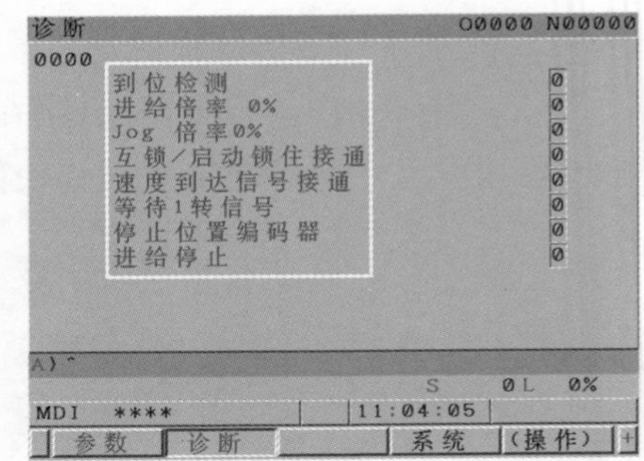

图 5.8-4 【诊断】界面

1）到位检测：系统正在进行到位检测。

2）进给倍率 0%：进给倍率为 0，检查进给倍率波段开关的位置，检查 PMC 信号 G12，不能全为 0，也不能全为 1。

3）JOG 倍率 0%：JOG 倍率为 0，检查 JOG 倍率波段开关的位置，检查 PMC 信号 G10/G11，两个字节不能同时全为 0，也不能同时全为 1。

4）互锁 / 启动互锁接通：检查前面所述的三种互锁方式的可能性。

5）速度到达信号接通：是否检测主轴速度到达信号。PMC 中使用了主轴速度达到信号，该信号是否正常发出。3715#0 是否检查主轴速度到达信号。

6）等待 1 转信号：系统处于每转进给状态，没有检测到来自主轴编码器的 1 转信号，故不能移动。请检查编码器是否正常连接或使用每分进给。

7）停止位置编码器：主轴每转进给中等待编码器的旋转，检查编码器是否正常工作。

8）进给停止：进给停止中。

对于轴没有移动的问题，除了查看上述各项目右侧显示“1”的信息，也可到伺服监控或主轴监控界面看看当前伺服的运行状态，尽可能获得更多当前的信息，才能更好、更快地解决问题！

5.9　主轴定位问题

作者：赵智智　单位：苏州屹高自控设备有限公司

如果要处理主轴故障（非精度机械故障），则必须清楚主轴的控制方式、主轴和主轴电动机之间的连接方式，编码器反馈方式。无论是 M19 定位故障，还是转速不准故障，首先要清楚位置反馈的方式。

1）MZi 传感器（立加最常见，主轴电动机自带一转信号）。MZi 传感器在立式加工中心上最为常见，主轴电动机自带 1 转信号，如图 5.9-1 所示。

图 5.9-1　主轴编码器

这种编码器在 FANUC 主轴电动机后面，拆开红色盖子里面的风扇后才能看见。在直接连接主轴和同步带连接的主轴中最常见，设置参数 4002.0 为 00000001。主轴编码器的工作原理如图 5.9-2 所示。

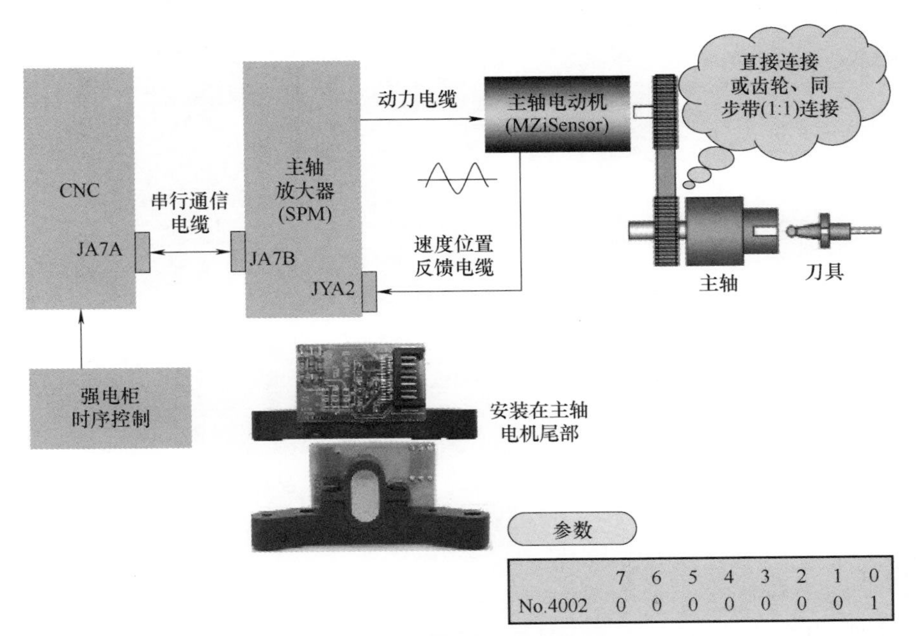

	7	6	5	4	3	2	1	0
No.4002	0	0	0	0	0	0	0	1

图 5.9-2　主轴编码器的工作原理

2）α 位置编码器连接（车床最常用，TTL 方波）。外置编码器的安装位置如图 5.9-3 所示。

图 5.9-3　外置编码器的安装位置

方波外置编码器的工作原理如图 5.9-4 所示。当外置编码器损坏时，拔掉 JYA3 插头，修改 4002 参数为 00000010，可以屏蔽外置编码器故障报警，判断其好坏。下述编码器的工作原理与此类似。

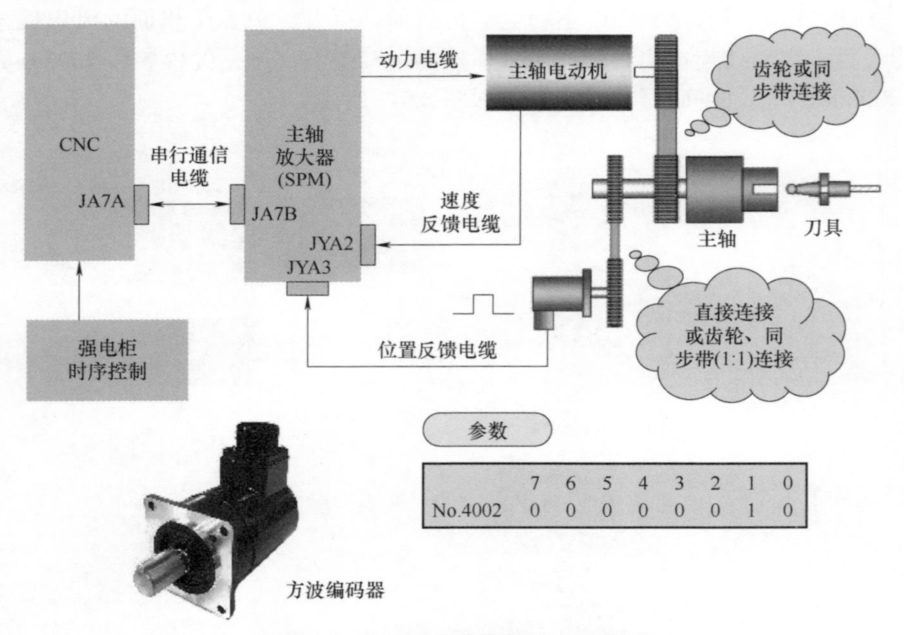

图 5.9-4　方波外置编码器的工作原理

3）AS 编码器（接主轴驱动器 JYA4，正弦波）。正弦波外置编码器的工作原理如图 5.9-5 所示。

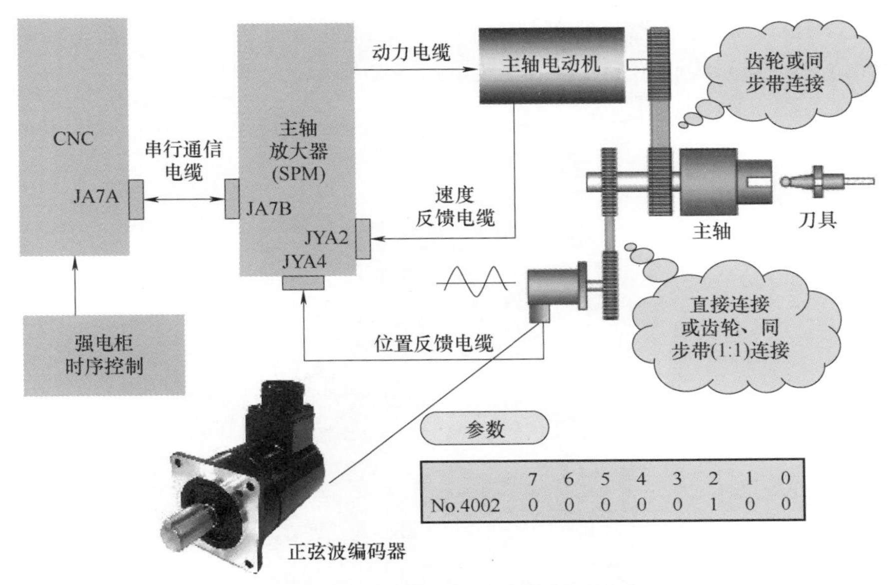

图 5.9-5　正弦波外置编码器的工作原理

4）接近开关定位（常用于立式加工中心，带高低速）。接近开关的工作原理如图 5.9-6 所示。

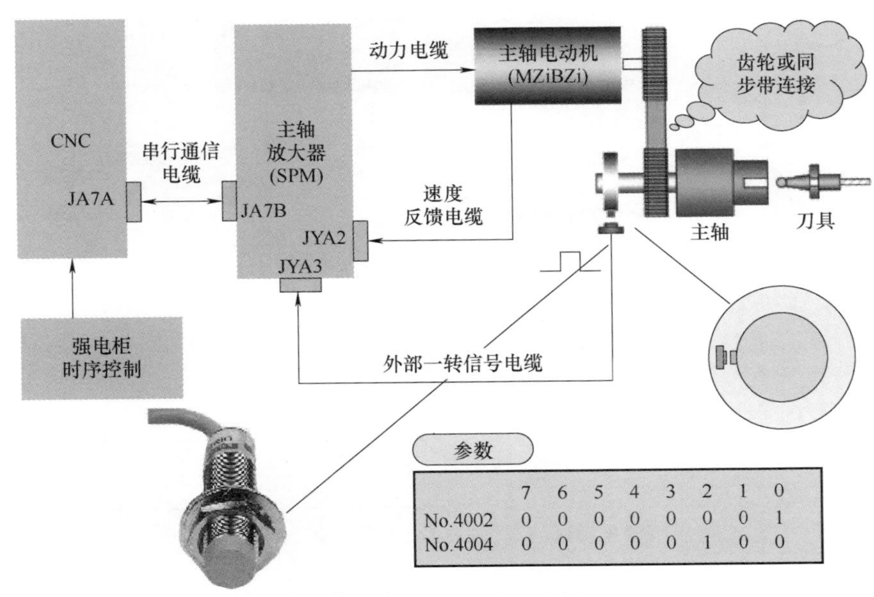

图 5.9-6　接近开关的工作原理

5）BZ*i*/CZ*i* 传感器（外置）（常用于车铣复合机床，带 CS 轴，实现高精度位置控制）编码器的安装位置如图 5.9-7 所示。

图 5.9-7　BZ*i*/CZ*i* 传感器（外置）编码器的安装位置

其工作原理如图 5.9-8 所示。

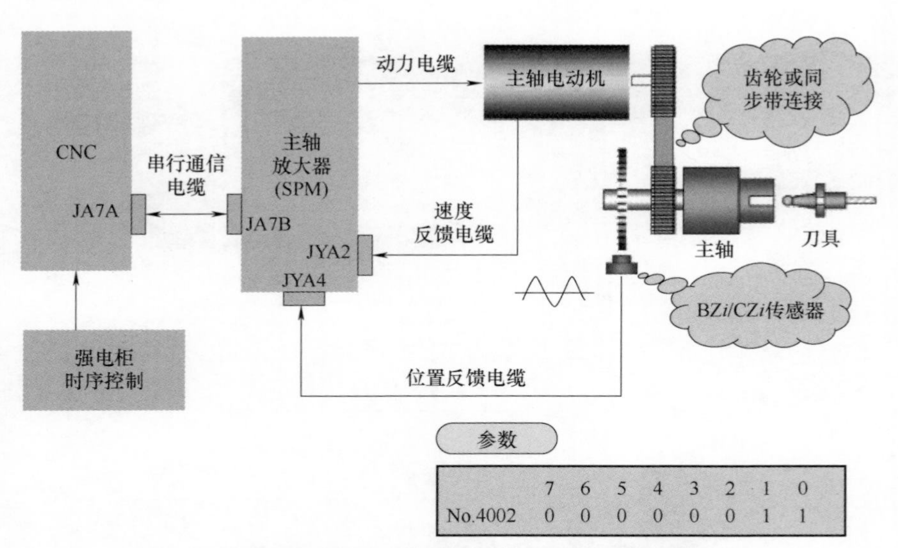

	7	6	5	4	3	2	1	0
No.4002	0	0	0	0	0	0	1	1

图 5.9-8　BZ*i*/CZ*i* 传感器（外置）的工作原理

6）BZ*i*/CZ*i* 传感器（内置）（内置常用于电主轴，主轴实现高精度位置控制）的工作原理如图 5.9-9 所示。

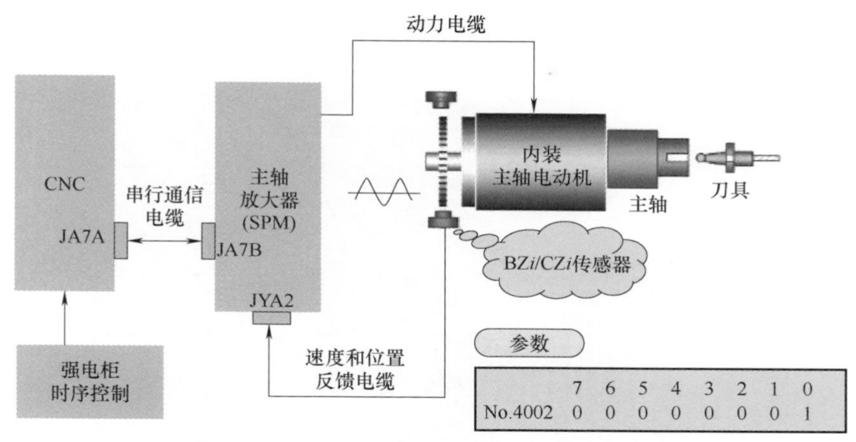

图 5.9-9　**BZi/CZi** 传感器（内置）的工作原理

5.10　主轴定位诊断参数 No.445 不显示

作者：朱雪峰　姚家凡　单位：比亚迪汽车工业有限公司弗迪动力精工中心

在维修过程中，有很多时候需要拆卸主轴、主轴同步带或主轴联轴器，重新安装后一般会出现定位不准确，这时需要根据诊断参数 No.445 更改参数 4077。正常情况下，根据诊断参数 No.445 能够看到主轴位置数据值。由于机床参数可能被修改，诊断参数 No.445 会显示 0，或者复位后变成 0 怎么办？这种情况下，可以通过下面的步骤来调整。

1）在 MDI 模式下转动主轴，再用 M19 定向，查看诊断参数 No.445 是否有变化，如图 5.10-1 所示。No.445 主轴位置数据始终为 0。

No.445：串行主轴位置编码器信号脉冲数据。

2）如果 No.445 诊断参数值一直为 0，检查参数 3117#1 是否为 1，如图 5.10-2 所示。

参数 3117#1 SPP：串行主轴的情形下，是否将来自一转信号的位置编码器信号脉冲数据显示在【诊断】界面 No.445 上。

- 0：不予显示。
- 1：予以显示。

诊断
O0000 N00000
0425 主轴同步误差
S1 0
0445 位置数据
S1 0
A)^
S 0 T0000
MDI **** *** ***
18:15:05
参数
诊断
系统
(操作)

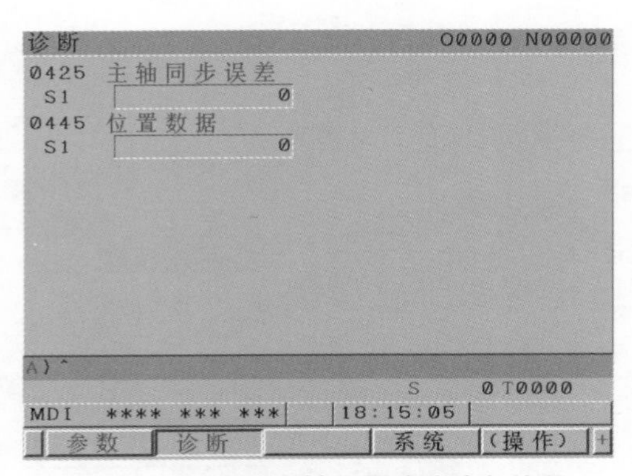

图 5.10-1　串行主轴位置脉冲诊断信号

注释：

- 有关没有连接的主轴，显示为 0。
- 本数据的显示需要具备两个条件：可使用串行主轴；在检测到一转信号的状态下有效。

3）如果按下复位键，诊断参数 No.445 变为 0，检查 NC 参数 4016#7 是否为 0。

参数 4016#7：主轴定向后按下复位键，No.445 串行主轴位置编码器信号脉冲数据是否显示，如图 5.10-3 所示。

- 0：复位显示。
- 1：复位不显示。

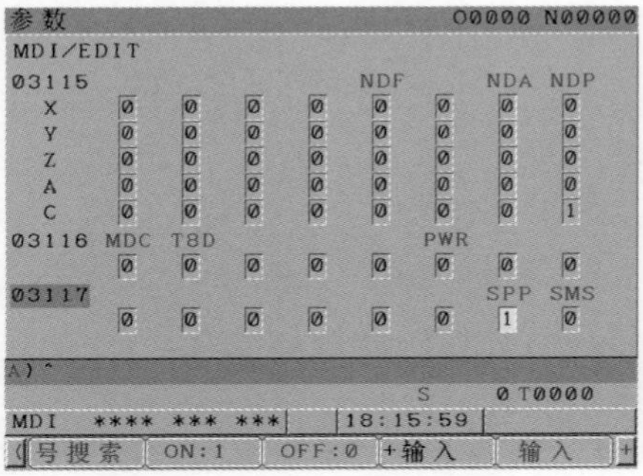

参数
O0000 N00000
MDI/EDIT
03115
NDF NDA NDP
X 0 0 0 0 0 0 0 0
Y 0 0 0 0 0 0 0 0
Z 0 0 0 0 0 0 0 0
A 0 0 0 0 0 0 0 0
C 0 0 0 0 0 0 0 1
03116 MDC T8D PWR
0 0 0 0 0 0 0 0
03117 SPP SMS
0 0 0 0 0 0 1 0
A)^
S 0 T0000
MDI **** *** ***
18:15:59
号搜索 ON:1 OFF:0 +输入 输入

图 5.10-2　查看一转信号参数

参数
O0000 N00000
串行主轴
04015
S1 0 0 0 0 0 1 1 1
04016
S1 0 0 0 0 0 0 0 0
04017
S1 0 0 0 0 0 0 0 0
04018
S1 0 0 0 0 0 0 0 0
04019
S1 0 0 0 0 0 1 0 0
A)^
S 0 T0000
MDI **** *** ***
18:16:45
号搜索 ON:1 OFF:0 +输入 输入

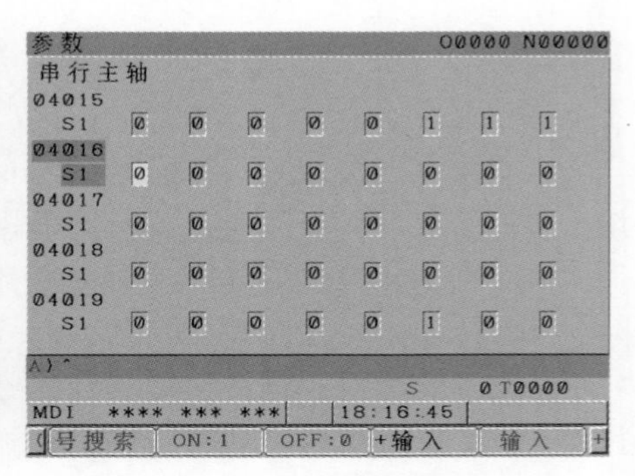

图 5.10-3　主轴定向复位显示参数

4）更改以上参数后，即可将主轴定位矫正诊断参数 No.445 的值输入 NC 参数 4077。

参数 4077：主轴定向时位置编码器信号脉冲数据，如图 5.10-4 和图 5.10-5 所示。

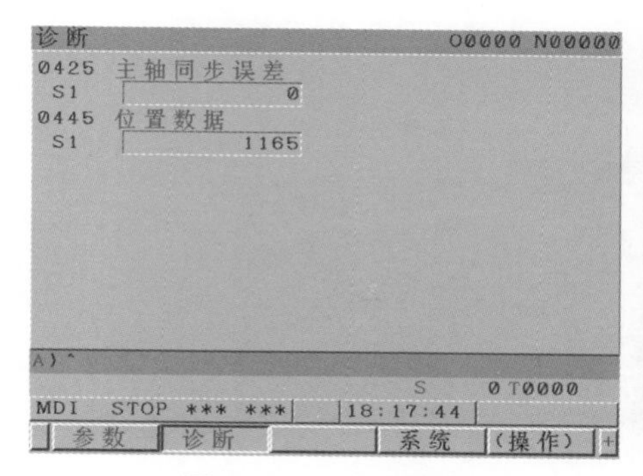

图 5.10-4　脉冲数据

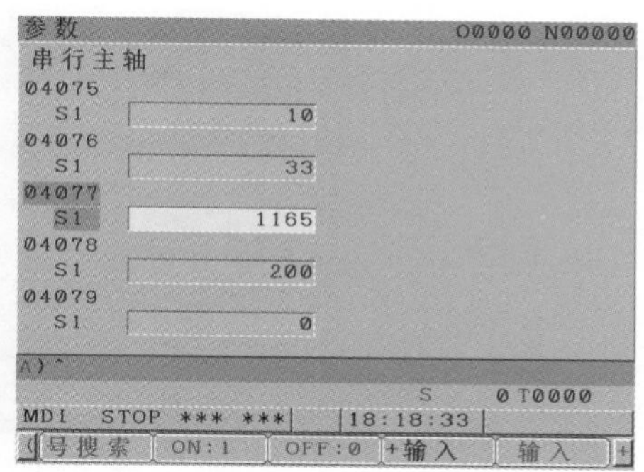

图 5.10-5　脉冲数设置到对应参数位置

5.11　走心机故障率高的原因

作者：王欢　单位：上海熠诚精密机械有限公司

数控走心机如图 5.11-1 所示，又称纵切机床，是一种车铣复合机床，专门用于小零件的车铣加工。鼻祖为瑞士托纳斯（TORNOS），市场上主要有日本津上（TSUGAMI）、西铁城（CITIZEN）、韩华、DMG、TORNOS 等进口品牌，近几年也出现许多国产品牌，并呈增长趋势。

图 5.11-1　数控走心机

走心机与传统车床相比具有以下特点，这些特点也是导致走心机故障率高的原因。

1）走心机一般都带有送料机，如图 5.11-2 所示，可以实现 2.5~3.7m 长的材料给予连续加工，材料为磨削、精拉的棒材，可以实现无人化，24h 生产。

2）走心机一般配有铣削动力头，如图 5.11-3 所示，并搭载 Y 轴，可以实现车、铣及径向和端面钻孔与攻丝等复合功能，更高级的还有双通道、双主轴、多铣轴功能，生产可以一步到位。

图 5.11-2　送料机

图 5.11-3　铣削动力头

3）走心机可以加工有色金属、钢、不锈钢、非金属等，涉及市场行业非常广泛，通信、医疗、3C、汽车、液压、五金加工等。通过配置导套机构，适合加工长度大于直径 3 倍或长径比超过 3 倍的细长轴类产品，并可加工具有车、铣综合需求的产品等。

4）走心机设备整体小巧，主轴转速高，进给速度快，可达 32m/min 以上，属于高速精密加工设备，吃刀量相比普通设备略小。

5）FANUC 系统的走心机，轴的数量比其他机床多，一般包含 1~2 个主轴、3~9 个直线轴、1~3 个旋转轴，数量多了，电器柜结构紧凑，故障率当然也会提高。

6）由于机内防护与导套润滑等需求，走心机加工过程中可采用切削液进行冷却与润滑，并配有高压油泵。在加工过程中，切削液被雾化，容易进入电器柜、驱动器和数控系统内。由于操作不当，操作面板上会形成一层油污，容易导致 FANUC 系统显示屏花屏或黑屏；油雾进入电器柜放大器，其中的电器元件容易发生故障。大多数工厂的走心机浑身是油。

7）走心机的连续生产时间较长，并且适合大批量产品的连续生产；配置送料机，可以实现全年不停歇生产，但绝大多数都没有进行保养，从而提高了故障率。

8）走心机的运行速度快，G0 速度都是最高速度，转移到 FANUC 系统上，电动机都是在 3000r/min 或 4000r/min 的最高转速下运行，而且是频繁的加减速，驱动器功率控制部分的光耦元件已经到了极限。

5.12 如何判断手轮好坏

作者：石磊　单位：富奥汽车零部件股份有限公司

1. 手轮偶发性故障案例分析

有一台 FANUC 0i-MD 系统立式加工中心，操作员在手轮对刀时，Z 轴偶发性乱走，导致刀具损坏。针对此故障，维修步骤如下：

1）到现场后，让操作员再次对刀，但远离工件，发现 Z 轴往下移动，但突然向上提升，发现故障。多次测试，结果相同。

2）采用维修判断分离法，让主轴停止运行，只运行 Z 轴对刀，发现无该故障。从而判断故障与主轴运行有关，可能是干扰。为了验证假设，我们通过【PMC 维护】界面，检查是否受到干扰。操作员操作手轮，观察手轮信号 X12 地址（见图 5.12-1），发现 X12 无规律乱跳，说明确实存在干扰。

PMC维护 执行 ***　O0000 N00000

PMC 信号状态

地址	7	6	5	4	3	2	1	0	16进
X0012	0	0	0	0	0	0	0	0	00
X0013	0	0	0	0	0	0	0	0	00
X0014	0	0	0	0	0	0	0	0	00

图 5.12-1　手轮信号 X12 地址

3）检查发现手轮 JA3 来自于 FANUC 电器柜外部 I/O 模块。JA3 手轮接线如图 5.12-2 所示。

检查手轮信号是否有屏蔽。把手轮插头 JA3 打开，发现有屏蔽，重新把屏蔽接到机床钣金，并且把主轴电动机动力线和 JA3 电缆分离，故障消失。

手轮连接 I/O 模块如图 5.12-3 所示。

图 5.12-2　JA3 手轮接线

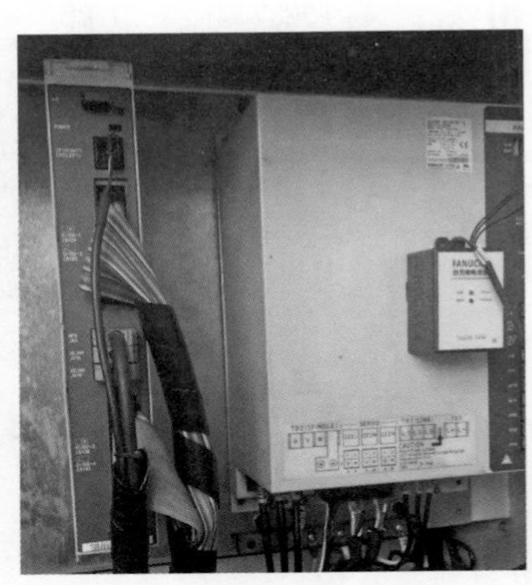

图 5.12-3　手轮连接 I/O 模块

对于偶发性故障，一定要学会拨开迷雾，把无关的东西全部剥离，提高故障率，才能容易查到问题。

2. 检测手轮

手轮后面有 4 个接线柱，即 VCC（5V）、0V、HA 和 HB。当摇动手轮时，HA、HB 会产生方波信号，如图 5.12-4 所示。

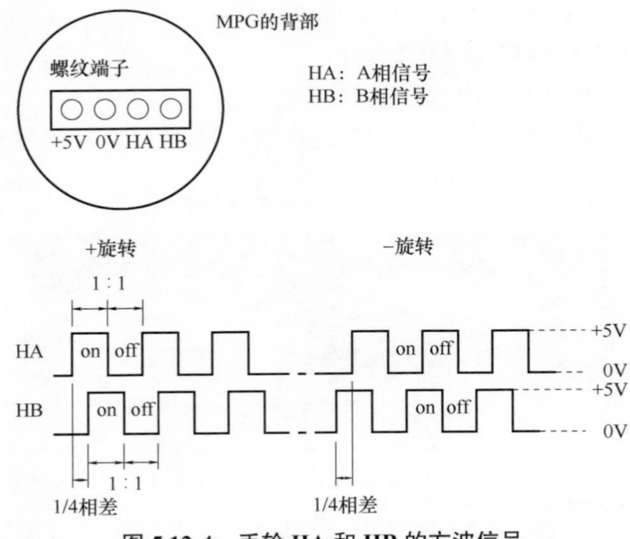

图 5.12-4　手轮 HA 和 HB 的方波信号

检测手轮时，一般需要示波器来测量方波信号。

在平时维修时，如果没有示波器，可采用普通万用表进行测量，判断手轮好坏。

视频：使用万用表检测判断手轮好坏

使用万用表检测判断手轮好坏，可以扫码观看以下视频。在手轮正常状态下，万用表在电压交流档，匀速摇动手轮，0V 与 HA，0V 与 HB 之间的电压几乎相等，否则诊断为损坏。本视频手轮电压是 2.7V。

5.13 主轴驱动器 9073、9083 报警案例

作者：刘兴瑞 单位：苏州屹高自控设备有限公司

1. 9073、9083 报警描述

在用户现场维修主轴电动机时，有时会碰到机床准备时接触器不能正常吸合，出现跳闸现象，或是出现 9073、9083 报警，还有一些机床可以正常运转一会儿，偶尔出现 9083 报警。

9073 报警信息说明电动机传感器反馈信号不存在。

造成 9073 报警的原因：

1）传感器与传感器齿轮过远，超出反馈信号检测距离。

2）传感器与传感器齿轮接触，造成传感器被磨损。

3）传感器与传感器引出线脱开断线。

9083 报警信息说明检测到不规则的电动机传感器反馈信号。

造成 9083 报警的原因：

1）传感器及传感器齿轮表面被掺有铁粉的油泥沾满。

2）传感器与反馈引出线被腐蚀生锈，造成接触不良。

产生上述故障的原因：

加工过程中会产生大量气雾状切削液，如图 5.13-1 所示。如果机床密封不好，就会造成切削液进入主轴电动机。

机床密封做得不好（见图 5.13-2）是造成电动机绕组短路的主要原因。

由于机床密封做得不好，日积月累，逐渐使电动机内部进入的切削液造成电动机绝缘等级下降短路时，才能出现报警。

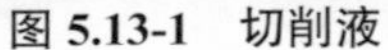
图 5.13-1　切削液

图 5.13-2　密封不好漏液短路

如图 5.13-3 所示，可以看到传感器底部有液体留下的痕迹。

传感器插座腐蚀会造成机床偶尔出现 9083 报警。电动机反馈引出线接口内的切削液已经造成主编码器传感器插头被腐蚀，如图 5.13-4 所示。同时，大电流流入 DC LINK 的主回路。

图 5.13-3　传感器底部液体留下的痕迹

图 5.13-4　主编码器传感器插头被腐蚀

对于 SPM-2.2i~SPM-11i，该报警指的是主回路的功率模块（IPM）检测到了较大的负载，过流。

1）如果 SPM-2.2i~SPM-11i 产生此报警，请像维修 09 号报警一样进行检测。

2）如果主轴指令一经给出，立即产生该报警：

- 电动机动力电缆不良。请检查电动机的动力电缆是否对地短路，并且按要求更换动力电缆。
- 电动机的绝缘性不良。如果电动机对地短路，请更换电动机。
- 电动机的规定参数设定不正确。检查电动机的规定参数。
- SPM 不良。功率模块（IGBT、IPM）可能损坏，更换 SPM。

3）如果在主轴旋转时产生此报警：

● 功率模块（IGBT、IPM）损坏。功率模块（IGBT，IPM）可能损坏，更换 SPM。如果放大器的设定条件不满足，由于放大器冷却不充分，功率模块可能损坏。当放大器的散热器太脏时，可用吹气枪进行清洁。

● 速度传感器信号错误，检查主轴传感器的波形。如果发现有错误，按要求调整或更换。

2. 处理方法

当电动机出现 9073 报警时，可按照下列方法进行处理。

1）电动机没有运行时产生此报警。

● 参数设定不正确。检查传感器的参数是否正确。

● 电缆连接不良。如果电缆连接正确，请更换电缆。

● 传感器没有正确地调整。调整传感器信号，如果不能正确地调整传感器信号，或者观察不到传感器信号，请更换连接电缆和传感器。

● SPM 不良。请更换 SPM 或 SPM 控制板。

2）移动一下电缆就产生此报警。插头或电缆不良。电缆可能破损，更换电缆。如果冷却液体喷入插头，请清洁插头。

3）电动机运行时产生此报警。

● 传感器与 SPM 之间的电缆屏蔽不良。传感器与信号线的连接如图 5.13-5 所示，可检查屏蔽电缆是否良好。

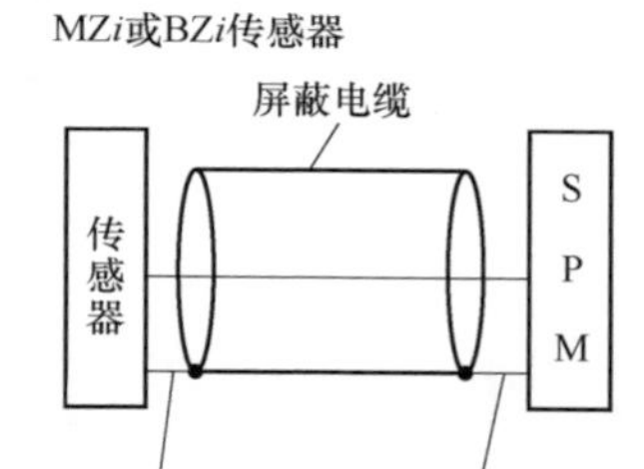

图 5.13-5 传感器与信号线的连接

● 电动机动力线与信号电缆捆在一起。如果传感器和 SPM 之间的电缆与电动机动力线捆在一起，请分开走线。

当出现 9083 报警时，可按照下列方法进行处理。

一转信号每产生一次，SPM 就检查 A 相和 B 相的脉冲计数。当脉冲计数超出了规定范围，就会产生此报警。

1）移动一下电缆（正如电动机运行的情况）就产生此报警。导线可能破损，更换电缆。如果冷却液体喷入插头，请清洁插头。

2）在其他情况下的处理方法。

● 参数设定不正确。检查传感器的参数是否正确。

● 传感器（MZ*i* 或 BZ*i* 传感器）没有正确地调整。调整传感器信号，如果不能正确地调整，传感器信号，或者观察不到传感器信号，请更换连接电缆和传感器。

● 在传感器与 SPM 之间的电缆屏蔽不良。检查电缆屏蔽是否良好，如果传感器与电缆连接处被腐蚀，需要更换传感器和反馈引出线。

● 伺服电动机动力线与信号电缆捆在一起。如果传感器与 SPM 之间的电缆与伺服电动机动力线捆在一起，请分开走线（最常见）。

● SPM 不良。请更换 SPM 或 SPM 控制板。

在现场维修过程中，如果要诊断主轴编码器的好坏，需要用示波器或直接更换来判断，比较费时费事。为了缩短排查时间，可以使用主轴编码器检测试仪，如图 5.13-6 所示。

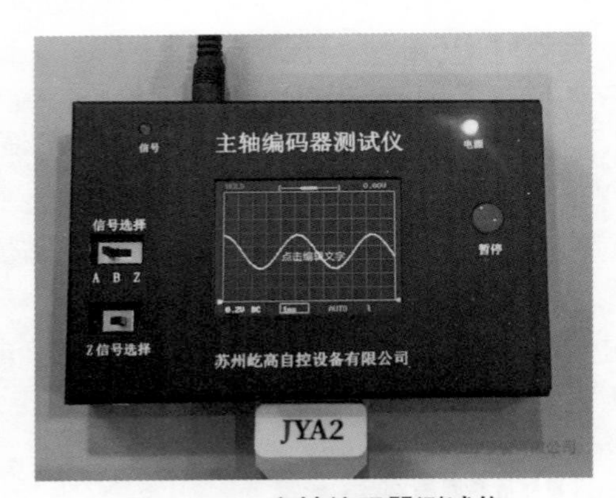

图 5.13-6　主轴编码器测试仪

5.14　主轴维修步骤分析

作者：赵林　单位：上海凯界精密轴承有限公司

1. 了解主轴入场

在进行机床主轴部件维修拆卸前，首先需要对主轴的内部结构有所了解。了解内部结构，可以为后续的维修工作提供重要的参考依据，并有助于准确判断维修的范围和难度。主轴入场后一般不会马上进行拆卸，而是要对每个细节进行观察，不放过任何可疑痕迹，就像侦探一样通过痕迹找出主轴的故障真凶，如发现锥孔和主轴端有凹陷可能主轴被撞过，主轴某处有水渍证明那里有漏水等，通过这些线索，找到主轴的故障点。画面要做到脑海里，还原要做到轴中有我、我中有轴、人轴合一，这样在后期安装时才会尽可能把故障都排除在外，这是一个不可或缺的环节。机床主轴如图 5.14-1 所示。

图 5.14-1　机床主轴

制作零件的拆装档案，记录每个零件是如何拆的，做到最优的拆卸方案。我最初拆卸主轴端轴承锁紧螺母时，由于没有配套的工装，就侥幸用冲子敲击以达到快速拆卸的目的，主轴安装好之后发现轴的跳动量大。经过反复检查，发现这个轴承锁紧螺母的平行度公差差 1 丝（0.01mm），经过修复后锁紧螺母精度正常。这个例子证明了不正确的拆卸方法对主轴精度的影响。这种锁紧螺母的正确拆卸方法是先检查是否有顶丝，一般没有顶丝的锁紧螺母都会打螺纹紧固胶，要先用火烧到 100℃左右，然后用专用螺母工装（工装设计至少有两个大小合适的销子），拧螺钉紧固到锁母上，主轴的芯轴后端卡住，用加力套筒拧工装带动锁紧螺母。主轴内部如图 5.14-2 所示。

2. 拍照存档

如图 5.14-3 所示，拍照记录主轴的每个外观细节，然后做好记号。做记号时尽量用微画针，这样可防止在主轴后期清洗时不至于被清洗掉；做记号能在里面做尽量在里面做，实在不能在里面做的尽量在不显眼的地方做，自己知道就行，因为任何一个客户都不希望自己的主轴上面画的都是印子，画记号的目的是防止安装出错。例如，一个没有局部特征的圆形零件，安装位置偏的话，可能会对主轴的动平衡带来很大的麻烦。

图 5.14-2　主轴内部

图 5.14-3　拆开主轴过程拍照

3. 主轴入场检测

检测的主要内容有锥孔精度、拉刀机构、拉刀力、线圈、拉刀传感器、温度传感器、旋转接头等。这些检测完成后，要和客户有个互动环节以待客户确认，如果客户提前说只是轴承或某一部位有问题而其他都是正常的，那我建议最好还是都检测一下，因为有时他们可能把主轴故障报警屏蔽了，或者主轴哪里漏水客户没注意，这样的隐患不消除，主轴在保修期内可能又会返工维修。

4. 主轴拆卸

拆卸每个零件都要拍照做标记，特别是第一次拆卸的主轴，因为主轴在安装时不允许出错，尤其是新的轴承安装完后如果再拆十有八九是报废了，高转速主轴轴承的滚道非常怕拉伤，拆卸轴承时难免会让轴承的内外圈同时受力，这一条一定要注意：主轴轴承拆装的任何情况下禁止敲击，禁止内外圈同时受力，因为这样会拉伤轴承滚道。举个真实例子，我公司某个工程师在安装主轴轴承的过程中不小心把轴承从桌子上碰到了地上。当时也很担心轴承会损坏，拿着轴承用手转动感受其声音，觉得还好，就侥幸把轴承安装上了，待主轴安装完成后做高速动平衡时发现主轴声音一直不太正常，而且频谱分析数据也是显示轴承故障，最后没办法只能拆了重新换。由于在拆卸过程中必须拉动轴承外圈才能把轴承拆掉，这样其他的几个轴承也一起报废了，这个小小的失误给公司造成2万元损失，因为这轴承是进口P4陶瓷球轴承。

一般拆卸新主轴时，要仔细观察其内部结构并思考如何安装，盲目的拆卸，在主轴安装时看到的是一堆散件，当然根据一堆散件一般人也可以把主轴安装起来，但安装的顺序和手法不一定是最优的。例如，先安装前部分还是先安装后部分，立着安装还是卧着安装，轴承何时预紧等重要环节，所以在拆卸时一定要思考如何安装，因为越是精密的东西安装不成功的风险越大。高精密主轴维修其实就是个高危行业，在拆卸过程中还要考虑后期的水路密封测试等环节。

5. 主轴清洗

正常情况下，在寿命周期内，主轴内部零件是不会生锈的，如果哪个零件生锈，那一定是不正常的。在零件清洗的过程中，如果发现零件生锈，一定不要盲目清洗，要弄清其生锈的原因。在清洗过程中，一定不要破坏零件的基准面，可以用乙醇或没有腐蚀性的液体进行辅助清洗，主轴的精度就是靠这些零件的基准面精度保持的。清洗完成后，对这些的零件的尺寸进行精密测量，不要嫌麻烦，一个细节失误就会带来很大的隐患，零件不好的要及时进行处理或更换，零件清洗完成后立即用无尘布包起来。主轴锥孔还要进行磨削修复，对于一些 hskHSK 系列的锥孔，还要进行电镀等工艺处理。

6. 主轴安装

在安装之前，结合拆卸时的思路制作安装顺序列表，不要以为自己是老手就不会出错，然后把所有与轴承预压刚性有关的东西都配合好，一般是将记录的原始轴承刚性数据与现在的轴承钢刚性数据进行对比，当然也可以根据客户的实际加工用途进行轴承刚性的优化。轴承安装到芯轴上以后要进行预紧，轴承之间的隔圈在轴承似紧非紧的时候进行压正，然后再紧固，这一步非常重要。如果在轴承预紧时轴承隔圈有点倾斜的话，轴承圆周受力不均匀同样会对轴承的滚道进行伤害。维修主轴时，不要认为自己能安装上去就可以了，主轴修不好就输在了细节上，轴承第一次预紧，检测机床几何精度完成后，再进行下一步安装，不要忽略任何细节步骤。

7. 主轴动平衡

主轴安装完成后不要着急做动平衡，先让主轴低速磨合几个小时后再做，并观察其温度的变化。低速磨合后再做动平衡的原因如下：轴承自身的滚道和滚珠之间要进行预热研磨，轴承的润滑系统和轴承的油脂要前期滋润，轴承和其相关零件的装配应力要释放。如果不提前磨合而直接做动平衡，得到数据一般不太准确。动平衡做完后还要磨合几小时，一般中速磨合一半的时间，高速磨合一半的时间。

磨合完以后还要验证动平衡精度有没有变化，然后在把动平衡孔用塑料顶丝堵住，防止后期进灰尘而影响动平衡的精度。由于动平衡的螺孔深浅不一样，那么塑料顶丝的长度也不一样，完成以后还要磨合一次，进行动平衡微调，最后打胶拧紧防止其松动。主轴动平衡调试如图 5.14-4 所示。

图 5.14-4　主轴动平衡调试

8. 非专业人士的补救措施

有些主轴维修商，由于主轴拆装过程中的细节没有做到位，或者用假的轴承，造成主轴安装完成后精度不好，他们的补救措施是把整个主轴架到内孔磨床上进行二次磨削，或者让主轴自转，用改造好的磨头进行二次修复。对于这些小技巧，我还是比较鄙视的，这其实是给客户施加的障眼法，毕竟细节做不好而导致的二次修复是对客户的不负责，因为主轴锥孔的修复次数是有限制的，而且细节处理不好对主轴的寿命影响是很大的。

5.15　刀库维修案例分析

作者：陈永军　单位：江苏应流机械制造有限责任公司

刀库如图5.15-1所示。在工作中经常会遇到加工中心的刀库乱刀问题，这种问题一般是偶发性的，不好快速判断问题发生的准确原因。这里简要介绍机械手刀库乱刀问题的处理思路。

图 5.15-1　刀库

1. 刀盘计数问题

1）在刀盘旋转的过程中，当铁屑飞入计数开关处感应一次，或者刀库计数信号端子接触不良等，计数信号就会误计数，造成当前刀套号不正确，出现乱刀。

解决思路：利用双计数开关，对两个计数信号进行对比，如果其中一个开关误计数，就出现报警提示，这样就大大降低了误计数的故障。

2）在刀盘旋转的过程中突然急停或断电等原因，刀盘停在两个刀套中间的位置。假如刀盘正转时从1号刀套转到2号刀套过程中断电，刀套停在1号和2号刀套中间位置，此时计数信号并没有计数，当前刀套值还是1；开机后，如果手动让刀盘反转调整刀库位置，刀库刀套旋转到1号位置，但当前刀套号值减1就变了24（24把刀库），就出现了乱刀。反之，也乱刀。

解决思路：如果断电时能记住上次旋转的状态，断电前是正转，系统重启后刀盘只能正转，不让反转，此时就不会出现当前刀套计数错误，反之也成立。

2. 刀库数据表刷新问题

因为机械手刀库是随机换刀，所以要刷新刀库数据表，即机械手交换后，主轴刀具号与当前刀套刀具号交换。交换的时机非常关键，各个厂家PLC交换时机不尽相同，有的厂家是刀臂旋转180°交换，检测到夹刀信号数据交换；有的厂家是刀臂回刀后数据交换；有的厂家是检测到刀套抬起信号数据交换。作者认为，在换刀的过程中，刀臂旋转180°交换到位时，刷新数据表是最好时机。刀臂旋转 180° 交换到位，如果此时出现卡刀报警，主轴松刀电磁阀就会停止输出夹紧，此时主轴刀具到了刀库刀套里，刀库刀套里的刀具到了主轴上，数据也就交换了，只要手动把机械臂摇回即可，也不需要重新排刀。其他时机数据交换的缺陷这里就不详述了。

5.16　激光螺距补偿不是万能的

作者：陈军　单位：苏州屹高自控设备有限公司

任何机床加工设备，在长时间的使用后，都会由于自身磨损或其他原因造成加工精度下降的情况。出现这种情况时，一般就需要使用激光干涉仪进行精度的再校准。通常使用的是雷尼绍激光干涉仪，其螺距补偿原理如图 5.16-1 所示，但同时要知道：

1）雷尼绍激光干涉仪单单只是测量工具，如同游标卡尺。

2）雷尼绍激光测量后，把差的数据输入数控系统，只能提高精度（如同美颜相机，只能提高漂亮度，而不能把本来丑的变成漂亮的）。

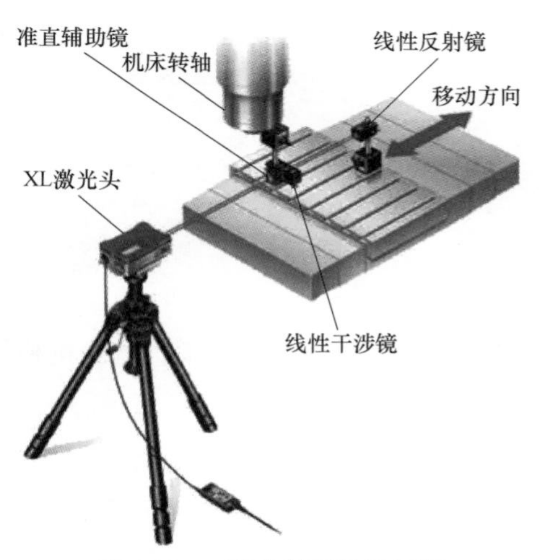

图 5.16-1　激光螺距补偿原理

1. 什么时候用雷尼绍激光干涉仪检测

1）新机床验收。

2）老机床精度检验。

3）老机床更换了丝杆和轴承之后，精度的提高。

4）机床丝杆部分磨损，精度提高。

如图 5.16-2 所示，由于长时间加工同样的工件，机床运动只是 A、B 之

图 5.16-2　丝杆

间，那么 *A*、*B* 之间的丝杆会磨损比较严重，精度会变差，这时需要对整个丝杆做雷尼绍精度检测。结果发现 *A*、*B* 之间的重复定位差，把差的测量数据补偿在数控系统，就能提高 *A*、*B* 之间的重复定位精度。

2. 什么时候补偿数据失效

1）做完数据补偿之后，机床移机。

2）做完数据补偿之后，机床撞机。

3）做完数据补偿之后，机床原点重新设定。

4）做完数据补偿之后，机床床身变形（如温度变化大也会引起床身变形）。

3. 直线轴补偿值输入方法

1）机械的行程：–400~800mm。

2）螺距误差补偿点的间隔：50mm。

3）参考点的补偿点号：40。

则

最靠近负侧的补偿点号为

参考点的补偿点号 – 负侧的机械行程 / 补偿点的间隔 +1 =40–400/50+1=33

最靠近正侧的补偿点号为

参考点的补偿点号 + 正侧的机械行程 / 补偿点的间隔 =40+800/50=56

直线轴补偿值输入方法如图 5.16-3 和图 5.16-4 所示。

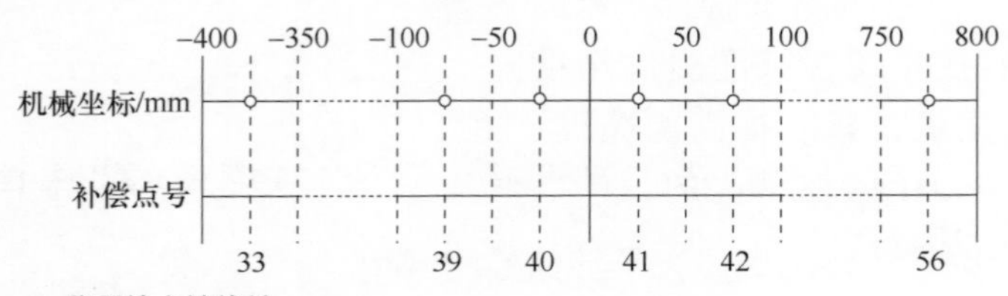

○ 位置输出补偿量。

机械坐标和补偿点号的对应

参数	设定值
No.3620：参考点的补偿号	40
No.3621：最靠近负侧的补偿点号	33
No.3622：最靠近正侧的补偿点号	56
No.3623：补偿倍率	1
No.3624：补偿点间隔	50000

参数设定

图 5.16-3　直线轴补偿值输入方法（1）

在与各自区间对应的补偿点号的位置输出补偿量。

补偿点号	33	34	35	36	37	38	39	40	41	42	43	44	45	46	47	48	49	…	56
设定补偿量/mm	+2	+1	+1	−2	0	−1	0	−1	+2	+1	0	−1	−1	−2	0	+1	+2		+1

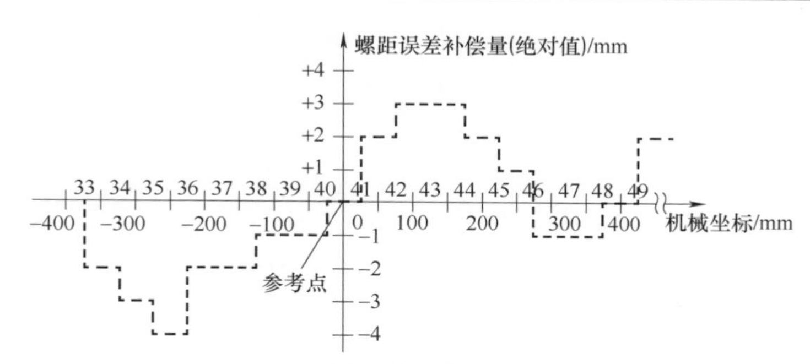

图 5.16-4　直线轴补偿值输入方法（2）

5.17　偶发性机床回零不准案例分析

作者：蒋宏阳　单位：石家庄纺织机械有限公司

为了工作时正确地建立机床坐标系，通常要设置一个机床参考点，其位置是由机床制造厂家在机床装配、调试时确定的一个固定的点。参考点是数控机床在伺服轴上建立的一个相对固定的物理位置。

1. 建立参考点的方式

（1）增量方式，也称有挡块回零

在每次开机后，需要手动返回参考点，当“机械挡块”碰到减速开关后减速，并寻找零脉冲信号，建立零点。一旦关断电源，零点丢失。

（2）绝对方式，每次开机后不需要回零操作

零点一旦建立，通过后备电池将绝对位置信息保存在特定的 SRAM 中，断电后位置信息也不丢失。

2. 返回参考点主要故障

1）不能正常返回参考点。

2）返回参考点时出现偏差。

3）绝对参考点丢失。

3. 对返回参考点时出现偏差故障的分析

1）信号干扰。

- 检查位置编码器反馈信号线是否屏蔽。
- 检查位置编码器是否与电动机动力线分开。

2）电动机与机械部分的联轴器松动。

3）位置编码器不良。

4）伺服控制板或伺服接口模块不良。

5）位置编码器的供电电压偏低（电压不能低于 4.8V）。

6）回参考点计数器容量设置错误。

4. 案例分析

一台数控车床采用增量回零方式，X 轴每次回零位置不准确，但不发生报警，误差没规律。操作者每次开机回零点后通过刀具补偿校正工件零点，在不关机的情况下加工尺寸准确。但是，一旦断电，重新回零后，工件坐标尺寸不准确，实际上的零点不准确。

这种故障一般是由栅格不稳定造成的。增量编码器返回零点找到物理栅格（编码盘上的一转信号）后移动一个“偏移量”，把这时的栅格停止点作为零点。电气栅格是由参数 1821（参考计数器容量）决定的，当参考计数器容量设置错误时，电气栅格输出不规律，从而造成每次回零不准。

仔细检查参数 1821，设置值为 5000，而 X 轴丝杠螺距是 10mm，并确认电动机和丝杠为直接连接。根据参考计数器容量 = 栅格间隔 / 检测单位（0.1um），对于 10mm 的直接连接丝杠，电动机转一转工作台移动 10mm，所以参考计数器容量应设为 10000。修改参考计数器容量值后，X 轴回零正常。